特　集

付属デバイス"PrestoMOS"を実際に使いながら学ぶ…

高速&高耐圧！パワーMOSFETの活用法

　パワー・エレクトロニクスの分野では，スイッチング・ロスの低減や高温度環境下での動作特性に優れるデバイスが期待されています．産業機器やエアコン向けのインバータ，プラグイン・ハイブリッド・カーや電気自動車などに用いる充電器，さらに太陽光／風力発電などのDC-ACコンバータなど，多くの用途に向けた省電力化のキー・パーツとして，高速で高耐圧のパワー・デバイスが注目されているからです．

　本書に付属するPrestoMOS R5009FNX（ローム）は，低オン抵抗，低入力容量に加えて，内部ダイオードの高速化を実現したスーパージャンクションMOSFETです．内部ダイオードの高速化によって，外付けのファスト・リカバリ・ダイオードを削減することができ，回路動作の高速化と相まって機器の小型／軽量化が可能となります．

　特集では，付属のPrestoMOSを利用した回路を設計し，実際に動作させながら高速／高耐圧パワーMOSFETの活用法を解説します．

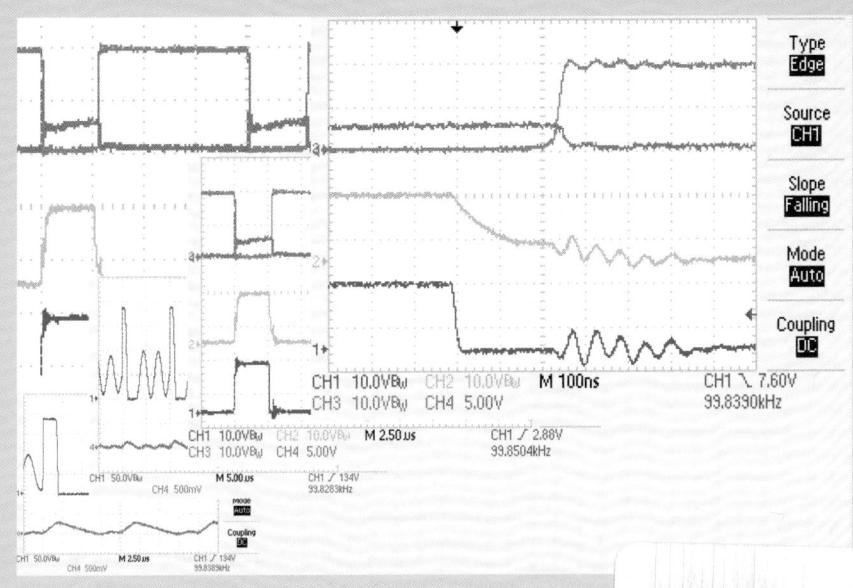

第1章	MOSFETのボディ・ダイオードの重要性
第2章	パワー・エレクトロニクス回路で半導体素子に求められる特性
第3章	同期整流回路とスイッチング・トランジスタの要求事項
第4章	高効率スイッチングを実現するためのトランジスタ駆動回路
第5章	高電圧／高周波スイッチング回路に使用できるトランジスタ駆動回路
第6章	定数を最適化してスイッチング波形を整える

■付属デバイス活用企画
PWM01とR5009FNXによるインバータ回路の設計
付属デバイス▶PrestoMOS：R5009FNX（ローム）×2個，PWMコントローラIC：PWM01（CQ出版）×1個

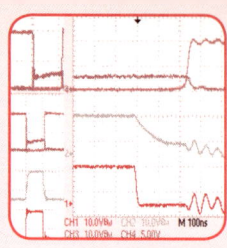

グリーン・エレクトロニクス No.8

付属デバイス"PrestoMOS"を実際に使いながら学ぶ…

特集 高速&高耐圧! パワーMOSFETの活用法

高耐圧と高速性を両立させた新しいスーパージャンクションMOSFET
プロローグ PrestoMOSの特徴とラインナップ ローム株式会社 …………………… 4
- ■ 従来のスーパージャンクションMOSFETでの問題点…ボディ・ダイオード ── 5
- ■ PrestoMOSのメリット ── 5

ボディ・ダイオード特性を向上させたスーパージャンクションMOSFETが登場
第1章 MOSFETのボディ・ダイオードの重要性 森田 浩一 …………………… 6
- ■ スイッチング素子の選択 ── 6
- ■ スーパージャンクションMOSFETの問題点…ボディ・ダイオード ── 8
- ■ インバータ回路におけるボディ・ダイオードの重要性 ── 8

降圧/昇圧コンバータのスイッチング素子を例にして
第2章 パワー・エレクトロニクス回路で半導体素子に求められる特性 田本 貞治 … 11
- ■ 代表的な役割は電力変換 ── 11
- ■ 降圧コンバータを製作して動作させてみる ── 12
- ■ トランジスタを最新のMOSFET R5009FNXに交換して動作させる ── 15
- ■ スイッチング特性で他に重要な項目 ── 19
- ■ 2SK1279は本当に効率が悪いのか ── 21

パワー・エレクトロニクス回路の変換効率を改善させる
第3章 同期整流回路とスイッチング・トランジスタの要求事項 田本 貞治 …… 23
- ■ 同期整流コンバータにはどのようなMOSFETを採用すればよいか ── 23
- ■ 同期整流型コンバータの特性を左右するMOSFETの逆導通ダイオードの特性を調べる ── 28
- ■ 逆導通ダイオードにリカバリ電流が流れるのはどのような条件か ── 31

パワー・エレクトロニクスの基本となるアーム回路を構成する
第4章 高効率スイッチングを実現するためのトランジスタ駆動回路 田本 貞治 … 34
- ■ パワー・エレクトロニクス回路の基本を導き出す ── 34
- ■ トランジスタの駆動回路に要求される事項 ── 39
- ■ 高電圧コンバータのハイ・サイド・トランジスタを駆動するための工夫 ── 43

表紙デザイン　アイドマ・スタジオ（柴田 幸男）

CONTENTS

フォト・カプラや絶縁型駆動ICなどによる動作波形で見る
第5章　高電圧/高周波スイッチング回路に使用できるトランジスタ駆動回路　田本 貞治 … 45
- トランジスタ駆動回路の種類 —— 45
- MOSFET駆動用フォト・カプラ —— 45
- ハイ・サイド/ロー・サイド駆動専用IC —— 51
- 1次-2次間が絶縁された高速スイッチングが可能な駆動IC —— 54

スナバ回路の実装とデッド・タイムの最適化
第6章　定数を最適化してスイッチング波形を整える　田本 貞治 …… 61
- ゲート回路定数を整える —— 61
- スナバ回路を整える —— 66
- デッド・タイムを整える —— 70

付属デバイス活用企画　DC200Vを50Hz/60HzのAC100Vに変換する
PWM01とR5009FNXによるインバータ回路の設計　荒木 邦彌 …… 75
- 回路構成と使用部品 —— 75
- MOSFETの損失をシミュレーションで予測する —— 78
- 回路設計とシミュレーション —— 78

Appendix　PWM01の仕様 …………………… 85

GE Articles

発生のメカニズムと家庭用電気/電子機器の実態
解説　**電源高調波電流の解析**　落合 政司 …………… 88
- ① 高調波電流と発生のメカニズム —— 88
- ② 高調波電流の大きさ —— 90
- ③ 電力用コンデンサと第5次高調波電圧 —— 98

高効率電源モジュールMPM01/04＋部品3個で作れる
デバイス　**入力9～40V，出力1.8～24V/3AのコンパクトDC-DCコンバータ**　山岸 利幸 … 100
- 電源回路の種別 —— 100
- 降圧チョッパ型DC-DCコンバータ —— 101
- DC-DCコンバータ・モジュールMPM01/04 —— 103
- MPM01/04を使用した電源ボードの製作 —— 106

コイル搭載で2.5×2.0×1.0mm
デバイス　**DC-DCコンバータXCLシリーズの評価**　馬場 清太郎 ………… 109

プロローグ

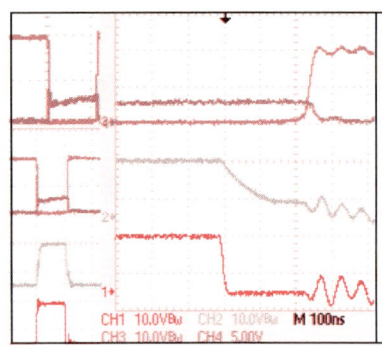

高耐圧と高速性を両立させた新しい
スーパージャンクションMOSFET

PrestoMOSの特徴とラインナップ

ローム株式会社

"PrestoMOS（プレスト[注1]・モス）"は，スーパージャンクションMOSFET（SuperJunction MOSFET）の高耐圧，低オン抵抗，低容量特性に加えて，内蔵しているダイオード（ボディ・ダイオード）の逆回復時間 t_{rr} が速い製品です（図1）．

通常のスーパージャンクションMOSFETは，構造的にボディ・ダイオードの t_{rr} が遅く，MOSFETとしての性能が高くても使用できない回路やセットが多数ありました．

例として，
- インバータ照明
- インバータ家電のモータ・ドライバ
- 太陽光発電パワー・コンディショナ
- EV/HEVのインバータ
- 液晶テレビ

などがあげられます．

上記の回路にスーパージャンクションMOSFETを使用し，機器の省エネルギー化に貢献するという点が，ロームにおける製品コンセプトとなっています．

PrestoMOSの製品ラインナップを表1に，パッケージの外観を写真1に示します．

現在，ロームでは需要に応じたドレイン電流/パッケージ展開や，基本性能を向上した第2世代のプロセス開発に取り組んでいます．

[注1]：Presto：「きわめて速く」を表すイタリア語由来の音楽用語

図1 ロームのウェブ・サイトの「新商品情報」で紹介されている"PrestoMOS"
http://www.rohm.co.jp/ad/hvmos2/

表1 PrestoMOSの製品ラインナップ(ローム)

形名	V_{DSS}[V]	I_D[A]	$R_{DS(on)}$[Ω]typ	Q_g[nC]typ	t_{rr}[ns]typ	パッケージ
R5009FNX	500	9	0.65	18	78	TO220FM
R5011FNX		11	0.4	30	85	
R5016FNX		16	0.25	46	100	
R6008FNJ	600	8	0.73	20	67	LPTS
R6008FNX		8	0.73	20	67	TO220FM
R6012FNJ		12	0.39	35	75	LPTS
R6012FNX		12	0.39	35	75	TO220FM
R6015FNX		15	0.27	42	90	
R6020FNX		20	0.19	65	105	
R6025FNZ		25	0.14	85	120	TO-3PF
R6025FNZ1		25	0.14	85	120	TO-247
R6046FNZ		46	0.075	150	145	TO-3PF
R6046FNZ1		46	0.075	150	145	TO-247

(a) LPTS　　(b) TO220FM　　(c) TO3PF　　(d) TO247

写真1 表1の「パッケージ」の外観

従来のスーパージャンクションMOSFETでの問題点…ボディ・ダイオード

プレーナ型MOSFETに対して，低オン抵抗，高速スイッチングが可能なスーパージャンクションMOSFETが各メーカから商品化されています．

スーパージャンクションMOSFETは，プレーナ型MOSFETよりFET部は高性能なため，IGBT (Insulated Gate Bipolar Transistor)に対して，低電流域の効率，高速性能，部品点数の削減(外付けファスト・リカバリ・ダイオードの削減)といったメリットについては，プレーナ型MOSFETより顕著になります．

こういったメリットがありながら，これまでインバータにスーパージャンクションMOSFETは使用されませんでした．その理由は，スーパージャンクションMOSFETにおけるボディ・ダイオードのt_{rr}特性が悪いということです．

インバータ回路においてボディ・ダイオードのt_{rr}は重要視されており，上記のデメリットのためにインバータ市場へのスーパージャンクションMOSFET適用は見送られてきました．

PrestoMOSのメリット

PrestoMOSは，ロームの固有技術により，スーパージャンクションMOSFETでありながらボディ・ダイオードのt_{rr}が高速化されています．

このため，インバータ回路における短絡問題をクリアしつつ高効率化に貢献できます．特に，出力電力が比較的小さく，スイッチング周波数が高い冷蔵庫向けや，一定の定格電力以下のエアコンに対しては市場実績も積まれ始めています．

インバータ家電のモータは定常状態で使用する場合，デバイスには低い電流(1～2A程度)しか流れず，日本で法令化された省エネルギー基準においても，この点がセットの省エネルギー指標として重視されつつあり，セットを購入する顧客視点からみてもスーパージャンクションMOSFETの優位性はあがっています．

IGBTと比較して，順方向スイッチング特性や，t_{rr}のdi_r/dtが高速化されているため，デバイスの配置(回路インダクタンスの低減)，ゲート・ドライブ回路の最適化などの調整が必要ですが，PrestoMOSは省エネルギー機運の高まる市場ニーズに合ったデバイスと言えるでしょう．

第1章

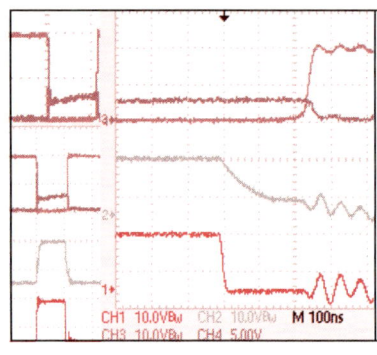

ボディ・ダイオード特性を向上させた
スーパージャンクションMOSFETが登場

MOSFETのボディ・ダイオードの重要性

森田 浩一
Morita Kouichi

パワー・エレクトロニクスで使われる半導体素子は，パワー回路の一部をON/OFFすることによって電力をコントロールする重要な役割を担っています．そして，スイッチング素子にはいくつかの種類があり，スピードの速いもの遅いものによって，各用途に応じた使いかたがされています．

一般的にはスイッチング周波数を高くしたほうが小型化できるため，できるだけ高周波にして小型の機器を作ろうとします．しかし，スイッチング素子のターン・オン/ターン・オフのスピードは理想的ではなく，nsからμsオーダの遅延をもっています．

このターン・オン/ターン・オフのスピード（スイッチング・スピード）によってスイッチング・ロスが発生するため，周波数を上げすぎるとスイッチング・ロスが増えて効率が悪くなり，発熱して信頼性が悪くなったりします．

スイッチング素子の選択

スイッチング素子はパワーを扱うところをON/OFFするので，まず最初にOFF時の耐圧があることと，ON時に電流が流せることが必要です．特にスイッチをOFFしたときはサージ電圧が出やすく，予期しない高圧のサージ電圧が発生します．それでもスイッチング素子の耐圧を越えないようにすることが必要です．

そして，スイッチがONしたときの抵抗（オン抵抗）は0Ωが理想ですが，現実にはオン抵抗があるので，そのオン抵抗でオーム損が発生し，温度が上昇します．

次に，スイッチがONからOFFへ，OFFからONへ移る瞬間ですが，まったくの瞬時に移るわけではなく，非常に短いけれど有限の時間で移ります．そして，その移動の時間のなかでは，あたかもスイッチの端子間に抵抗があり，その抵抗の抵抗値が変化していくように変化します．

このとき，スイッチング素子には電圧もかかっていて電流が流れることになり，その電圧と電流を乗算したロスを発生します．これをスイッチング・ロスと言います．

一般的なDC-DCコンバータで，トランスで絶縁されたスイッチング・コンバータのMOSFETの電圧と電流のスイッチング波形を図1に示します．電圧と電流が同時に変化しています．そして，この電流と電圧を乗じた波形がロス波形となります．

スイッチング・ロスP_1は，スイッチング周波数をfとすると，次式で表されます．

$$P_1 = \frac{1}{6}(V_{pf} I_{pf} t_f + V_{pr} I_{pr} t_r)f$$

そして，ターン・オン/オフのスピードが速ければ速いほど発生ロスを小さくでき，その回数が少なければ少ないほど（周波数が低ければ低いほど）スイッチング・ロスは小さくできます．スイッチ全体のロスのうち，このスイッチング・ロスの比率がかなりを占めるので，スイッチング素子の使用周波数を十分に考慮して，使用する素子の種類を選択する必要があります．

一般家庭で使われる家電機器でのスイッチング素子のおもなものはMOSFETとIGBTです．そこで，MOSFETとIGBTの違いを理解する必要があります．

● MOSFET（Metal-Oxide-Semiconductor Field-Effect-Transistor）

MOSFETは，電界効果トランジスタ（Field-Effect Transistor；FET）の一種で，N型MOSFETとP型MOSFETがあります．回路記号を図2に示します．

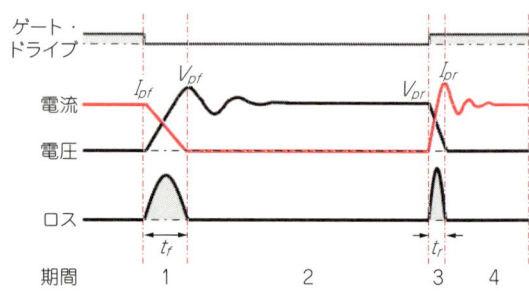

図1 スイッチング素子のスイッチング・ロス

パワー・スイッチとして使われているのはコストが安く，オン抵抗が小さいN型MOSFETなので，以下N型MOSFETで述べます．

MOSFETはドレイン(drain；D)，ソース(source；S)，ゲート(gate；G)といった3本の電極からなり，ゲート-ソース間にプラスの電圧を印加すると，一定電圧(閾値電圧)以上でドレイン(D)からソース(S)にドレイン電流が流れます．

MOSFETの出力特性は図3のようになり，ゲート-ソース間電圧V_{GS}として閾値電圧以上を印加すれば，ドレイン-ソース間電圧が0Vから線形にドレイン電流が流れはじめます．ゲート信号を高くするとONの電圧も多少下がってきます．また，多数キャリア・デバイスであるため，高速スイッチングが可能です．

MOSFETの特徴をあげると，次のようになります．
(1) 電圧駆動型デバイスである
(2) 多数キャリア・デバイスなのでスイッチング・スピードが速い
(3) ドレイン電流はドレイン-ソース間電圧が0Vから流れる
(4) 大電流時のオン抵抗がトランジスタやIGBTに比べて大きい
(5) ソース-ドレイン間にボディ・ダイオードが内蔵されている

● IGBT(Insulated Gate Bipolar Transistor)
絶縁ゲート・バイポーラ・トランジスタともいい，図4に回路記号と内部等価回路を示します．IGBTはMOSFETと同じく，電圧駆動でドライブできます．等価回路を見ると，PNPトランジスタをMOSFETで駆動したものです．

特性は図5のようになります．構造は縦型MOSFETのドレインN型層に正孔注入用のP型層を加えた構造をしており，トランジスタやサイリスタと同じ伝導度変調特性をもつため，同じチップ面積でもMOSFETより多くの電流が流せます．このため，MOSFETに比べて高耐圧で，大電流の低周波負荷を制御できます．

しかし，ONしたときに図4(b)の等価回路のPNPトランジスタのベース電圧が残るため，ONしたときの電圧が1V近く残ってしまうので低圧を扱うには不適です．

端子の名称はエミッタ(emitter；E)，ゲート(gate；G)，コレクタ(collector；C)と呼ばれています．寄生サイリスタを内蔵しているので，アプリケーションによってはラッチアップ対策が必要になります．

IGBTの特徴を下記に示します．
(1) 電圧駆動型デバイスである
(2) 低電流域では0.7〜1.5V程度のドロップ電圧が出る
(3) 大電流域では伝導度変調によりオン電圧が低い
(4) ターン・オフしたあとにテール電流が流れるためロスが多い

*　　　　*

IGBTのスイッチング電流とMOSFETのスイッチ

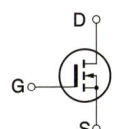
(a) N型MOSFET

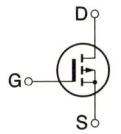
(b) P型MOSFET

図2　MOSFETの回路記号(エンハンスメント型)

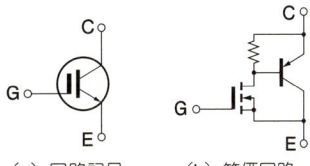
(a) 回路記号　　(b) 等価回路

図4　IGBTの回路記号と等価回路

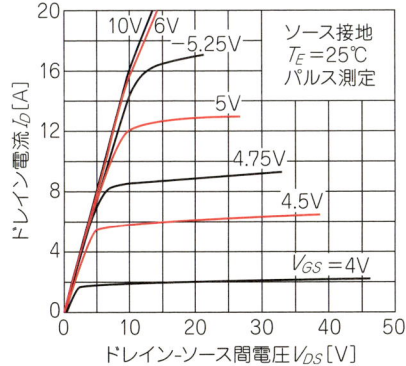

図3　MOSFETのI_D-V_{DS}特性の例(2SK1170, 400V/20A)

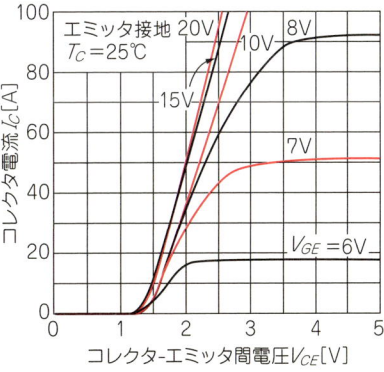

図5　IGBTのI_C-V_{CE}特性(GT30J121)

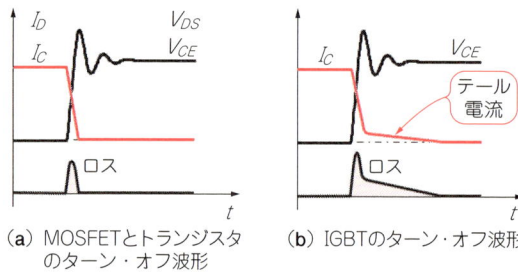

(a) MOSFETとトランジスタのターン・オフ波形
(b) IGBTのターン・オフ波形

図6 MOSFETとIGBTのターン・オフ波形の違い

ング電流の違いを図6に示します．また，MOSFETとIGBTのオン抵抗の相違を図7に示します(図では参考までにバイポーラ・トランジスタとサイリスタも示してある)．

インバータ向けデバイスとして，MOSFETがIGBTより優位な点は，おもに下記の3点となります．
(1) 低電流域での高効率特性(図7)
(2) 高速スイッチング性能
(3) ボディ・ダイオードの内蔵

スーパージャンクションMOSFETの問題点 …ボディ・ダイオード

近年，オン抵抗の小さいスーパージャンクション構造を応用したMOSFETが発売されています．スーパージャンクションMOSFETはかなりオン抵抗を小さくでき，さらにスイッチング・スピードが速くなります．従来のプレーナMOSFETに対して低オン抵抗，高速スイッチングが可能なスーパージャンクションMOSFETが各メーカから商品化されています．

プレーナMOSFETよりFET部は高性能なため，IGBTに対して低電流域の効率，高速性能，部品点数の削減(外付けファスト・リカバリ・ダイオードの削除)といったメリットはプレーナMOSFETより顕著になります．

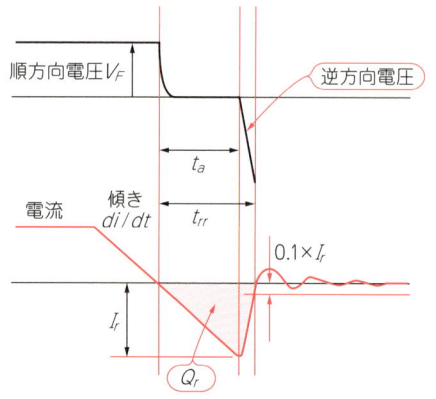

図8 ダイオードのリカバリ波形

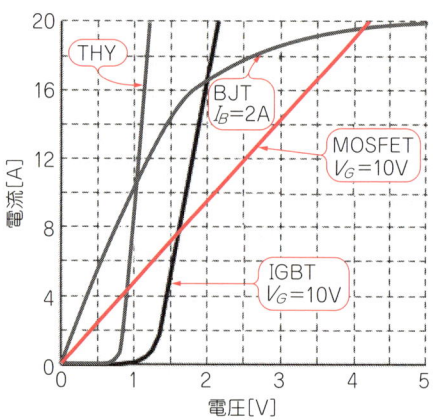

図7 MOSFETとIGBTのオン抵抗の違い(500～600V耐圧，TO-3Pで比較)

こういったメリットがありながらインバータにスーパージャンクションMOSFETは使用されてきませんでした．その理由は，スーパージャンクションMOSFETにおけるボディ・ダイオードのリカバリ・タイムの特性が悪いためです．

インバータ回路において，ボディ・ダイオードのリカバリ・タイムt_{rr}は重要視されており，上記のデメリットのためにインバータ市場へのスーパージャンクションMOSFET適用は見送られてきました．

● リカバリ・タイム

ダイオードのリカバリは図8のような波形になります．理想的なダイオードでは，順方向に電圧がかかって電流が流れたあと逆方向に電圧の向きが変わると瞬時に電流が流れなくなります．しかし，実際のPNジャンクション・ダイオードでは逆方向に電圧が掛かったあと，短時間電流が流れ続けます．リカバリ・タイムは，逆電流が逆電流のピーク電流の10％になるまでの時間を測定します．

また，ピーク電流から電流が下がる傾きが急なダイオードをハードリカバリ・ダイオード，ゆっくり下がるダイオードをソフトリカバリ・ダイオードと言います．ハードリカバリ・ダイオードは，ダイオードがOFFするときの電圧の傾きが急峻なため，ノイズが出やすくなります．

MOSFETのボディ・ダイオードもPNジャンクションでできているので，リカバリ・タイムが発生します．そのボディ・ダイオードのリカバリ・タイムで大きなロスが発生します．

インバータ回路における ボディ・ダイオードの重要性

ボディ・ダイオードの特性がなぜ重要かについてイ

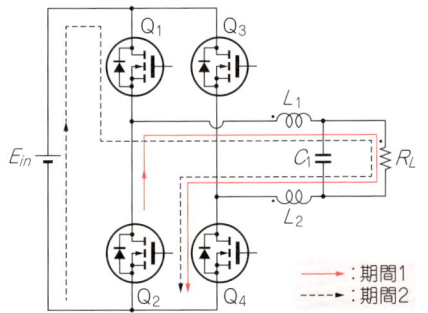

図9 インバータ回路の構成と電流経路

ンバータ回路の例で説明します．図9に動作時の電流経路を示します．

MOSFET（Q_2）のボディ・ダイオードに電流が流れているとき，MOSFET（Q_1）のゲート信号が入りMOSFET（Q_1）が強制的にターン・オンします．そのときMOSFET（Q_2）のボディ・ダイオードのリカバリ期間でMOSFET（Q_1）の順方向のオン電流とMOSFET（Q_2）のボディ・ダイオードが短絡し，かなりのロスとサージ電圧が発生します．

また同時に，MOSFET（Q_3）のボディ・ダイオードの電流が流れているときMOSFET（Q_4）がターン・オンするので同じくMOSFET（Q_3）のボディ・ダイオードのリカバリ期間で短絡し，かなりのロスとサージ電圧が発生します．

短絡時に形成される回路はインピーダンスもゼロに近く，他の回路とは比べものにならないほどの大電流が流れ，デバイスが破壊に至る可能性があるほどの電力が印加されます．

少し複雑になりますが，このときのインバータの波形をさらに詳細にした波形が図10です．

まずターン・オフ時は，Q_1のゲート信号が止まって期間4になると，Q_1の電圧が上昇します．しかし，ドレイン電流は減りません．これは，Q_2のボディ・ダイオードには逆電圧が掛かっているので電流が流れず，負荷電流はすべてQ_1に流れます．そして，Q_1の電圧が電源電圧まで上昇すると期間5に移り，Q_2のボディ・ダイオードがここでやっと順方向になり電流が流れ始めるので，初めてQ_1の電流が減少し始めます．そして，Q_1は電圧が掛かったまま電流が減少して，ゼロになって期間5は終了します．

ターン・オン時は，Q_1にゲート信号が加えられると，期間1になり，Q_1は電源電圧が掛かったまま電流が流れ始めます．Q_2のボディ・ダイオードにも電流が流れているのでボディ・ダイオードの電圧はゼロのままなので，Q_1の電圧は電源電圧のままになります．ここで電流が負荷電流まで上昇すると，期間2に移ります．すると，Q_2のボディ・ダイオードの電流がゼロになるので，Q_2のボディ・ダイオードに電圧がかかり始め，やっとここでQ_1の電圧が減り始めてゼロまで下がります．

このように，ターン・オフ時もターン・オン時も電圧と電流は別々に変化するので，スイッチング・ロスはかなり大きくなります．このスイッチング・ロスP_2は，電流の片方が一定で片方が直線的に変わるので，

$$P_2 = \frac{1}{2}(V_{pf}I_{pf}t_f + V_{pr}I_{pr}t_r)f$$

となります．普通のスイッチング・ロスのP_1の3倍のロスが発生します．

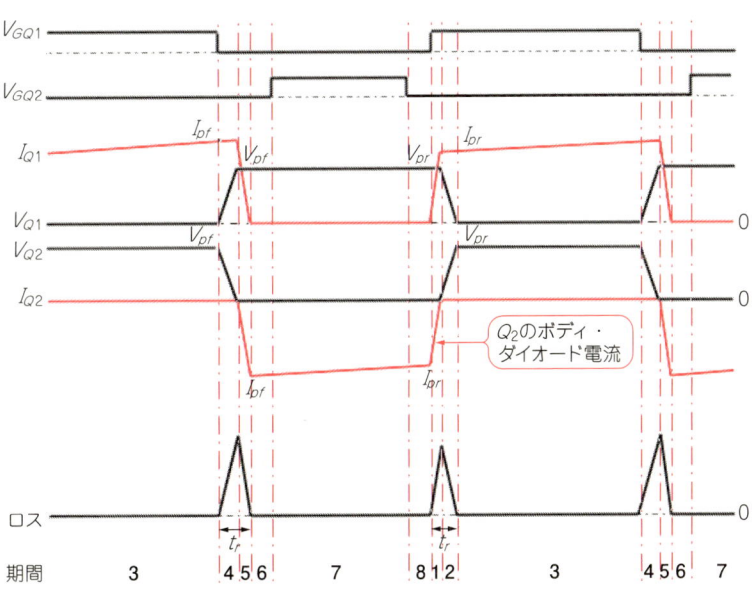

図10 インバータの電圧電流波形

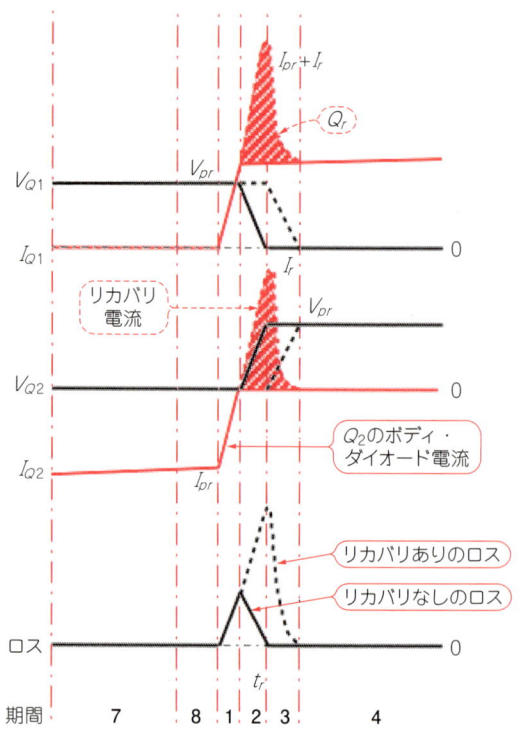

図11 ボディ・ダイオードのリカバリ・タイムを考慮したインバータの電圧電流波形

● ボディ・ダイオードのリカバリ

さらに，実際にはボディ・ダイオードのリカバリがあります．ダイオードのリカバリは**図8**のようにダイオードに順方向の電流が流れているときに逆方向の電圧が掛かってもすぐにはOFFできず，短時間逆方向に電流が流れてしまう現象をいいます．

この現象はMOSFETのボディ・ダイオードでも発生します．ダイオードがOFFするまでの時間（逆電流のピーク値の10％になるまでの時間）をリカバリ・タイム（t_{rr}：reverse recovery time）といい，OFFするまでの電荷をQ_rで表します．

ボディ・ダイオードのリカバリがあると，**図11**の点線のような波形に変わり，Q_1のボディ・ダイオードがリカバリ・タイムの間は短絡状態のため，Q_2がターン・オンするときのピーク電流が増え，ロスが大幅に増加します．すなわち，リカバリ・タイムの間Q_1で電源を短絡していることになります．

そして，そのリカバリ電流のピークをI_rとすると，Q_1のドレイン電流はそのぶん増加してしまいます．Q_1のドレイン電流は元々の電流I_{pr}にI_rだけ加算されたピーク電流（$I_{pr}+I_r$）が流れます．そこで，ボディ・ダイオードのリカバリ中の電荷をQ_rとすると，ボディ・ダイオードのリカバリによるロスの増加ぶんの電力P_3は，電源電圧が掛かったままでボディ・ダイオードの電荷を抜き，電流は負荷電流が加算されるので，

$$P_3 = (V_{in} Q_r + V_{in} I_{pr} t_{rr})f$$

となります．

これは係数が1なので，P_1のロスに比べても極めて大きなロスになります．したがって，ダイオードにリカバリがあるときのスイッチング・ロスは$P_2 + P_3$になります．さらに，ダイオードがOFFするときにノイズを出しやすく，EMCや誤動作の原因になります．

以上が，インバータ回路でボディ・ダイオードのリカバリ・タイムが重視される理由です．

第2章

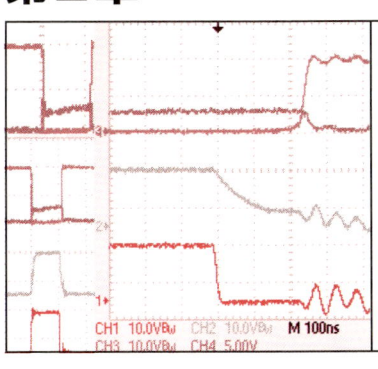

降圧/昇圧コンバータのスイッチング素子を例にして

パワー・エレクトロニクス回路で半導体素子に求められる特性

田本 貞治
Tamoto Sadaharu

この章では，パワー・エレクトロニクス回路で使用するスイッチング素子の特性について探っていきます．まず始めに，実際のパワー・エレクトロニクス回路にはどのような回路が使われるか見ていきましょう．

そして，実際に回路を組み立てて動作させてみます．実験で得られた特性から，パワー・エレクトロニクス回路に必要なスイッチング素子の特性について考えることにします．

代表的な役割は電力変換

パワー・エレクトロニクス回路の代表的な役割は電力変換と言えるでしょう．電力変換としては，
(1) 電圧を下げる
(2) 電圧を上げる
(3) 交流を直流に変換する
(4) 直流を交流に変換する
などの回路が考えられます．

まず，これらの回路のなかから動作がわかりやすい(1)の電圧を下げる回路と，(2)の電圧を上げる回路に着目して，具体的な回路と動作原理を見ていきます．

● 電圧を下げる降圧コンバータ

電圧を下げる回路としては，図1の降圧コンバータが使用されます．この回路は，入力にコンデンサC_1を接続し，その後に直列にスイッチング・トランジスタTr，並列にダイオードDを接続します．さらに，直列にチョーク・コイルLと並列にコンデンサC_2を接続した回路構成となっています．

図2の動作原理のように，トランジスタTrをON/OFFすることによって，入力電圧より低い電圧に変換できます．スイッチング周期をT_S，トランジスタのON時間をt_{ON}とすると，出力電圧はt_{ON}/T_Sの比で決まります．トランジスタのON時間t_{ON}は，ゼロからスイッチング周期T_S間の時間が適用できるので，出力電圧は0Vから入力電圧までの電圧に変換することができます．

● 電圧を上げる昇圧コンバータ

電圧を上げる回路には，図3の昇圧コンバータが使

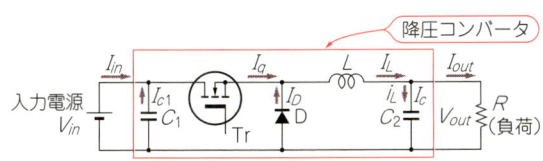

降圧コンバータは入力コンデンサC_1，トランジスタTr，ダイオードD，チョーク・コイルL，出力コンデンサC_2の5点の部品で構成する

図1 降圧コンバータの基本回路

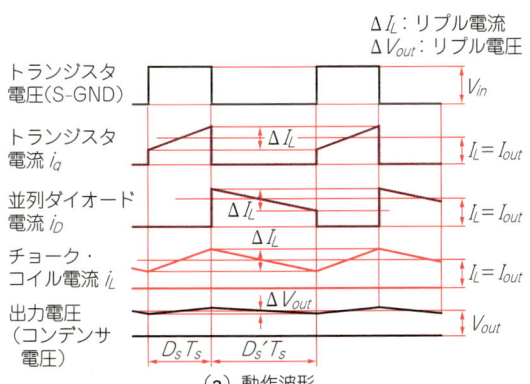

(a) 動作波形

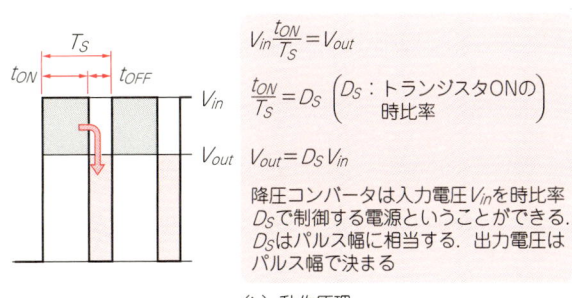

(b) 動作原理

降圧コンバータは入力電圧V_{in}を時比率D_Sで制御する電源ということができる．D_Sはパルス幅に相当する．出力電圧はパルス幅で決まる

図2 降圧コンバータの動作原理

代表的な役割は電力変換 11

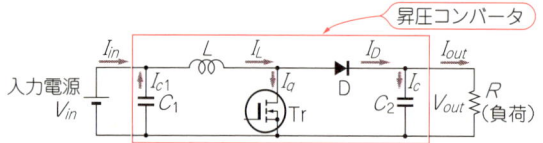

図3 昇圧コンバータの基本回路

昇圧コンバータは入力コンデンサC_1，チョーク・コイルL，トランジスタTr，ダイオードD，出力コンデンサC_2の5点の部品で構成する

用されます．この回路は，入力側にコンデンサC_1を接続し，その後に直列にチョーク・コイルL，並列にトランジスタTrを接続します．さらに，直列にダイオードDと並列にコンデンサC_2が接続された回路となっています．

図4の動作原理のようにトランジスタをON/OFFすることによって，入力電圧より高い電圧を出力することができます．スイッチング周期をT_S，トランジスタのOFF時間をt_{OFF}とすると，出力電圧はt_{OFF}/T_Sの比で決まります．したがって，トランジスタのOFF時間t_{OFF}はゼロからT_Sまでの時間が適用できるので，出力電圧は入力電圧から無限大の電圧まで出力できることになります．

しかし，実際にはOFF時間をゼロにすることは，トランジスタがスイッチングせずONしたままになることを意味しますので，チョーク・コイルが飽和して過電流が流れて出力できないどころか，トランジスタを過電流で壊してしまいます．したがって，t_{OFF}はゼロすなわちt_{ON}を無限大にすることはできず，有限な値になるため，出力電圧も有限な値に収まります．

降圧コンバータを製作して動作させてみる

図1の降圧コンバータを実際に製作して動作させてみることにします．パワー・エレクトロニクス回路ですから，あまり低い電圧で動作させても役に立ちません．そこで，比較的高い電圧を降圧させる回路とします．

● コンバータの仕様を決めて以降のためにきちんと回路設計する

表1にこのコンバータの概略仕様を示します．
このコンバータでは，入力電圧をDC 180 Vとしています．この電圧は，AC 100 Vの商用電圧を，PFC（力率改善回路）を使用して昇圧した電圧に相当します．出力電圧はDC 48 Vとして，バッテリの充電などのいろいろな用途に使える電圧とします．

出力電流は，本稿で使用するMOSFETに適した2.5 Aに設定してあります．この仕様を適用したコンバータの回路図を図5に示します．

以降の章では，このコンバータをベースにしてMOSFETの使いかたを解説していきます．そのため，回路の設計値が必要になる場合がいろいろと出てきます．そこで，回路定数の設計値の概要を表2に示しておきます．

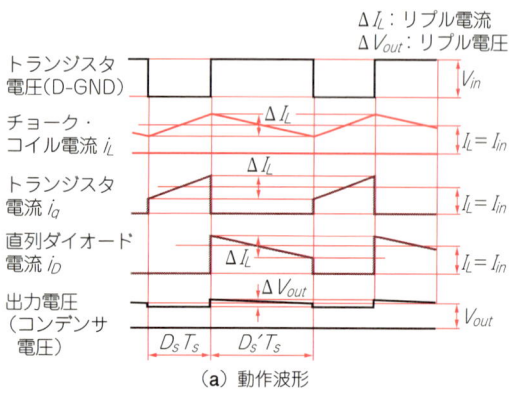

$$V_{in}t_{ON} = (V_{out} - V_{in})t_{OFF}$$
$$V_{in}(t_{ON} + t_{OFF}) = V_{out}t_{OFF}$$

$$V_{out} = \frac{t_{ON} + t_{OFF}}{t_{OFF}}V_{in} = \frac{V_{in}}{\frac{t_{OFF}}{t_{ON} + t_{OFF}}} = \frac{V_{in}}{D_S'}$$

$$\begin{cases} t_{ON} + t_{OFF} = T_S \\ D_S' = \dfrac{t_{OFF}}{t_{ON} + t_{OFF}} = \dfrac{t_{OFF}}{T_S} \end{cases}$$

D_S'：トランジスタOFFの時比率

(a) 動作波形　　(b) 動作原理

図4 昇圧コンバータの動作原理

表1 降圧コンバータの仕様

No.	項目	仕様	備考
1	定格入力電圧	DC 180 V	AC 100 Vの整流電圧を想定
2	入力電圧変動範囲	DC 160 V ～ DC 200 V	－
3	定格出力電圧	DC 48 V	よく使われる電圧に設定
4	定格出力電流	2.5 A	－
5	定格出力電力	120 W	－
6	スイッチング周波数	100 kHz	MOSFETで可能な周波数

表2 降圧コンバータの設計値

No.	項目	設定値	備考
1	定格入出力時のトランジスタONの時比率	$D_S = \dfrac{V_{out}}{V_{in}} = \dfrac{48}{180} = 0.267$	-
2	定格入出力時のトランジスタOFFの時比率	$D_S' = 1 - D_S = 0.733$	-
3	チョーク・コイル電流リプル率	$K_{IR} = 0.2$	経験値
4	チョーク・コイルのリプル電流 [A]	$\Delta I_L = K_{IR} \times I_{out} = 0.2 \times 2.5 = 0.5$	-
5	入力コンデンサのリプル電流 [A$_{RMS}$]	$I_{ciRMS} = \sqrt{D_S D_S'}\, I_{out} = \sqrt{0.266 \times 0.733} \times 2.5 = 1.11$	-
6	チョーク・コイルのインダクタンス [μH]	$L = \dfrac{D_S' T_S V_{out}}{\Delta I_L} = \dfrac{0.733 \times 10 \times 10^{-6} \times 48}{0.5} = 700$	-
7	出力コンデンサのリプル電流 [A$_{RMS}$]	$I_{coRMS} = \dfrac{\Delta I_L}{\sqrt{12}} = \dfrac{0.5}{\sqrt{12}} = 0.144$	-
8	最大入力時電圧のトランジスタのONの時比率	$D_S = \dfrac{V_{out}}{V_{in\max}} = \dfrac{48}{200} = 0.24$	最大入力電圧
9	最大入力時電圧のトランジスタのOFFの時比率	$D_S'{}_{\max} = 1 - D_{S\min} = 0.76$	最大入力電圧
10	チョーク・コイルの最大リプル電流 [A$_{p\text{-}p}$]	$\Delta I_{L\max} = \dfrac{D_S'{}_{\max} T_S V_{out}}{L} = \dfrac{0.76 \times 10 \times 10^{-6} \times 48}{700 \times 10^{-6}} = 0.52$	最大入力電圧
11	トランジスタの印加電圧 [V]	$V_{q\max} = V_{in\max} = 200$	最大入力電圧
12	ダイオードの印加電圧 [V]	$V_{d\max} = V_{in\max} = 200$	最大入力電圧
13	トランジスタのピーク電流 [A$_{0\text{-}p}$]	$I_{q\max} = I_{out} + \dfrac{\Delta I_{L\max}}{2} = 2.5 + \dfrac{0.52}{2} = 2.76$	最大入力電圧
14	ダイオードのピーク電流 [A$_{0\text{-}p}$]	$I_{d\max} = I_{out} + \dfrac{\Delta I_{L\max}}{2} = 2.5 + \dfrac{0.52}{2} = 2.76$	最大入力電圧

表3 降圧コンバータの回路部品

No.	回路記号	品名	定格または仕様
1	C_1	電界コンデンサ	250V,470μF(リプル電流1.4A)
2	C_2	電界コンデンサ	250V,220μF(リプル電流0.68A)
3	Tr	トランジスタ	2SK1279(富士電機)
4	D	ダイオード	YG971S6R(600V,8A,富士電機)
5	L	チョーク・コイル	700μH,2.5A

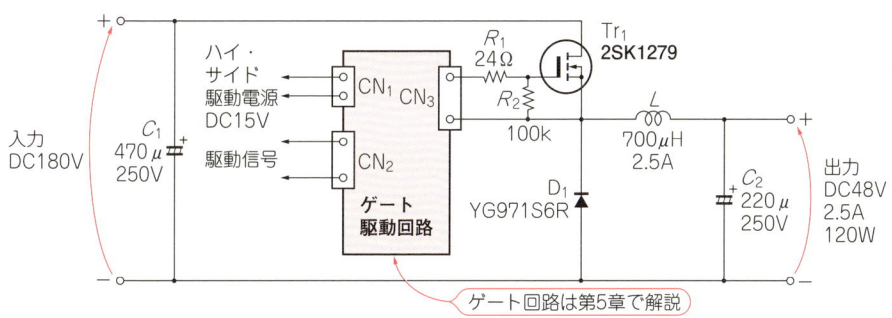

図5 降圧コンバータの回路

次に,表2の設計値から得られた回路部品を表3に示します.ここで使用しているトランジスタは最新のものではなく,あえてかなり以前に生産されていたものを使用しています.特性のあまり良くない古いトランジスタを最新の優れた特性のものに交換することにより,どのような特性のトランジスタを使用すればよいかがわかってきます.

● コンバータを動作させて特性を測定する

図5に示す回路に表3の部品を使用して,実際に回路を組み立てました.写真1に実験ボードの外観を示します.本稿では,制御特性については特に解説しませんので,制御回路などについては省略します.また,ゲート駆動回路は第4章で取り上げますので,説明はあとで行います.

図6に実験の全体の回路構成を,写真2に実際に動作実験を行っているところを示しています.

まず設計値と比較するために,実際に動作させた各部の電圧と電流の波形の測定ポイントを図7に,実際の測定波形を図8に示します.

図8(a)はトランジスタのドレイン-ソース間電圧とドレイン電流波形を,図8(b)はダイオードのアノー

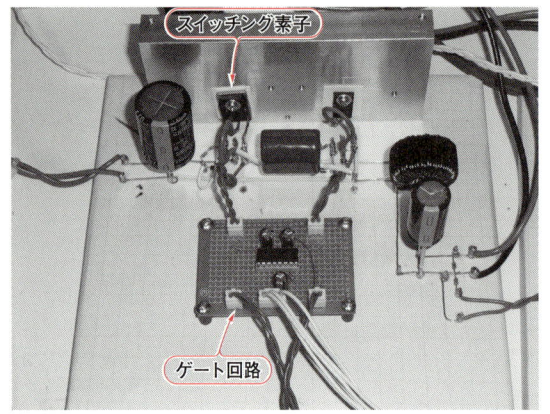

写真1 実験ボードの外観

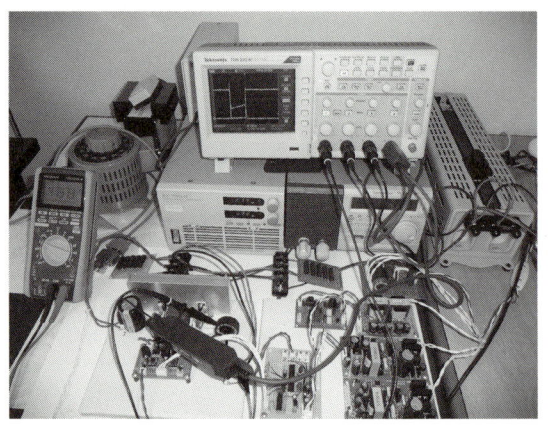

写真2 実験を行っている様子

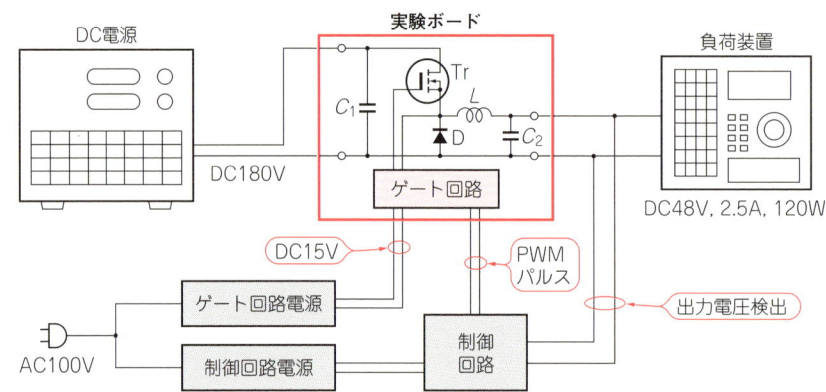

図6 実験の回路構成

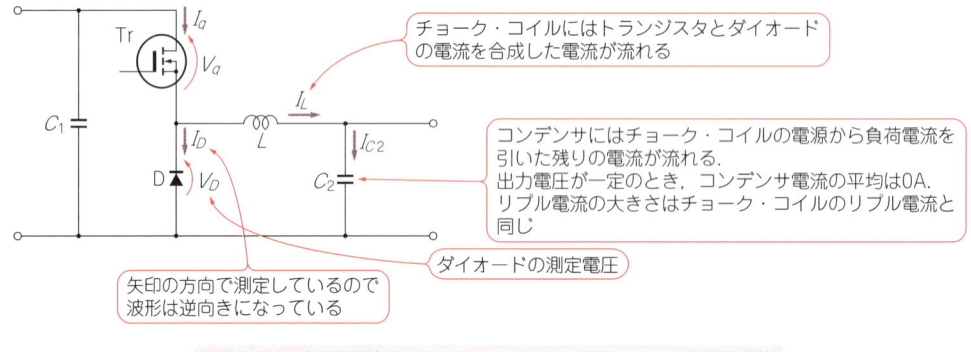

I_Q：トランジスタ電流
V_Q：トランジスタのスイッチング電圧
I_D：ダイオード電流
I_L：チョーク・コイル電流
I_{C2}：コンデンサ電流

図7 図8の電圧/電流の測定ポイント

ド‐カソード間電圧波形と通電電流波形を，図8(c)と図8(d)はチョーク・コイルと出力コンデンサを流れる電流波形を示しています．チョーク・コイルには，トランジスタとダイオードの電流を合成した電流が流れており，出力コンデンサにはチョーク・コイル電流から負荷電流2.5 Aを差し引いたリプル電流が流れていることがわかります．

設計値と実験データを比較します．まず，チョーク・コイルおよび出力コンデンサのリプル電流は，定格入出力時0.5 Aの設計値に対して0.5 Aで，設計値どおりになりました．したがって，トランジスタとダイオードのピーク電流も定格入力条件では，

2.5 + 0.5/2 = 2.75 A

の設計値とおおむね同じ値になっており，設計値どお

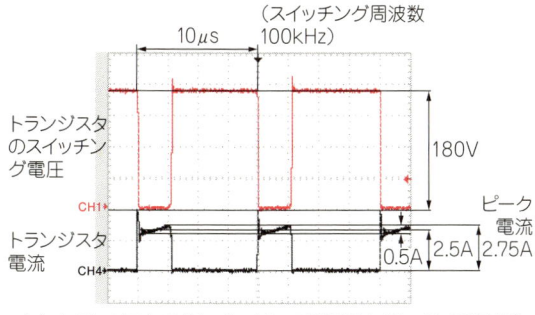
(a) トランジスタのドレイン-ソース間電圧とドレイン電流波形

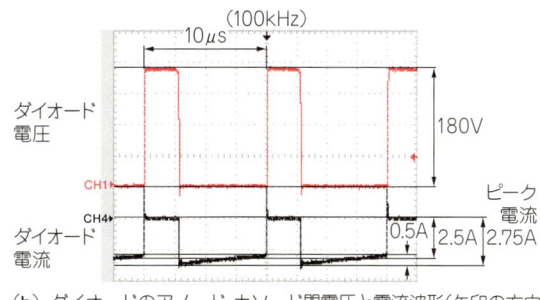
(b) ダイオードのアノード-カソード間電圧と電流波形（矢印の方向で測定しているため向きが逆になっている）

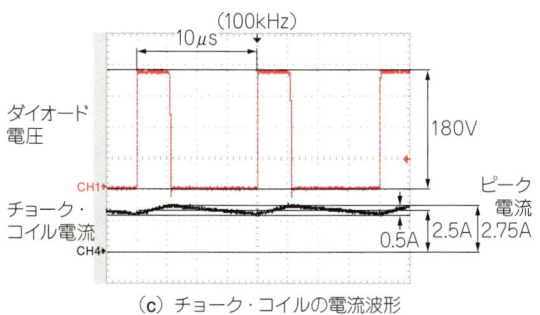
(c) チョーク・コイルの電流波形

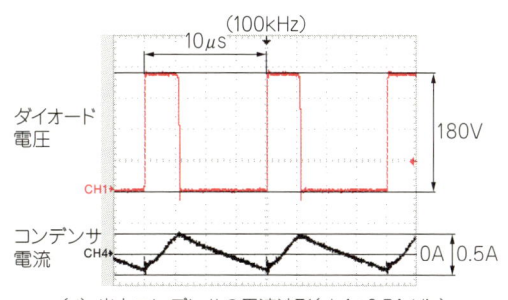
(d) 出力コンデンサの電流波形（ch4：0.5A/div）

図8 各部の電圧電流波形（ch1：50 V/div, ch4：2 A/div, 2.5 μs/div）

り動作していると見なすことができます.

表4は，定格入出力における入出力の電圧と電流を測定した結果です．この結果から，この電源における変換効率は90.8％となりました．この値は，あまり良好とは言い難い値になっています．

トランジスタを最新のMOSFET R5009FNXに交換して動作させる

表4の実験データはあまり効率が良いとは言えませんので，本稿のテーマである最新のMOSFETに交換して動作させます．

● トランジスタを交換して入出力特性を測定する

トランジスタを交換して動作させたときのトランジスタとダイオードの電圧電流波形を図9に示しています．また，入出力の特性測定結果を表5に示します．

特性データの測定条件は，入出力電圧と出力電流が表4と同じ値になるように調整しています．

この測定結果から，トランジスタとダイオードの電圧電流波形は，図8(a)(b)と同じになっています．しかし，表5の変換効率は90.1％から92.4％に改善されています．トランジスタを交換したことにより生じた効率の差は，どのような理由によるものなのでしょうか．

トランジスタを交換した以外は何も変更していませんので，トランジスタの違いが原因であることは間違いありません．そこで，詳細に特性を比較していくことにします．

● トランジスタの特性を比較する

それでは，表3で使用した古いトランジスタ2SK1279と最新の高性能トランジスタR5009FNXの

表4 トランジスタ2SK1279を使用したときの入出力特性の測定結果

No.	項目	単位	測定値	備考
1	入力電圧	V_{DC}	180.1	−
2	入力電流	A_{DC}	0.744	−
3	入力電力	W	133.1	−
4	出力電圧	V_{DC}	48.156	−
5	出力電流	A_{DC}	2.509	抵抗負荷
6	出力電力	W	120.8	−
7	変換効率	％	90.8	−

表5 トランジスタR5009FNXを使用したときの入出力特性の測定結果

No.	項目	単位	測定値	備考
1	入力電圧	V_{DC}	180.2	−
2	入力電流	A_{DC}	0.723	−
3	入力電力	W	130.9	−
4	出力電圧	V_{DC}	48.15	−
5	出力電流	A_{DC}	2.51	抵抗負荷
6	出力電力	W	120.9	−
7	変換効率	％	92.4	−

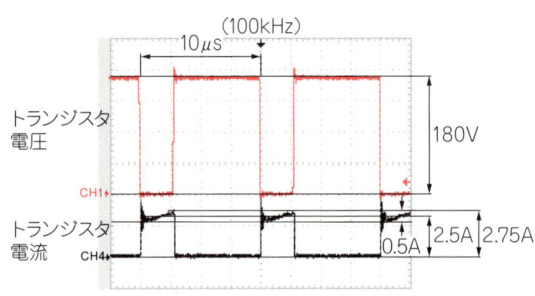

(a) トランジスタR5009FNXを使用したときの電圧電流波形

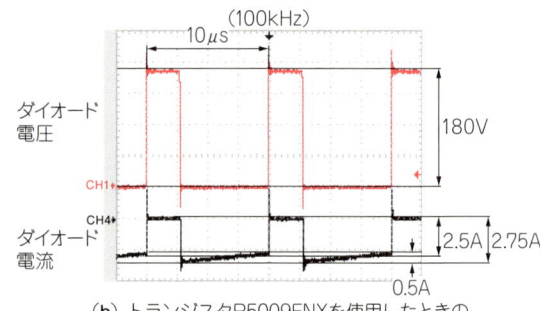

(b) トランジスタR5009FNXを使用したときのダイオードの電圧電流波形

図9　トランジスタR5009FNXを使用したときの電圧電流波形(ch1：50 V/div，ch4：2 A/div，2.5 μs/div)
トランジスタを2SK1279からR5009FNXに交換しても電圧電流波形は変わらない

特性を比較することにします．トランジスタ2SK1279とトランジスタR5009FNXの代表的な特性を**表6**に示します．

このなかで大きな違いが表れている部分は，8～10項の静電容量と11～14項のスイッチング時間です．左の2SK1279と右のR50009FNXでは，左のトランジスタのほうがおおむね一桁近く大きくなっています．一方，7項のドレイン-ソース間オン抵抗は，逆に2SK1279のほうが小さくなっています．

表だけ見ても変換効率の差がどこから出るかわかりにくいので，もう少し具体的に違いをスイッチング波形で比較してみます．

トランジスタがONになるときの時間軸を拡大したスイッチング波形として，2SK1279の場合を**図10**(a)に，R5009FNXの場合を**図10**(b)に示します．また，トランジスタがOFFになるときの時間軸を拡大したスイッチング波形として，2SK1279の場合を**図11**(a)に，R5009FNXの場合を**図11**(b)に示しています．

また，2SK1279のON時の飽和電圧の拡大波形を**図12**(a)に，R5009FNXの飽和電圧の拡大波形を**図12**(b)に示しています．

図10(a)の2SK1279のONのスイッチング時間は75 nsですが，**図10**(b)のR5009FNXでは40 nsとなっています．また，**図11**(a)の2SK1279のOFFのスイッチング時間は100 nsで，**図11**(b)のR5009FNZは30 nsです．トランジスタのスイッチング時間はゲート回路の定数により変わるため，**表6**の値とは一致しませんが，**表6**と同様の傾向を示しています．

トランジスタの飽和電圧の拡大波形の比較においても，2SK1279の飽和電圧は約1.0 Vで，R5009FNXの飽和電圧は約1.8 Vとなり，**表6**と同様な傾向を示しています．なお，トランジスタON時の飽和電圧はオシロスコープのレンジを5 V以下にすると波形が変わってしまうため，飽和電圧の測定としては正確性に欠けますが，5 Vで測定しています．

● **トランジスタの電力損失を計算により比較する**

トランジスタのスイッチング特性が変換効率に影響を与えることがわかりました．今回はトランジスタ以外は同じ条件で実験を行っているので，電力損失の差

表6　トランジスタの特性比較

No.	項　目	記　号	単　位	2SK1279	R5009FNX
1	ドレイン-ソース間電圧	V_{DSS}	V	500	500
2	ゲート-ソース間電圧	V_{GSS}	V	± 20 V	± 30
3	ドレイン電流	I_{out}	A	15	± 9
4	ドレイン電流パルス	$I_{out(pulse)}$	A	60	± 36
5	許容損失	P_D	W	125	50
6	ゲート閾値電圧	$V_{GS(th)}$	V	3.0	3.0
7	ドレイン-ソース間オン抵抗	$R_{DS(ON)}$	Ω	0.40	0.65
8	入力容量	C_{iss}	pF	2000	630
9	出力容量	C_{oss}	pF	270	400
10	帰還容量	C_{rss}	pF	140	25
11	ターン・オン遅延時間	$T_{D(ON)}$	ns	30	24
12	上昇時間	t_r	ns	100	20
13	ターン・オフ遅延時間	$T_{D(OFF)}$	ns	400	50
14	降下時間	t_f	ns	160	40

がトランジスタの電力損失の差であることはわかります．しかし，実際の電力損失がどの程度かはわかりません．

そこで，トランジスタのターン・オン時，ターン・オフ時，ON時のそれぞれの電力損失を計算で簡易的に求めてみます．ここでは，**図13**に示す波形のように，電圧と電流の変化は直線的であるとして求めます．また，実際にトランジスタに印加している電圧と流れている電流を適用します．

トランジスタのターン・オン時の電力損失P_{qtON}は，

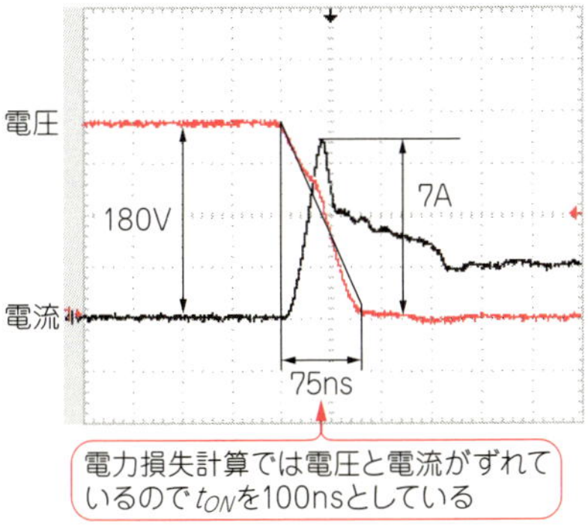

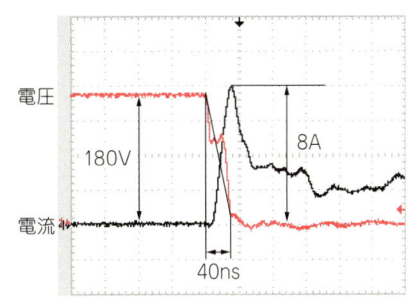

電圧
180V
7A
電流
75ns
電力損失計算では電圧と電流がずれているのでt_{ON}を100nsとしている

(a) トランジスタ2SK1279のON時の時間軸を拡大した電圧電流波形

電圧
180V
8A
電流
40ns

(b) トランジスタR5009FNXのON時の時間軸を拡大した電圧電流波形

図10　トランジスタのON時の時間軸を拡大した電圧電流波形（ch1：50 V/div，ch4：2 A/div，50 ns/div）

220V
電流
2.75A
電圧
120ns
電力損失計算では電流波形が直線ではないのでt_{OFF}＝150nsとしている

(a) トランジスタ2SK1279のOFF時の時間軸を拡大した電圧電流波形

220V
電流
2.75A
電圧
30ns

(b) トランジスタR5009FNXのOFF時の時間軸を拡大した電圧電流波形

図11　トランジスタのOFF時の時間軸を拡大した電圧電流波形（ch1：50 V/div，ch4：2 A/div，50 ns/div）

電圧
電流
2.5A
1V
トランジスタの飽和電圧の平均値を適用．
オシロスコープの電圧レンジが5V以下に拡大できないので誤差が大きい
電力損失はV_{qsat}×I_{out}×D_Sで求める
V_{qsat}：トランジスタの飽和電圧（1.0V）
I_{out}：出力電流（2.5A）

(a) トランジスタ2SK1279の飽和電圧の拡大波形

電圧
電流
2.5A
1.8V
トランジスタの飽和電圧の平均値を適用．
オシロスコープの電圧レンジが5V以下に拡大できないので誤差が大きい
電力損失はV_{qsat}×I_{out}×D_Sで求める
V_q：トランジスタの飽和電圧の平均（1.8V）
I_{out}：出力電流（2.5A）

(b) トランジスタR5009FNXの飽和電圧の拡大波形

図12　トランジスタのON時の飽和電圧の拡大波形

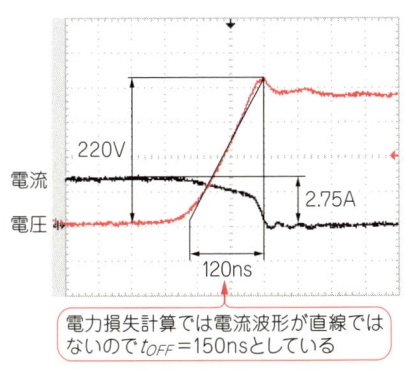

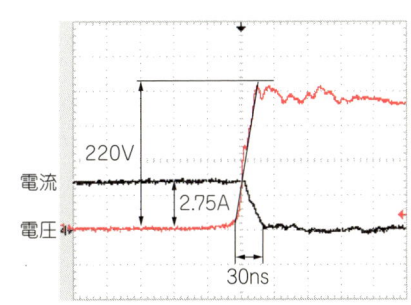

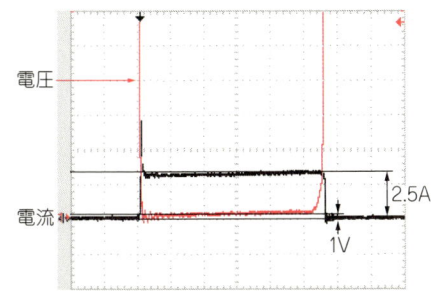

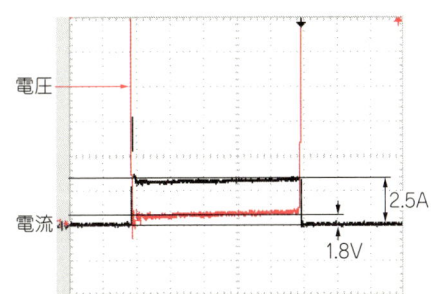

トランジスタの印加電圧をV_q，流れている電流のピーク値をI_{qON}，トランジスタのターン・オン時間をt_{ON}，スイッチング周期をT_Sとすると式(1)で求められます．同様にトランジスタのターン・オフ時間をt_{OFF}とするとトランジスタのターン・オフ損失P_{qtOFF}は式(2)となります．

また，トランジスタON時の電力損失は，ONの時比率をD_Sとしてトランジスタの飽和電圧の平均値をV_{qsat}とすると式(3)で表せます．

$$P_{qtON} = \frac{1}{6} \frac{t_{ON}}{T_S} V_{qON} I_{qON} \cdots\cdots\cdots\cdots\cdots (1)$$

$$P_{qtOFF} = \frac{1}{6} \frac{t_{OFF}}{T_S} V_{qOFF} I_{qOFF} \cdots\cdots\cdots\cdots (2)$$

$$P_{qON} = D_S V_{qsat} I_D \cdots\cdots\cdots\cdots\cdots\cdots\cdots\cdots (3)$$

式(1)から式(3)を適用し，表7の条件により電力損失を計算すると表8の結果が得られます．なお，トランジスタ2SK1279の場合は電圧電流変化が直線でないため，図13の電力損失計算モデルと異なった電圧電流波形になっています．電圧電流変化を分けて計算することもできますが，ここではスイッチング時間を調整して計算モデルに近づけていますので，若干の誤差があります(トランジスタのターン・オン時のもう少し正確な計算方法を第6章で示している)．

表8の損失差は実験とおおむね同じ結果が得られ，スイッチング時間の影響が反映されていることがわかります．このように，スイッチング回路に使用するトランジスタは，スイッチング時間とオン抵抗が損失に影響を与えています．したがって，スイッチング時間が短く，オン抵抗が低いことが望まれます．

● **トランジスタの飽和電圧とスイッチング・スピードのどちらが損失に影響するか**

表8を見ると，2SK1279では損失のなかでオン損失よりターン・オンとターン・オフのスイッチング損失が大きくなっています．この実験では100 kHzの周波数で動作していますが，スイッチング周波数を仮に20 kHzにしたとすると，ターン・オン損失とターン・オフ損失はスイッチング周期に逆比例するので，スイッチング損失は1/5になります．そうすると，スイッチング損失より飽和電圧(オン抵抗)の影響のほうが大きくなります．

したがって，高周波スイッチング回路の場合にはR5009FNXのようにスイッチング・スピードが速いトランジスタを選択し，スイッチング周波数が低い場合には飽和電圧(オン抵抗)が小さいトランジスタを選定

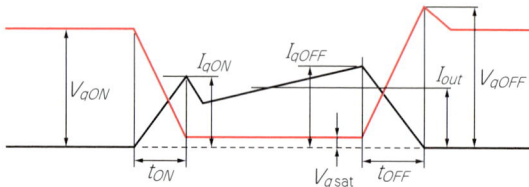

図13 トランジスタのスイッチング損失の計算方法

V_{qON}：ターン・オン時のドレイン電圧
V_{qOFF}：ターン・オフ時のドレイン電圧(サージ電圧も含める)
I_{qON}：ターン・オン時のドレイン電流(サージ電流も含める)
I_{qOFF}：ターン・オフ時のドレイン電流．$I_{out} + \frac{1}{2}$リプル電流
V_{qsat}：オン時の飽和電圧
t_{ON}：ターン・オン時間
t_{OFF}：ターン・オフ時間
I_{out}：負荷電流

表8 電力損失の計算結果

項　目	2SK1279	R5009FNX
ターンON損失	2.1 W	0.96 W
ターンOFF損失	1.51 W	0.30 W
ON損失	0.67 W	1.20 W
合計	4.28 W	2.46 W
損失差	1.82 W	

表7 電力損値の計算条件

No.	項　目	計算に使用する値 2SK1279	計算に使用する値 R5009FNX	備　考
1	トランジスタON時の印加電圧V_{qON}	180 V	180 V	実測値
2	トランジスタONの時比率D_S	0.267	0.267	計算値
3	トランジスタOFF時の印加電圧V_{qOFF}	220 V	220 V	実測値
4	トランジスタON時の電流I_{qON}	7 A	8 A	実測値
5	トランジスタOFF時の電流I_{qOFF}	2.75 A	2.75 A	計算値
6	負荷電流I_{out}	2.5 A	2.5 A	設定値
7	スイッチング周期T_S	10 μs	10 μs	計算値
7	トランジスタのターン・オン時間t_r	100 ns	40 ns	実測値
8	トランジスタのターン・オフ時間t_f	150 ns	30 ns	実測値
9	トランジスタの飽和電圧V_{qsat}	1.0 V	1.8 V	実測値

することが望ましいと言えます.

スイッチング特性で他に重要な項目

ほかにパワー・エレクトロニクス回路に対してトランジスタの性能が影響する項目を考えてみます. そこで, 再度スイッチング・トランジスタを特性が良くない2SK1279に交換して降圧コンバータを動作させます. 今度は定格負荷ではなく軽負荷にて動作させます.

● 電流連続モードと電流臨界モードと電流不連続モードとは

負荷を定格条件で動作させます. このときは図14のように, チョーク・コイル電流は連続して流れています. このような動作モードを電流連続モードと言います.

次に, 定格負荷から軽負荷にしていきます. すると, 負荷電流が0.23Aになったところで図15のように, チョーク・コイル電流はちょうど0Aになる状態が生じます. このような動作モードを電流臨界モードと言います. このときの負荷電流の大きさはチョーク・コイルのリプル電流の1/2になっています. チョーク・コイルのリプル電流は表2のチョーク・コイルのインダクタンスの計算式を変更して式(4)で求められます.

$$\Delta I_L = \frac{D_S' \, T_S V_{out}}{L} \quad \cdots \cdots (4)$$

表3の定数を適用してチョーク・コイルのリプル電流を求めると0.5Aと求められます. しかし, 実際のリプル電流は0.46Aとなっています. このときの負荷電流は0.23Aとなりました. この原因は, チョーク・コイルに流す電流が少なくなるとインダクタンスが増加する傾向がありリプル電流が小さくなるためです.

さらに負荷を軽くしていくと, 図16のように, チョーク・コイル電流はいったん0Aの部分が生じ不連続になっています. このような動作モードを電流不連続モードと言います.

図16を見ると図14, 図15と異なり, スイッチング波形すなわちダイオードDの両端電圧には振動電圧が現れています. チョーク・コイルの電流が0Aになると, チョーク・コイルはインダクタとしての役割を果たさなくなり, 単なる巻き線抵抗になってしまいます. すなわち, ダイオードDが導通せず回路が開放したため, ダイオードの両端には出力電圧が現れてきます. 実際には, トランジスタがOFFしたときの電圧変化によって振動波形が現れ図16のようになっています.

図14と図15のように, チョーク・コイルの電流が連続しているときのトランジスタのONの時比率は, 出力電圧V_{out}と入力電圧V_{in}との比で決まります. しかし, 図16のように, 臨界電流より負荷電流を小さくして電流不連続モードになると, トランジスタONの時比率D_Sは入力電圧と出力電圧の比より小さな値

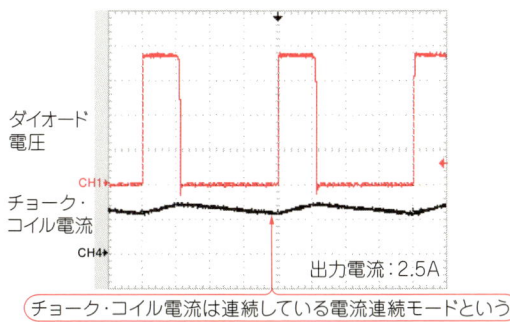

図14 電流連続モードにおけるスイッチング波形とチョーク・コイル電流(ch1:50.0V/div, ch4:2.0A/div, 2.5μs/div)

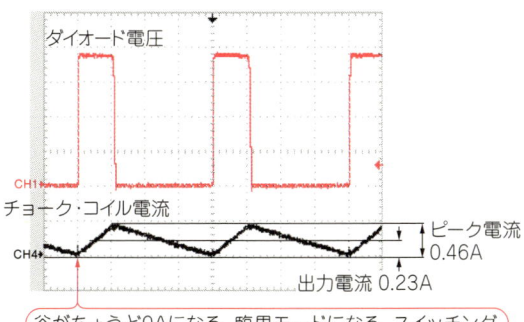

図15 電流臨界モードにおけるスイッチング波形とチョーク・コイル電流(ch1:50.0V/div, ch4:0.5A/div, 2.5μs/div)

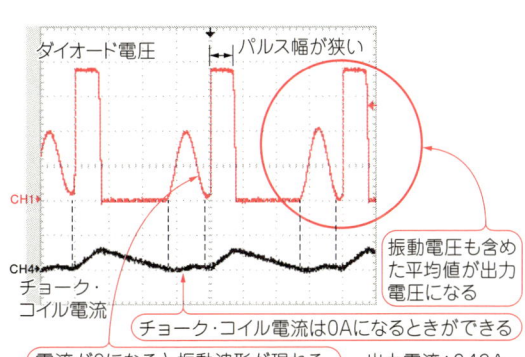

図16 電流不連続モードにおけるスイッチング波形とチョーク・コイル電流(ch1:50.0V/div, ch4:0.5A/div, 2.5μs/div)

になります．

図15と図16を比較すると，図16のほうがパルス幅が狭くなっていることがわかります．図16のパルス幅は，電圧波形の平均が出力電圧になるので，振動電圧のぶんだけパルス幅は狭くなります．

● **さらに負荷電流を小さくするとどのような現象が起こるか**

負荷電流を無負荷近くまで下げていきます．すると図17(a)のように，スイッチング周波数が一定ではなくなり，不連続なスイッチング動作になってしまいました．さらに軽負荷にすると，図17(b)のように，スイッチング間隔が広くなります．

ここで，図17のスイッチングの拡大波形を図18に示します．この両者を比較すると，パルス幅はほとんど変わっていないことがわかります．このことは，パルス幅が一定値以下に狭くできないことを示しています．この実験では20 mA負荷までは連続スイッチングでしたが，それ以下では間欠動作になってしまいます．

ではなぜこのようなことが起こるのでしょうか．これはターン・オフ時の遅延時間が影響します．トランジスタの遅延時間には，ターン・オン遅延時間とターン・オフ遅延時間があります．

ターン・オン遅延時間は，トランジスタのゲートにパルスを与えてからドレイン電圧が降下を開始するまでの時間です．ただし，一般的にターン・オン遅延時間はあまり大きくありません．

ターン・オフ遅延時間は，トランジスタのゲート・パルスを取り除いてからドレイン電圧が上昇を開始するまでの遅延時間です．

図19は，図17(a)のように間欠動作になる限界のときのトランジスタのスイッチング波形を拡大して示したものです．図のようにゲート電圧のパルス幅は狭いですが，トランジスタのOFF時間は500 μsと長くなっています．

このように，トランジスタにはターン・オフ遅延時間があるため，トランジスタのパルス幅は一定以下に狭くできなくなってしまいます．さらに，第5章のトランジスタの駆動回路で説明するゲート回路の特性の

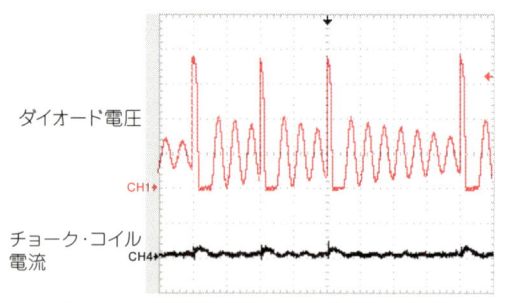

軽負荷時になるとパルス幅が狭くできず間欠動作する．2SK1279は負荷電流が20mAになると間欠動作になった．間欠動作を防止するためには20mAのダミー負荷を接続する．48V×20mA＝0.96Wの電力損失が増える

(a) 軽負荷時の間欠スイッチング波形

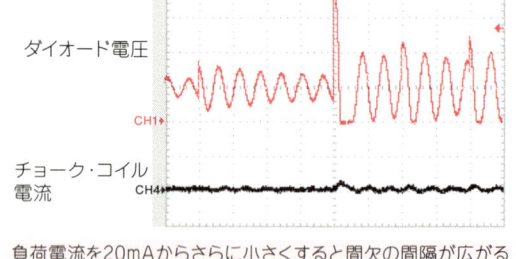

負荷電流を20mAからさらに小さくすると間欠の間隔が広がる

(b) さらに軽負荷にしたときの間欠スイッチング波形

図17 軽負荷時の間欠スイッチング波形（ch1：50.0 V/div，ch4：0.5 A/div，5 μs/div）

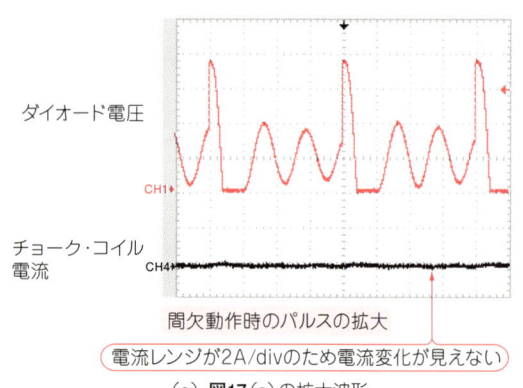

間欠動作時のパルスの拡大
電流レンジが2A/divのため電流変化が見えない

(a) 図17(a)の拡大波形

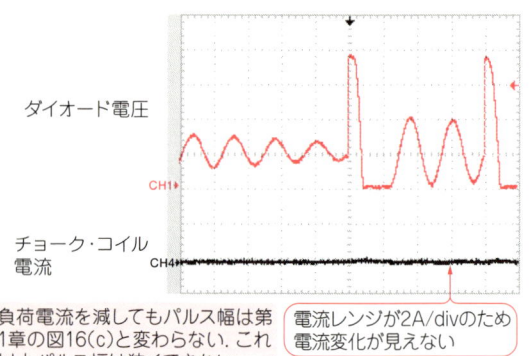

負荷電流を減してもパルス幅は第1章の図16(c)と変わらない．これ以上パルス幅は狭くできない．
電流レンジが2A/divのため電流変化が見えない

(b) 図17(b)の拡大波形

図18 図17の拡大波形（ch1：50.0 V/div，ch4：2.0 A/div，2.5 μs/div）

影響で遅れが生じてスイッチング・パルス幅は連続的に変化できず，ある一定値以下にできなくなってしまいます．

その結果，軽負荷では限りなくスイッチング・パルス幅を狭くする必要があっても狭くできないために，不連続な間欠動作にし，スイッチング周期を長くして，あたかもパルス幅が狭くなったように見せかけて出力電圧を安定化させることになります．

すなわち，トランジスタの特性としては，ターン・オン遅延時間とターン・オフ遅延時間は小さいことが望まれます．

● 最新のトランジスタで軽負荷動作させる

トランジスタのスイッチング特性として，ターン・オン遅延時間とターン・オフ遅延時間が小さいほうが望ましいことがわかりました．ここで，遅延時間の小さいR5009FNXに交換して同様の試験を行いました．

図20に，負荷を軽くしてスイッチング動作が連続している限界の動作波形を示しています．このときの負荷電流は10 mAとなり，2SK1279と比較して1/2になっています．

図20にそのときのスイッチング・パルスの拡大波形を示しています．2SK1279の最低パルス幅は500 nsでしたが，R5009FNXは300 nsと狭くなっており，そのぶん軽負荷まで連続スイッチングできることを示しています．

また，2SK1279を使用して間欠動作したときの出力リプル電圧を図21に示しています．このように間欠スイッチングすると出力電圧が変動し，リプル電圧が増加してしまうため，仕様を満足できないときは，出力にダミー抵抗を接続して，間欠動作しないようにする必要があります．したがって，パルス幅が十分に狭くできないトランジスタを使用したときは，ダミー抵抗の電流が増えて変換効率を悪化させてしまいます．

なお，トランジスタのスイッチング波形はゲート抵抗によって変わります．ゲート抵抗によっては，この実験とは異なった結果が得られる場合もあります．一般的に，ゲート抵抗を小さくして高速スイッチングにした場合は，この実験結果のようになることが多いと考えられます．

2SK1279は本当に効率が悪いのか

2SK1279は，過去においてはパワー・エレクトロニクス回路で使用したスイッチング・トランジスタでした．最新のトランジスタと比較すると効率は良くありませんが，このトランジスタは本当に効率が悪いのか考えてみます．

● 負荷電流が一定のとき出力電圧値により変換効率はどう変わるか

この章の実験ではDC 180 Vを入力し，DC 48 V/2.5 A

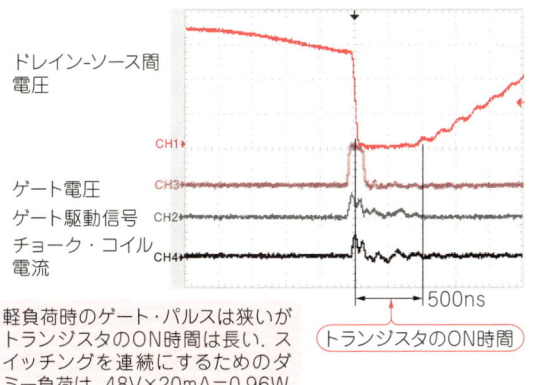

図19 トランジスタ2SK1279の連続スイッチング限界時のゲート・パルスとスイッチング波形(ch1：50 V/div, ch2：10 V/div, ch3：10 V/div, ch4：2 A/div, 250 ns/div)

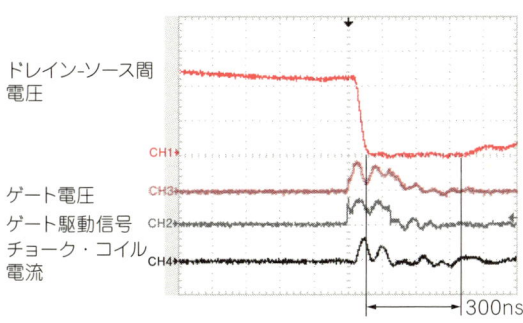

図20 R5009FNXの連続スイッチング限界時の動作波形(ch1：50 V/div, ch2：10 V/div, ch3：10 V/div, ch4：2 A/div, 100 ns/div)

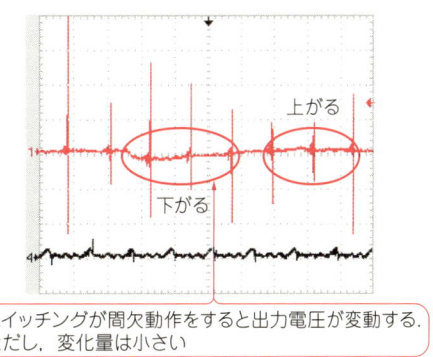

図21 間欠動作時のリプル電圧(ch1：200 mV/div, ch4：2 A/div, 5 ms/div)

を出力する降圧コンバータについて検討しています．2SK1279を使用した実験データから，**表4**のように入力電流は0.744 Aで効率が90.8 %となっています．

入力電流は0.744 Aですが，トランジスタのパルス幅が変化しても，トランジスタには負荷電流に1/2リプル電流を加えた2.75 Aの電流が流れています．その結果，負荷電流が一定な場合，パルス幅が変わり出力電圧が変わっても，ターン・オンとターン・オフ時間が変わらないので，スイッチング損失はほとんど変化しないと考えられます．オン損失は，トランジスタに流れる電流が変化しなければ時比率（パルス幅）に比例します．

ここで，出力電圧がDC 160 V（時比率が約90 %のとき）で負荷電流が2.5 Aのときの損失を考えることにします．負荷電流はいままで実験したときと同じなので，ターン・オン損失とターン・オフ損失は同じとします．オン損失は時比率0.9を適用して計算します．

それ以外のダイオードは，パルス幅が広くなるとダイオードに流れる時間が短くなり損失が減少します．チョーク・コイルは負荷電流が変わらないので巻き線の損失は変わりません．しかし，チョーク・コイルに印加する電圧は入力電圧と出力電圧の差になるので，出力電圧が高くなるとチョーク・コイルに印加する電圧が減少します．その結果，磁束密度が低下してコア損失が減少します．

このように，トランジスタ以外はパルス幅が広くなると損失は減少する方向ですが，ここではトランジスタ以外の損失は変わらないとして，パルス幅が広くなると変換効率がどうなるかを計算します．

表4から，内部損失は入力電力の133.1 Wから出力電力の120.8 Wを引き算した12.3 Wになります．

これに，トランジスタのオン損失の増加ぶんが加わります．増加ぶんは時比率差になるので，時比率の増加ぶんは，

$$0.900 - 0.267 = 0.633$$

になります．したがって，オン電圧が1.0 V，負荷電流が2.5 Aとすると，電力損失の増加ぶんは，

$$1.0 \times 2.5 \times 0.633 = 1.58 \text{ W}$$

となります．以上の結果，変換効率 η は式(5)となります．

$$\begin{aligned}\eta &= 160 \times 2.5 \div (160 \times 2.5 + 12.3 + 1.58) \\ &= 400 \div 413.9 = 96.6 \text{ \%} \quad\cdots\cdots\cdots(5)\end{aligned}$$

この結果はそう悪い値ではありません．このように，変換効率は入出力電圧と負荷条件で変わりますので，変換効率のみを云々しても意味がありません．

半導体シリーズ　　　　　　　　　　　　　　　　　好評発売中

PWM電源コントローラの開発に学ぶ

CMOSアナログIC回路の実務設計

吉田 晴彦 著
JAN9784789830683

B5判
288ページ
（4色128ページ）
定価3,780円

究極の電子回路設計は，自らの手で回路仕様に基づくICを一から興してしまうことです．特徴あるICを興すことができれば，そのICを組み込んだ製品の特徴も，飛躍的に向上させることができます．

本書は現在主流になりつつあるCMOSアナログICの実際の設計技術を学ぶために特別に興した現物…PWM電源コントローラ【PWM01】の細部までにわたる実務設計の解説書です．現物のIC内部をくまなく説明した書籍は，世界的にもたぶん初めてです．ICの回路設計技術者を目指す方，CMOSアナログICの企画・開発・設計にチャレンジされる方への待望の書籍です．

カラー口絵 ICができるまで
第1章　CMOSアナログICの開発・設計のあらまし
第2章　PWMコントロールIC PWM01 開発のあらまし
第3章　基準電圧源/電流源&レギュレータの設計
第4章　OPアンプの設計
第5章　三角波発振/PWMコンパレータ その他の設計
第6章　CMOSアナログICレイアウト設計の基礎
第7章　PWM01のレイアウト設計
第8章　試作ICの評価と信頼性の確保

CQ出版社　販売部　〒170-8461 東京都豊島区巣鴨1-14-2　☎(03)5395-2141　FAX(03)5395-2106

第3章

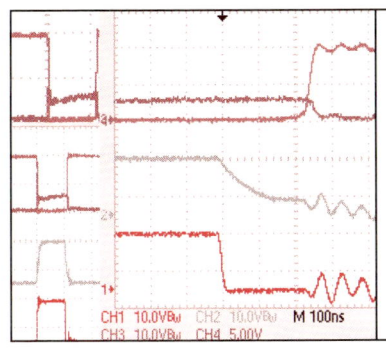

パワー・エレクトロニクス回路の
変換効率を改善させる

同期整流回路とスイッチング・トランジスタの要求事項

田本 貞治
Tamoto Sadaharu

特集 高速&高耐圧! パワーMOSFETの活用法

第2章で説明した降圧コンバータや昇圧コンバータの変換効率が改善できる回路として,ダイオードの代わりにMOSFETを使用する同期整流コンバータがよく知られています.

この章では,同期整流コンバータの動作原理を解説し,このコンバータに要求されるMOSFETの内蔵ダイオードの特性を探っていきます.また,トランジスタとダイオードを使用した降圧コンバータとトランジスタを2個使用した同期整流コンバータでは異なったふるまいがあることを説明し,同期整流コンバータの理解を深めます.

同期整流コンバータにはどのようなMOSFETを採用すればよいか

ここでは,変換効率が良好と言われる同期整流型コンバータにどのようなMOSFETを使用すれば高効率コンバータが実現できるか,異なるトランジスタを使用しながら順を追って実験で確かめていきます.そのなかで,どのようなMOSFETを採用すればよいかを見ていきます.

● 同期整流型コンバータの実験を行うまえに…トランジスタを変更した降圧コンバータの実験

第2章では,図5(p.13)に示す降圧コンバータを適用し,最初に特性の良くないトランジスタを使用して実験を行いました.ここでは,もう少し高速に動作するトランジスタを使用して実験を行います.

ここで使用するトランジスタは2SK2640(富士電機)で,その特性を表1に,第2章で使用したR5009FNXと比較して示します.なお,降圧コンバータの仕様は第2章の表1と同じとします.また,トランジスタを除く使用部品も第2章の表3と同じとして,同じ入出力条件で動作させてコンバータの特性を比較します.

2SK2640を使用した降圧コンバータの動作実験結果を表2に示します.第2章の表5のR5009FNXを使用した実験と比較すると,変換効率はやや悪いですが,同じような結果が得られました.当然ですが,トランジスタのスイッチング特性がおおむね同じなので,同じような結果になったわけです.

この実験におけるトランジスタのドレイン-ソース間電圧とドレイン電流の波形を図1に示します.図1(a)が測定回路です.トランジスタがONのときの拡大波形を図1(c)に,トランジスタがOFFのときの拡大波形を図1(d)に示します.

高速動作できるMOSFETを使用したのでスイッチング特性は良好ですが,第2章で実験したR5009FNXと比較するとターン・オン時間とターン・オフ時間は少し大きいので,そのぶん変換効率も悪くなっています.

表1 同期整流コンバータに使用するトランジスタの特性

No.	項目	記号	単位	2SK2640	R5009FNX
1	ドレイン-ソース間電圧	V_{DSS}	V	500	500
2	ゲート-ソース間電圧	V_{GSS}	V	± 30	± 30
3	ドレイン電流	I_D	A	± 10	± 9
4	ドレイン電流(パルス)	$I_{D(pulse)}$	A	± 40	± 36
5	許容損失	P_D	W	50	50
6	ゲート閾値電圧	$V_{GS(th)}$	V	4.0	3.0
7	ドレイン-ソース間オン抵抗	$R_{DS(ON)}$	Ω	0.73	0.65
8	入力容量	C_{iss}	pF	950	630
9	出力容量	C_{oss}	pF	180	400
10	帰還容量	C_{rss}	pF	80	25
11	ターン・オン遅延時間	$t_{d(ON)}$	ns	25	24
12	上昇時間	t_r	ns	70	20
13	ターン・オフ遅延時間	$t_{d(OFF)}$	ns	70	50
14	降下時間	t_f	ns	45	40

表2 入出力特性の測定結果

No.	項目	単位	測定値	備考
1	入力電圧	V_{DC}	180.1	−
2	入力電流	A_{DC}	0.7310	−
3	入力電力	W	131.65	−
4	出力電圧	V_{DC}	48.15	−
5	出力電流	A_{DC}	2.51	抵抗負荷
6	出力電力	W	120.86	
7	変換効率	%	91.8	

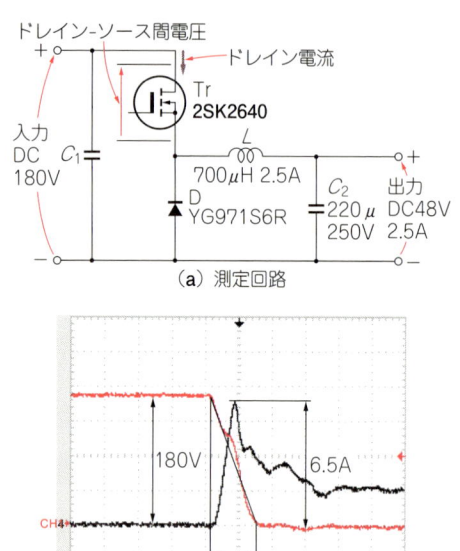
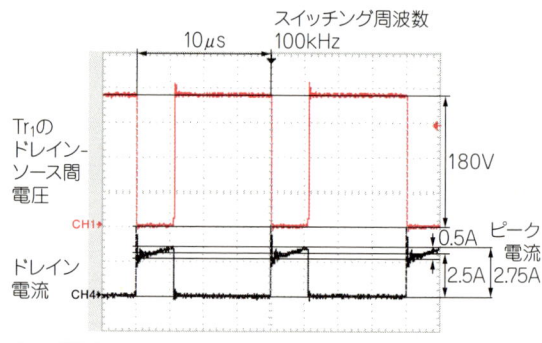

(a) 測定回路

2SK2640はR5009FNXとおおむね同じ特性なのでスイッチング波形もR5009FNXと変わらない

(b) トランジスタのドレイン-ソース間電圧とドレイン電流波形

前章の**図11**(b)と比較して，R5009FNXよりターン・オン時間が長い．しかし，サージ電流のピーク値は小さい．その結果ターン・オン損失はR5009FNXとあまり変わらない

(c) (b)におけるトランジスタON時の拡大波形(50ns/div)

前章の**図12**(b)と比較して，ターン・オフ時間はR5009FNXより長い．そのぶん損失が増加している

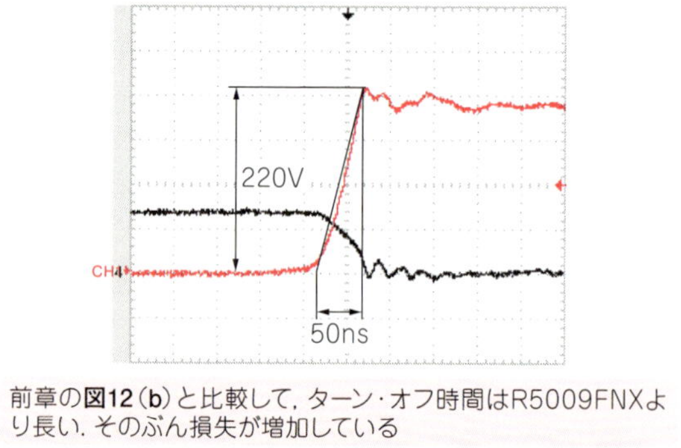

(d) (b)におけるトランジスタOFF時の拡大波形(50ns/div)

図1 トランジスタのドレイン-ソース間電圧とドレイン電流波形 (ch1：50 V/div，ch4：2 A/div，2.5 μs/div)

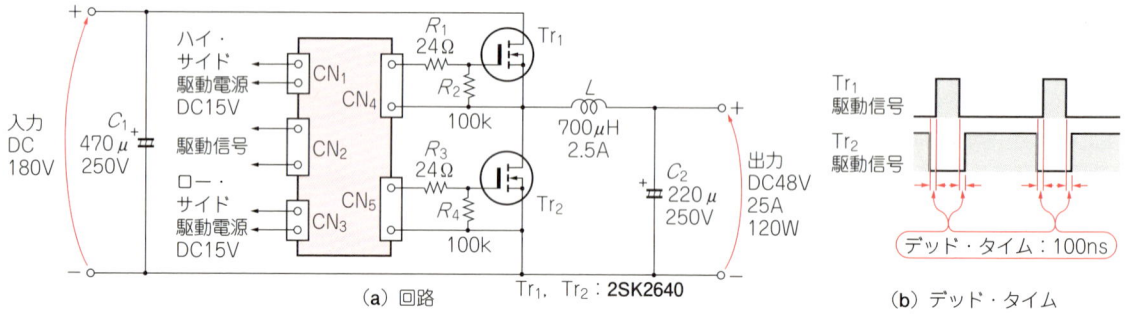

(a) 回路　　Tr$_1$，Tr$_2$：2SK2640

(b) デッド・タイム

図2 同期整流型コンバータの回路

● 降圧コンバータを同期整流コンバータに変更する（その1）

　それでは，ここから降圧コンバータを同期整流型に変更して実験を行います．なお，同期整流コンバータに使用するトランジスタは，前の実験と同じ2SK2640とします．同期整流コンバータの回路図を**図2**に示します．これは，前章の図1(p.11)に示した回路のダイオードDをMOSFET（2SK2640）に置き換えたものです．

　MOSFETはゲートに電圧を加えるとドレイン-ソース間の抵抗が減少して電流が流れやすくなり，ゲートに印加した電圧を取り去るとドレイン-ソース間の抵抗が増加して電流を遮断します．ゲートに電圧を加えたときのドレイン-ソース間の抵抗が$R_{DS(ON)}$ということになります．したがって，$R_{DS(ON)}$が小さければ電力損失も小さくでき，変換効率が改善されます．

　降圧コンバータは第2章の図2の原理で動作します．トランジスタがONすると，入力電源からトランジスタTr，チョーク・コイルLを介して負荷に電流を流します．トランジスタがOFFすると，チョーク・コイルは電流を流し続けようとするため，ダイオードが導通して，ダイオードD，チョーク・コイル，負荷の経路で電流を循環させて電流を流し続けます．ここで，

MOSFETは構造的にドレイン-ソース間にダイオードが形成されており、このダイオードを降圧コンバータのダイオードとして使用することが可能です．

まず、前章の図5の回路と同じ動作になるように、トランジスタTr_2のゲート-ソース間を短絡し、MOSFETに内蔵している逆導通ダイオードを使用して動作させてみました．その結果、**表3**のように変換効率は非常に悪く、放熱板の温度は急激に上昇してトランジスタが過熱して壊れそうになったので、データ測定後すぐに実験を中止しました．そのときのトランジスタのスイッチング波形を**図3**に示します．また、逆導通ダイオードの電圧と電流波形を**図4**に示します．

図1と**図3**を比較すると、明らかにトランジスタを流れる電流波形が異なっています．**図3(d)**のように、トランジスタがターン・オフしたときは変わりありませんが、**図3(c)**のように、トランジスタがターン・オンしたとき21Aにも達する大きなサージ電流が流れています．それでは、このサージ電流はどこに流れていくのでしょうか．

そこで、トランジスタがターン・オンしたときのロー・サイド・トランジスタTr_2の電圧電流波形の拡大を**図4(c)**に、トランジスタがターン・オフしたときのロー・サイド・トランジスタTr_2の逆導通ダイオードの電圧電流波形の拡大を**図4(d)**に示しています．なお、**図4(b)**はTr_2の逆導通ダイオードの電圧電流波形です．

この図から、ハイ・サイド・トランジスタがターン・オンしたとき、**図4(c)**のように、ロー・サイド・トランジスタの逆導通ダイオードを流れている電流と逆向きに、**図3(c)**と同じサージ電流が流れていることがわかります．すなわち、トランジスタがターン・オンしたとき、電源回路を短絡する貫通電流が流れていることになります．

このように、大きな貫通電流が流れるため、大きな電力損失が発生してしまいました．これでは、降圧コンバータとして使いものになりません．

表3 ロー・サイド・トランジスタの逆導通ダイオードを使用したコンバータの入出力特性測定結果

No.	項目	単位	測定値	備考
1	入力電圧	V_{DC}	180.2	—
2	入力電流	A_{DC}	1.087	—
3	入力電力	W	195.9	—
4	出力電圧	V_{DC}	48.05	—
5	出力電流	A_{DC}	2.502	抵抗負荷
6	出力電力	W	120.2	—
7	変換効率	%	61.4	—

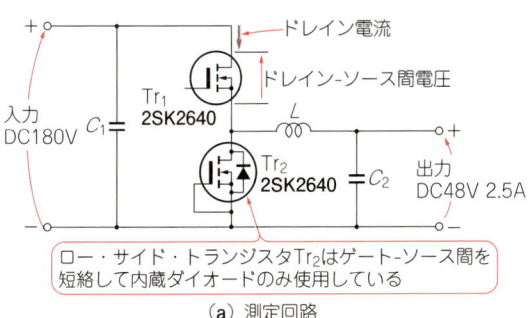

(a) 測定回路

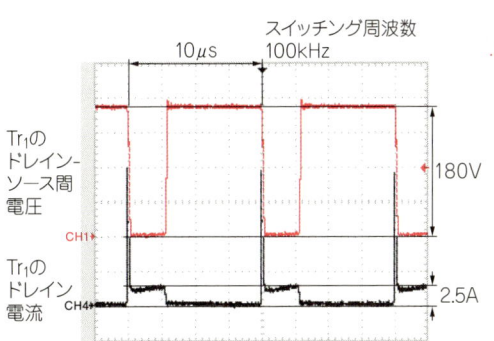

トランジスタのスイッチング波形は図1(b)と大きくは変わらないが、ドレイン電流には大きなサージ電流が流れている．図1(b)と同じ電流レンジでは測定できないため2A/divから5A/divに変更している

(b) ハイ・サイド・トランジスタのドレイン-ソース間電圧とドレイン電流波形

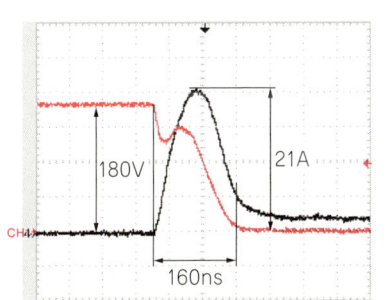

トランジスタのターン・オン時に21Aに達する大きなサージ電流が流れているため変換効率が極端に悪い

(c) (b)におけるトランジスタON時の拡大波形 (50ns/div)

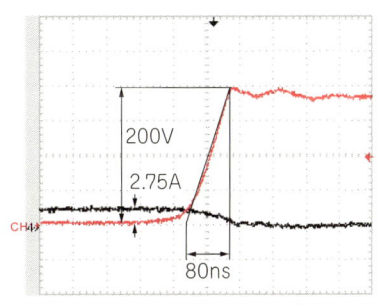

トランジスタのターン・オフ時はターン・オフ時間が大きい以外は特に今までの実験と変わらない

(d) (b)におけるトランジスタOFF時の拡大波形 (50ns/div)

図3 ハイ・サイド・トランジスタのドレイン-ソース間電圧とドレイン電流波形 (ch1：50 V/div, ch4：5 A/div, 2.5 μs/div)

● 降圧コンバータを同期整流コンバータに変更する（その2）

次に，ロー・サイド・トランジスタを図5のように同期整流コンバータにして動作させます．使用するトランジスタは前の実験と同じ2SK2640とします．

トランジスタTr_1がONしたときはTr_2をOFFさせ，Tr_1がOFFしたときTr_2をONさせる相補スイッチング・モードで動作させます．さらに，前章で説明したように，トランジスタのターン・オンとターン・オフ時には遅延時間があるため，ターン・オン時間とターン・オフ時間の差以上のデッド・タイム（休止期間）を設けて，Tr_1とTr_2が同時にONになって回路が短絡しないようにします．

表1に示したように，この実験で使用しているトランジスタ2SK2640のターン・オン遅延時間は25 nsで，ターン・オフ遅延時間は70 nsです．その差は45 nsですが，ゲート駆動回路の遅れや，前章で説明したトランジスタのスイッチング時間t_{ON}とt_{OFF}も考慮に入れて，100 nsのデッド・タイムを挿入します．

この条件で動作させたときの入出力特性の測定結果を表4に示します．また，トランジスタのスイッチング波形を図6と図7に示します．

この実験結果は，前回の実験結果より多少変換効率は改善したものの，前記のトランジスタTr_1だけを動

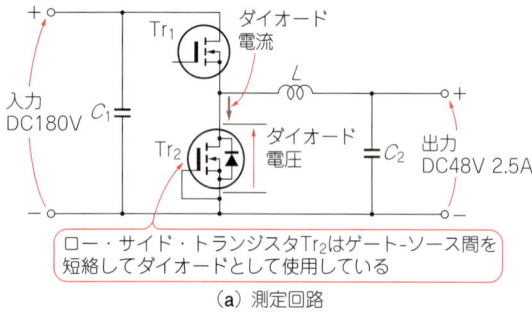

(a) 測定回路

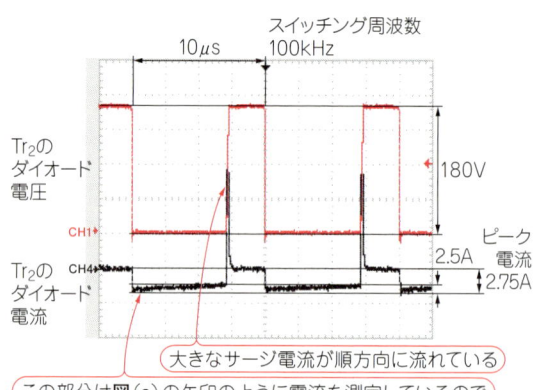

(b) ダイオードの電圧電流波形

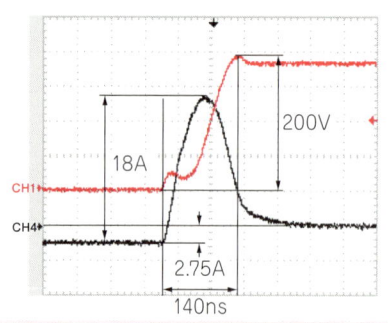

(c) トランジスタON時のダイオードの電圧電流波形の拡大（50ns/div）

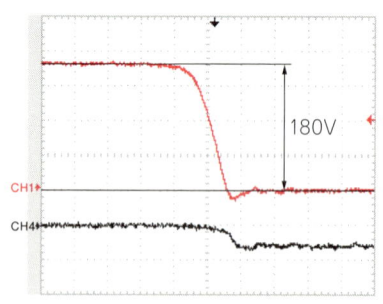

(d) トランジスタOFF時のダイオードの電圧電流波形の拡大（50ns/div）

図4　ダイオードの電圧電流波形（ch1：50 V/div，ch4：5 A/div，2.5 μs/div）

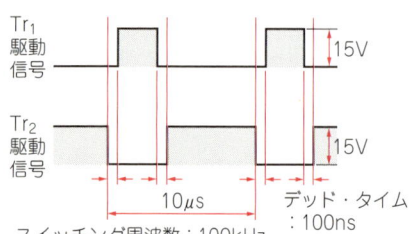

図5　同期整流型コンバータのトランジスタの駆動波形

表4　同期整流コンバータとして動作させたときの入出力特性の測定結果

No.	項目	単位	測定値	備　考
1	入力電圧	V_{DC}	180.1	−
2	入力電流	A_{DC}	0.779	−
3	入力電力	W	140.3	−
4	出力電圧	V_{DC}	48.06	−
5	出力電流	A_{DC}	0.250	抵抗負荷
6	出力電力	W	120.2	−
7	変換効率	%	85.7	−

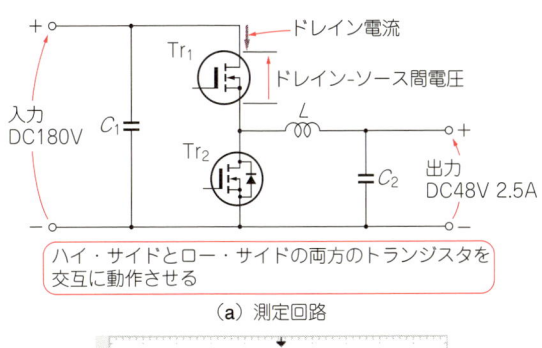

(a) 測定回路

ハイ・サイドとロー・サイドの両方のトランジスタを交互に動作させる

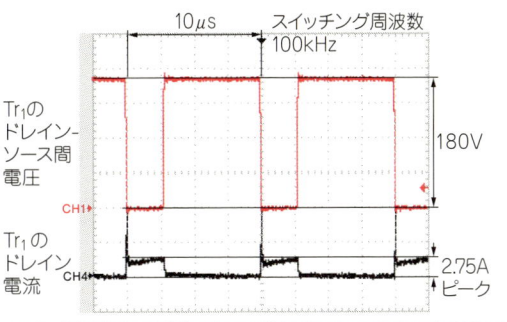

(b) トランジスタTr_1のドレイン-ソース間電圧とドレイン電流波形

図3(b)のロー・サイド・トランジスタをダイオードとして使用したときより2SK2640を使用した同期整流コンバータにするとサージ電流は小さくなる

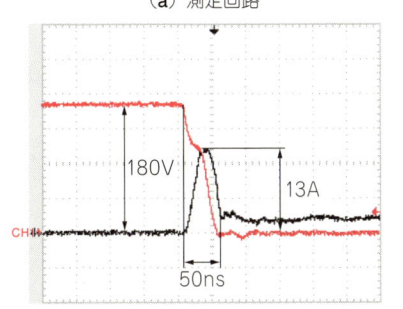

(c) (b)におけるトランジスタON時の拡大波形(50ns/div)

図3(c)と比較してサージ電流の大きさと流れている時間は約半分になった。ロー・サイド・トランジスタを動作させて同期整流コンバータにしたことがサージ電流を減少させている

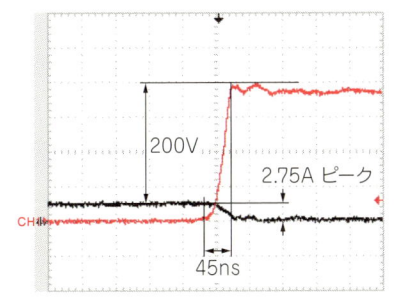

(d) (b)におけるトランジスタOFF時の拡大波形(50ns/div)

図3(d)と比較してターン・オフ時間も短かくなっている

図6 トランジスタTr_1のドレイン-ソース間電圧とドレイン電流波形(ch1:50 V/div, ch4:5 A/div, 2.5 μs/div)

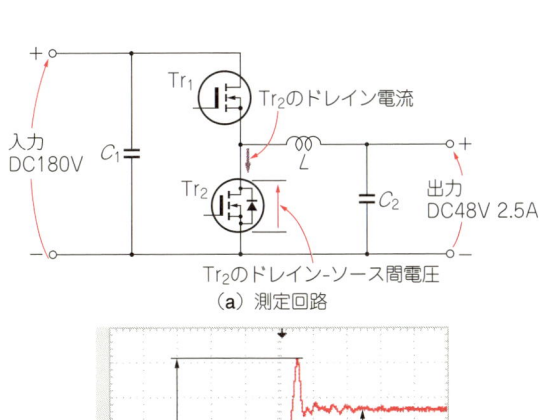

(a) 測定回路

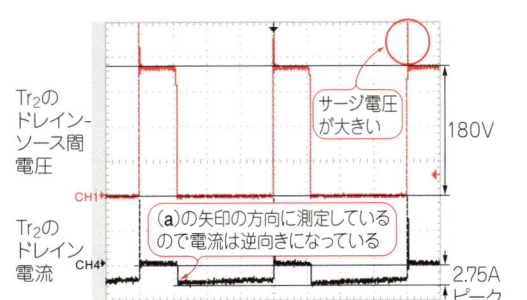

(b) トランジスタTr_2のドレイン-ソース間電圧とドレイン電流波形

サージ電圧が大きい

(a)の矢印の方向に測定しているので電流は逆向きになっている

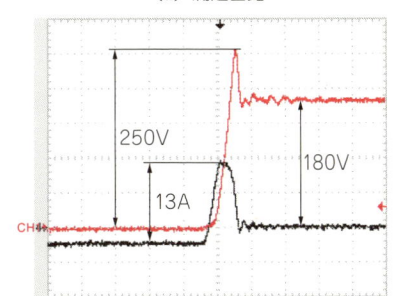

(c) (b)におけるトランジスタON時の拡大波形(50ns/div)

図6(c)のようにハイ・サイド・トランジスタのターン・オン時間が短くなったにも関わらず大きなサージ電流が流れているためサージ電圧が大きくなった

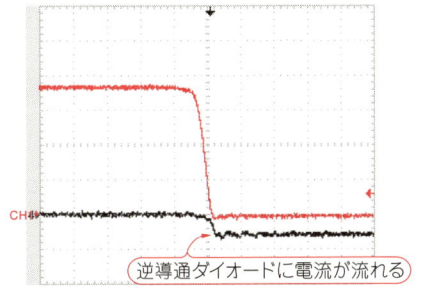

(d) (b)におけるトランジスタOFF時の拡大波形(50ns/div)

逆導通ダイオードに電流が流れる

図6(c)のようにハイ・サイド・トランジスタのターン・オフ時間は小さくなったが、サージ電流が流れていないのでスイッチング波形のサージ電圧は増えない

図7 トランジスタTr_2のドレイン-ソース間電圧とドレイン電流波形(ch1:50 V/div, ch4:5 A/div, 2.5 μs/div)

作させたときと同様に変換効率は悪い結果になっています．また，トランジスタのターン・オン時に大きなサージ電流が流れていることには変わりありません．これでは，明らかにトランジスタの選定ミスと言えます．

しかし，同期整流コンバータにしてダイオードが導通している期間ゲート信号を与えてトランジスタをONすると，サージ電圧とサージ電流が生じている時間は約1/2に減少し，変換効率も若干改善しています．

● 同期整流型コンバータにR5009FNXを実装する

ここから，本稿のテーマであるトランジスタR5009FNXの登場となります．詳細を検討するまえに，さっそく図2の回路のようにトランジスタを実装し，図5の方法でトランジスタを駆動して同期整流コンバータとして動作させます．

この実験での入出力特性測定結果を表5に，トランジスタTr_1の電圧電流波形を図8に，トランジスタTr_2の電圧電流波形を図9に示します．

この結果は，いままで実験したなかでは最も変換効率が改善しました．また，図8と図9では，図3と図4および図6と図7のようなトランジスタのターン・オン時に大きなサージ電流は流れていません．それでは，2SK2640ではだめで，R5009FNXならよかったのでしょうか．以降で探っていきます．

同期整流型コンバータの特性を左右するMOSFETの逆導通ダイオードの特性を調べる

第2章では，図1のトランジスタとダイオードを組み合わせた降圧コンバータのトランジスタのスイッチング特性を問題にしました．また，この章の初めのほうで，スイッチング特性の良いトランジスタを使用した降圧コンバータの実験を行い，変換効率が良好な結果を得ています．

このことから，今まで話題にしていなかったダイオードの特性が重要であるということがわかってきます．そこで，ダイオードの特性を調べ，降圧コンバータにとってダイオードはどのような特性であれば良いかを考えます．そのあと，この特性をMOSFETにも適用して同期整流型コンバータに使用できるMOSFETの特性を検討していきます．

● 降圧コンバータに使用できるダイオードの特性をチェックする

前章の図5に使用しているダイオードの型名は前章の表3に示していますが，その特性については特に吟味してきませんでした．そこでまず，前章の表3に記載しているダイオードYG971S6Rの特性を表6に示します．

この特性から，スイッチング特性に関わるのは，順方向電圧降下と逆方向回復時間です．このダイオードを使用した場合には，スイッチング特性は良好で変換効率も良い結果が得られています．では次に，変換効率が良くなかったMOSFETの2SK2640について表6と同じ逆導通ダイオードの特性をデータシートから求めると表7のようになります．

表6と表7を比較すると，順方向電圧降下はむしろ2SK2640のほうが低いですが，逆回復時間は2SK2640のほうが450 nsと9倍以上大きくなっています．この結果から，逆方向回復時間が，大きなサージ電流を発生させ，変換効率を悪くしていることがわかります．

それでは，R5009FNXはどうでしょうか．データシートから表7と同様にMOSFETの逆導通ダイオードの特性を求めると表8が得られます．この表から，ダイオードYG971S6Rよりやや悪いですが，MOSFETの2SK2640よりはるかに逆方向回復時間は小さな値になっており，変換効率も改善できることがわかります．

表5 同期整流コンバータとして動作させたときの入出力特性の測定結果

No.	項　目	単位	測定値	備　考
1	入力電圧	V_{DC}	180.2	−
2	入力電流	A_{DC}	0.7185	−
3	入力電力	W	129.5	−
4	出力電圧	V_{DC}	48.06	−
5	出力電流	A_{DC}	25.17	抵抗負荷
6	出力電力	W	121.0	−
7	変換効率	%	93.4	−

表6 降圧コンバータに使用できるダイオードYG971S6Rの特性

No.	項　目	記号	単位	特性	備　考
1	ピーク繰り返し逆電圧	V_{RM}	V	600	−
2	平均順電流	I_F	A	8	−
3	順方向電圧降下	V_F	V	1.55	−
4	逆方向回復時間	t_{rr}	ns	50	$di/dt = 100$ A

表7 MOSFET 2SK2640の逆導通ダイオードの特性

No.	項　目	記号	単位	特性	備　考
1	ピーク繰り返し逆電圧	V_{RM}	V	500	−
2	平均順電流	I_F	A	10	−
3	順方向電圧降下	V_F	V	1.1	$I_F = 10$ A, $V_{GS} = 0$
4	逆方向回復時間	t_{rr}	ns	450	$I_F = 10$ A, $di/dt = 100$ A

表8 MOSFET R5009FNXの逆導通ダイオードの特性

No.	項　目	記号	単位	特性	備　考
1	ピーク繰り返し逆電圧	V_{RM}	V	500	−
2	平均順電流	I_F	A	9	−
3	順方向電圧降下	V_F	V	1.5_{max}	$I_F = 9$ A, $V_{GS} = 0$ V
4	逆方向回復時間	t_{rr}	ns	78	$I_F = 9$ A, $di/dt = 100$ A

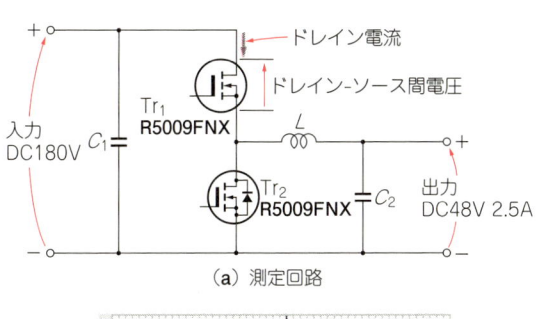

(a) 測定回路

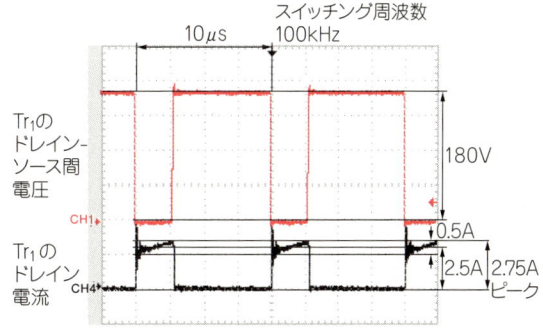

(b) トランジスタTr_1のドレイン-ソース間電圧とドレイン電流波形

R5009FNXを使用した同期整流コンバータのハイ・サイド・トランジスタの波形. この実験が最も変換効率が良かった

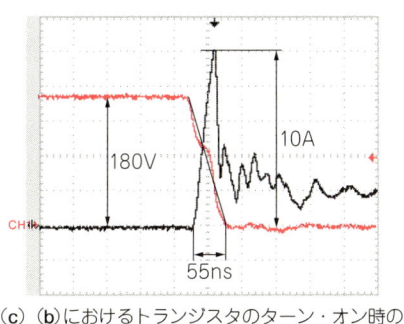

(c) (b)におけるトランジスタのターン・オン時の拡大波形(50ns/div)

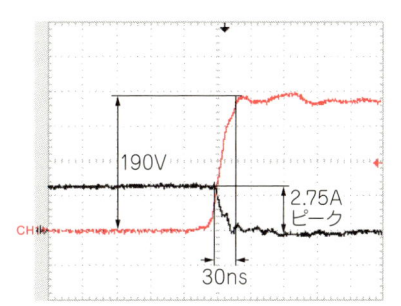

(d) (b)におけるトランジスタのターン・オフ時の拡大波形(50ns/div)

図8 トランジスタTr_1のドレイン-ソース間電圧とドレイン電流波形(ch1：50 V/div, ch4：2.0 A/div, 2.5 μs/div)

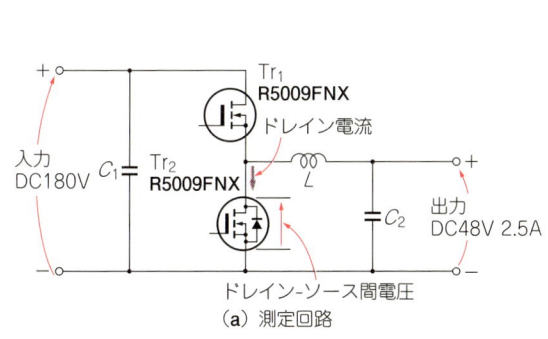

(a) 測定回路

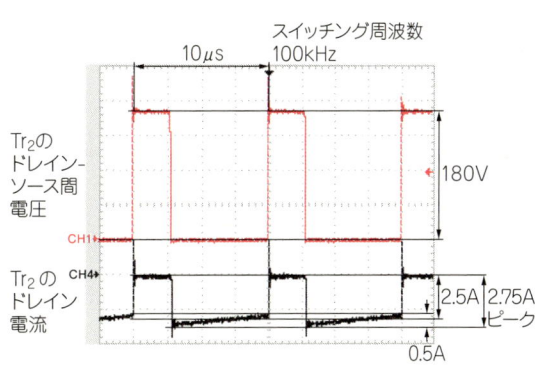

(b) トランジスタTr_2のドレイン-ソース間電圧とドレイン電流波形

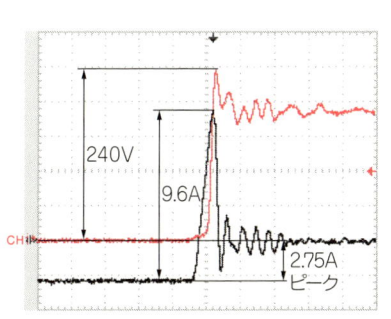

(c) (b)におけるトランジスタON時の拡大波形(50ns/div)

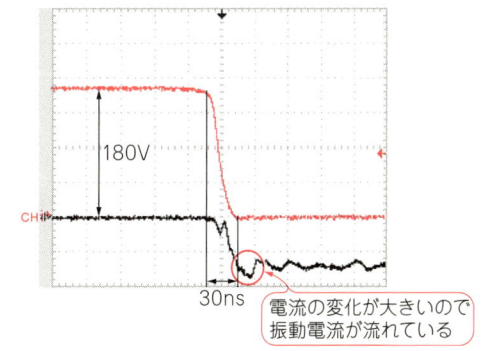

(d) (b)におけるトランジスタOFF時の拡大波形(50ns/div)

図9 トランジスタTr_2のドレイン-ソース間電圧とドレイン電流波形(ch1：50 V/div, ch4：2.0 A/div, 2.5 μs/div)

逆方向回復時間が小さくなると，トランジスタのターン・オン時のサージ電流も小さくなり，変換効率を改善できることがわかりました．この逆方向回復時間にダイオードを逆向きに流れる電流のことを リバース・リカバリ電流（逆方向回復電流）と言い，本書では，略してダイオードのリカバリ電流と言うことにします．

● 同期整流コンバータにすると変換効率が改善できる理由は何か

表5と図8と図9で，同期整流型コンバータにしたときの変換効率とスイッチング波形を示しています．それでは，ロー・サイド・トランジスタのゲート-ソース間を短絡し，同期整流ではなく，降圧コンバータとして動作させたらどうなるのでしょうか．

その実験結果として，入出力特性の測定結果を表9に，ダイオードの順方向電圧降下と電流波形を図10に示します．また，図10と比較するために，同期整流型コンバータとして動作させたときの逆導通ダイオードの順方向電圧降下と電流波形を図11に示します．

この結果から，ロー・サイド・トランジスタを逆導通ダイオードの電流に合わせて駆動しても電圧降下は減少しない結果となりました．これは，前章の表6（p.16）からR5009FNXのON抵抗が0.65Ωとなっており，通電電流が2.5Aとすると，電圧降下は1.625Vとなります．一方，表8から逆導通ダイオードの電圧降下は1.5Vのため，MOSFETを動作させても電圧降下の改善には繋がらないためです．しかし，効率は改善しています．これはどのような原因でしょうか．

図12(a)は，ロー・サイド・トランジスタを動作させずダイオードとして動作させたときのリカバリ電流の大きさです．一方，図12(b)は，同期整流コンバータとして動作させたときのリカバリ電流の大きさを示しています．両者を比較しますと，同期整流コンバータにすると，リカバリ電流の大きさと時間が小さくな

表9 R5009FNXの逆導通ダイオードを使用した入出力特性の測定結果

No.	項　目	単位	測定値	備　考
1	入力電圧	V_{DC}	180.1	−
2	入力電流	A_{DC}	0.735	−
3	入力電力	W	132.4	−
4	出力電圧	V_{DC}	48.02	−
5	出力電流	A_{DC}	25.10	抵抗負荷
6	出力電力	W	120.5	−
7	変換効率	%	91.1	−

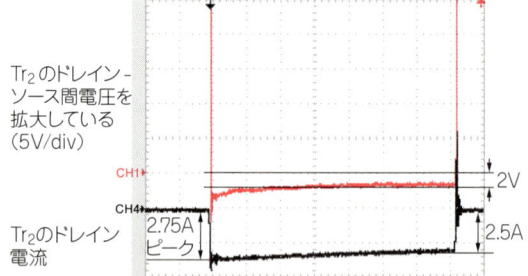

図10 R5009FNXをダイオードとして動作させたときの順方向電圧降下と電流波形（ch1：5.0 V/div，ch4：2.0 A/div，1 µs/div）

逆導通ダイオードであるためON電圧は逆向きに出ている．ダイオードの順方向電圧降下の平均は約2Vである．このとき電流のピークは2.75A，平均電流は2.5Aである

図11 R5009FNXを同期整流コンバータとして動作させたときの逆方向電圧降下と電流波形（ch1：5.0 V/div，ch4：2.0 A/div，1 µs/div）

図10のR5009FNXをダイオードとして動作させたときとドレイン-ソース間電圧は変わらない．この理由は，ダイオードの順方向電圧とトランジスタの電圧降下が同じ値であるため

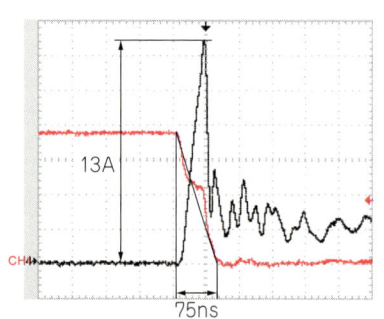

ロー・サイド・トランジスタをダイオードとして動作させるとサージ電流が大きい

（a）逆導通ダイオードとして使用したとき

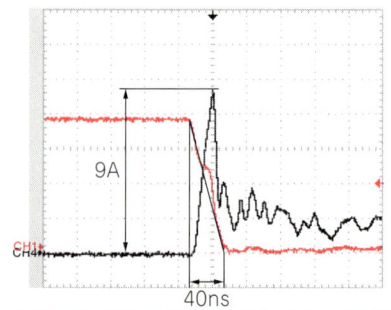

（a）と比較して，同期整流コンバータとすることによりサージ電流は小さくなる．そのぶん変換効率が改善する

（b）同期整流コンバータとして動作させたとき

図12 ロー・サイド・トランジスタの電圧電流波形（ch1：50 V/div，ch4：2.0 A/div，50 ns/div）

っています．このことが効率改善に役立っているものと思われます．

この現象は変換効率が悪かった2SK2640についてもあてはまります．**表3**では，ロー・サイド・トランジスタのゲートを短絡して逆導通ダイオードとして動作させ，変換効率が61.4％と非常に悪い結果になっています．これを，**表4**のようにロー・サイド・トランジスタにもゲート・パルスを与えて同期整流コンバータとすると，変換効率は85.7％に改善しました．ロー・サイド・トランジスタを逆導通ダイオードとした**図3(c)**のリカバリ電流と，同期整流コンバータとした**図6(c)**では，明らかに**図6(c)**のほうがリカバリ電流も小さくなり，そのぶん変換効率も改善しています．

逆導通ダイオードにリカバリ電流が流れるのはどのような条件か

ここでは，どのような条件になったときにリカバリ電流が流れるかを探っていきます．

● 降圧コンバータにおける負荷電流とリカバリ電流の関係を調べる

第2章では負荷電流とスイッチング・パルス幅の関係を調べましたが，ここでは負荷電流とリカバリ電流の関係を調べていきます．第2章では特にリカバリ電流について触れませんでしたが，定格負荷条件では前章の図10(p.17)に示したように，トランジスタとダイオードの電流波形にはリバース・リカバリ電流が流れています．

まず，負荷電流を少なくしていき臨界電流直前となった電流波形を**図13**に示します．そのときの負荷電流は0.25 Aです．ところが，負荷電流をさらに小さくしていき，臨界点を越えて負荷電流が小さくなると，リカバリ電流が流れなくなり，わずかなサージ電流が流れるようになります．負荷電流は0.12 Aです．このときのトランジスタの電圧電流波形を**図14**に示します．これは電流不連続モードに相当します．

すなわち，ダイオードが導通しないとリカバリ電流が流れないことがわかります．リカバリ電流は電源回路を短絡するので大きなノイズを発生させます．したがって，電流不連続モードでコンバータを動作させればノイズの発生を抑えることができます．ダイオードが導通するかどうかの境目は電流臨界モードになります．

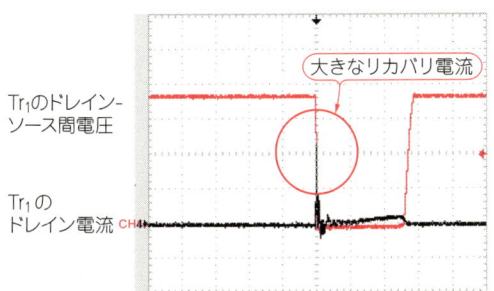

(a) 電圧電流波形

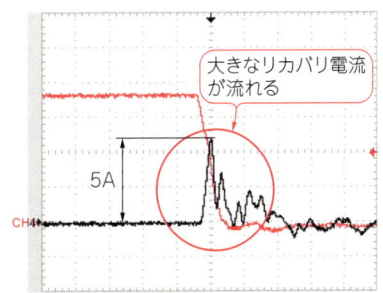

(b) (a)の拡大波形(50ns/div)

図13 電流連続モードにおけるトランジスタの電圧電流波形(ch1：50 V/div，ch4：2.0 A/div，1 μs/div)

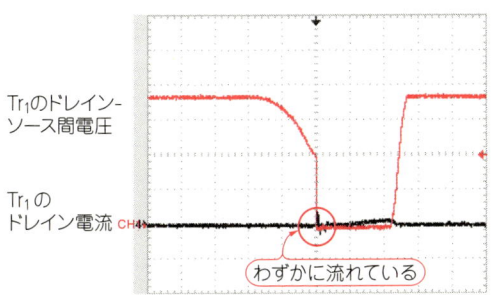

(a) 電流不連続モードにおけるトランジスタ電圧電流波形

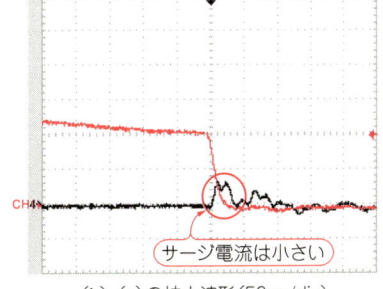

(b) (a)の拡大波形(50ns/div)

図14 電流不連続モードにおけるトランジスタの電圧電流波形(ch1：50 V/div，ch4：2.0 A/div，1 μs/div)

● 同期整流コンバータにおける負荷電流とスイッチング波形とリバース・リカバリ電流の関係はどのように変化するか

同期整流コンバータとして動作させ負荷電流を変化させたとき，スイッチング波形はどのようになるか，また，リカバリ電流はどのように変化するか実験で確かめることにします．前章の降圧コンバータの実験では，図14～図16(p.19)で電流連続モード，電流臨界モード，電流不連続モードの動作波形を示し，臨界モード時の負荷電流が0.23Aであることを示しています．同期整流コンバータにおいても，前章の図14～図16で示した同じ電流値におけるスイッチング波形とチョーク・コイル電流を図15～図17に示します．

ここで，前章の図と図15～図17の波形を比較すると，電流連続モードと電流臨界モードまではどちらも同じ波形ですが，電流不連続モードになると，全然様相の違う波形になっています．前章の図16の降圧コンバータにおける電流不連続モードのスイッチング波形を見ると，チョーク・コイル電流が0Aになっているところでは，スイッチング波形に出力電圧が現れて段が付いています．

ところが，図17の同期整流コンバータのスイッチング波形には段は付いておらず方形波になっています．また，チョーク・コイル電流は0Aの部分がなく，通常と逆向きに電流が流れています．さらに，パルス幅も異なり，降圧コンバータではトランジスタONのパルス幅が2.0 μsであるのに対して，同期整流コンバータではトランジスタONのパルス幅は2.7 μsと広くなっています．

なぜ，このようにスイッチング波形とチョーク・コイル電流が違ってくるのでしょうか．図18と図19を使って説明します．

図18の降圧コンバータでは，トランジスタがOFFするとチョーク・コイルは電流を流し続けようとするので，ダイオードが導通し，チョーク・コイルは電流が流れ続けます．やがて，チョーク・コイル電流が流れ終わり0Aになると，これ以上電流が流れる回路がなくなり，ダイオードが開放してチョーク・コイル電流は0Aの状態が次にトランジスタがONするまで続きます．

図19の同期整流コンバータでは，ハイ・サイド・トランジスタTr_1がOFFすると，チョーク・コイルは電流を流し続けようとしてロー・サイド・トランジスタの内蔵ダイオードが導通します．このとき，ロー・サイド・トランジスタはデッド・タイム後にゲートに電圧が印加され，ロー・サイド・トランジスタはONします．

やがて，チョーク・コイル電流は流れ終わり0Aになります．ここまでは降圧コンバータと同じですが，ここから先が違います．

チョーク・コイル電流が0Aになっても，ロー・サイド・トランジスタはONしているので，出力コンデンサC_2，チョーク・コイルL，ロー・サイド・トラン

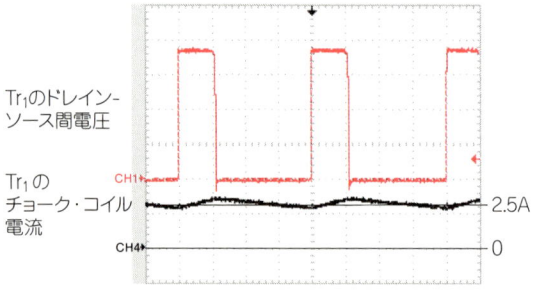

図15 出力電流2.5Aにおけるスイッチング波形とチョーク・コイル電流(ch1：50 V/div, ch4：2.0 A/div, 2.5 μs/div)

電流連続モード（出力電流2.5A）では，同期整流コンバータとダイオードを使用した降圧コンバータとではチョーク・コイル電流は変わらない．前章の図14を参照

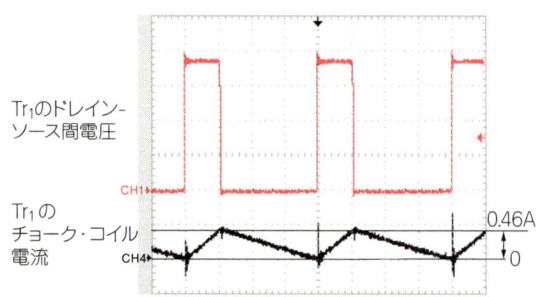

図16 出力電流0.23Aにおけるスイッチング波形とチョーク・コイル電流(ch1：50 V/div, ch4：2.0 A/div, 2.5 μs/div)

電流臨界モード（出力電流0.23A）では，同期整流コンバータとダイオードを使用した降圧コンバータとではチョーク・コイルの電流は変わらない．前章の図15を参照

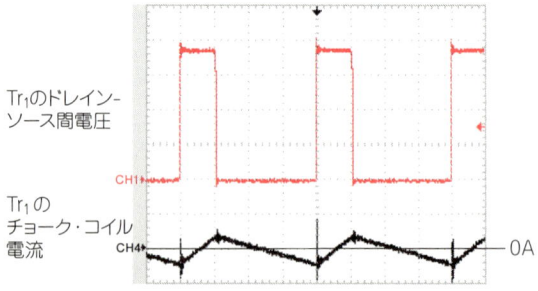

図17 出力電流0.12Aにおけるスイッチング波形とチョーク・コイル電流(ch1：50 V/div, ch4：2.0 A/div, 2.5 μs/div)

降圧コンバータの電流不連続モード（出力電流0.12A）では，同期整流コンバータとダイオードを使用した降圧コンバータとではチョーク・コイル電流は同じではない．また，パルス幅も同じではない．前章の図16を参照

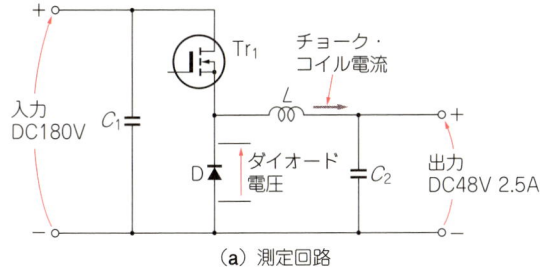

(a) 測定回路

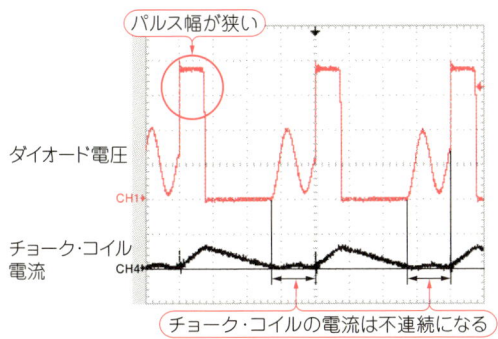

(b) スイッチング波形とチョーク・コイル電流

図18 電流不連続モードにおけるダイオード電圧とチョーク・コイル電流(ch1：50 V/div，ch4：0.5 A/div，2.5 μs/div)

ジスタ Tr_2 の順に，今まで流れていた電流の向きと逆向きに電流が流れ始めます．このときロー・サイド・トランジスタ Tr_2 の逆導通ダイオードは逆方向になるため導通せず，トランジスタに順方向電流が流れます．

このロー・サイド・トランジスタの電圧電流波形を**図20**(b)に示しています．電流が逆向きから0 Aになり，その後順方向に電流が増加していることがわかります．この状態でトランジスタ Tr_2 をOFFすると，電流は行き場を失ってハイ・サイド・トランジスタ Tr_1 の逆導通ダイオードを通して入力コンデンサ C_1 へと流れます．

ここで，デッド・タイム後にトランジスタ Tr_1 をONしても，Tr_1 のダイオードは電流が流れ続けて，やがて0 Aになります．このときトランジスタ Tr_1 はまだONしているので，ハイ・サイド・トランジスタ Tr_1，チョーク・コイル L，負荷 R の順に電流を流し続けます．

この様子を**図20**(a)に示しています．最初，トランジスタ Tr_1 には逆電流が流れダイオードが導通しています．その後，電流が0 Aになり，電流が順方向に増加していることがわかります．

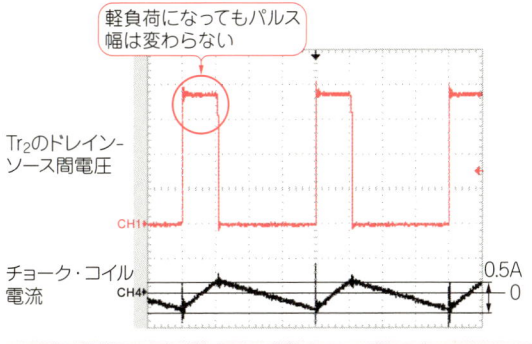

同期整流コンバータにするとチョーク・コイル電流は連続している．電流の向きが途中で変わっている

図19 同期整流コンバータにおけるスイッチング波形とチョーク・コイル電流(ch1：50 V/div，ch4：0.5 A/div，2.5 μs/div)

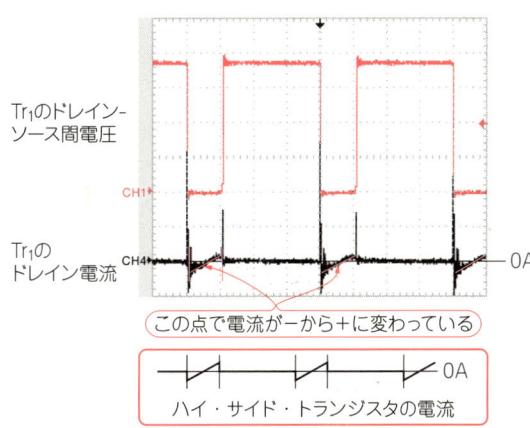

(a) ハイ・サイド・トランジスタの電圧電流波形

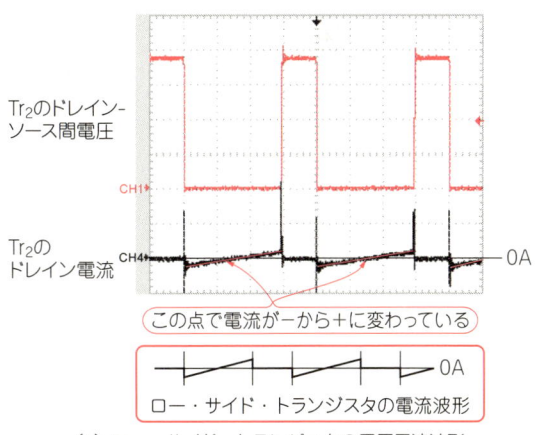

(b) ロー・サイド・トランジスタの電圧電流波形

図20 軽負荷時における同期整流コンバータのトランジスタの電圧電流波形(ch1：50 V/div，ch4：0.5 A/div，2.5 μs/div)

このように，同期整流コンバータとすることにより，回路が開放することなくチョーク・コイル電流が流れ続けます．

第4章

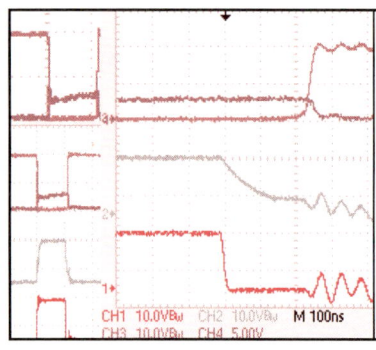

パワー・エレクトロニクスの基本となる
アーム回路を構成する
高効率スイッチングを実現するためのトランジスタ駆動回路

田本 貞治
Tamoto Sadaharu

この章では，第2章で見てきた降圧および昇圧コンバータと，第3章で見てきた同期整流コンバータから，双対の原理で双方向に電流を流すことができる回路になっていることを説明します．この考えを拡張し，降圧コンバータ，昇圧コンバータ，昇降圧コンバータの入出力電力を同じとすると，どの種類のコンバータであっても，同じ設計でよいことを示していきます．

さらに昇降圧コンバータに拡張して，そのなかからパワー・エレクトロニクス回路の基本になるアーム回路を導き出します．

この章からは，この基本回路のアームをベースにして，最新のパワー・エレクトロニクス回路に使用できる高周波スイッチングが可能なMOSFETの使いかたについて解説していきます．ハイ・サイドとロー・サイドのトランジスタを高周波で低損失に駆動するための要求事項や，高電圧回路でよく使用されるブートストラップ回路について解説します．

パワー・エレクトロニクス回路の基本を導き出す

初めに，パワー・エレクトロニクス回路の特長とはどのようなことか，同期整流コンバータをベースにして整理します．そのなかで，パワー回路に共通な事項を探っていきます．

● パワー・エレクトロニクス回路の特長とはどのようなことか…それは回路の双対性に基づく双方向動作

第2章で，降圧コンバータと昇圧コンバータの動作原理を説明しました．第3章で，降圧コンバータを同期整流コンバータに変更しました．その方法は，第2章の図5(p.13)のトランジスタとダイオードによるスイッチング回路を，第3章の図2(p.24)のようにトランジスタを2個使用した回路図に変更することで実現しました．

それでは，第2章の図3(p.12)の昇圧コンバータを同期整流コンバータに変更すると，どのような回路になるでしょうか．図1に同期整流型昇圧コンバータ回路を示し，どのように動作するか確認します．

図1の同期整流型昇圧コンバータ回路と，第3章の図2の同期整流型降圧コンバータを比較します．この二つの回路は，一つの回路の入力と出力を逆にしていることがわかります．回路から見ると，一つの回路の入出力を逆にしているだけですが，根本的な違いがあります．それは，出力電圧を制御するためにどのトランジスタを駆動しているかです．

第3章の図2の同期整流型降圧コンバータでは，第

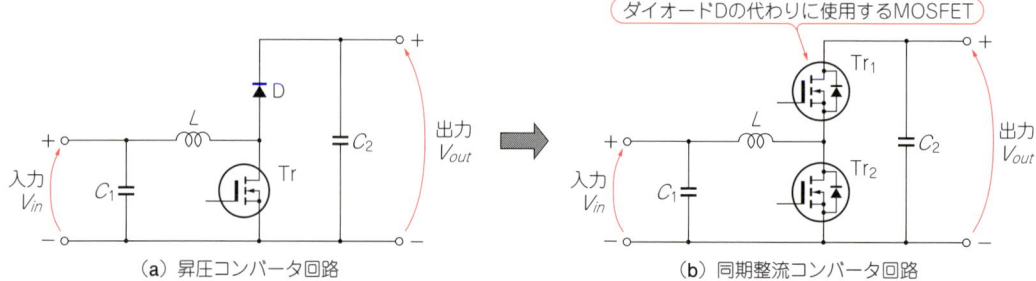

(a)のダイオードDをトランジスタ(MOSFET)Tr₁に置き換える．
MOSFETの内蔵ダイオードを逆導通ダイオードとして使用して昇圧コンバータ機能を実現する．
Tr₁の内蔵ダイオードが導通しているとき，Tr₁のゲートに電圧を印加すると内部抵抗$R_{ds(ON)}$の低抵抗特性により，ダイオードの順方向電圧降下(V_F)よりも低い飽和電圧にして導通損失を減らし，変換効率を改善する

図1 同期整流型昇圧コンバータ回路

2章の図1の回路の動作原理からもわかるように，出力電圧を制御するために，ハイ・サイド・トランジスタTr_1に制御パルスを与えています．ロー・サイド・トランジスタTr_2は，付随的にハイ・サイド・トランジスタTr_1がOFFしたときにONします．

一方，同期整流型昇圧コンバータでは，第2章の図4(p.12)に示した回路の動作原理からもわかるように，出力電圧を制御するために，ロー・サイド・トランジ

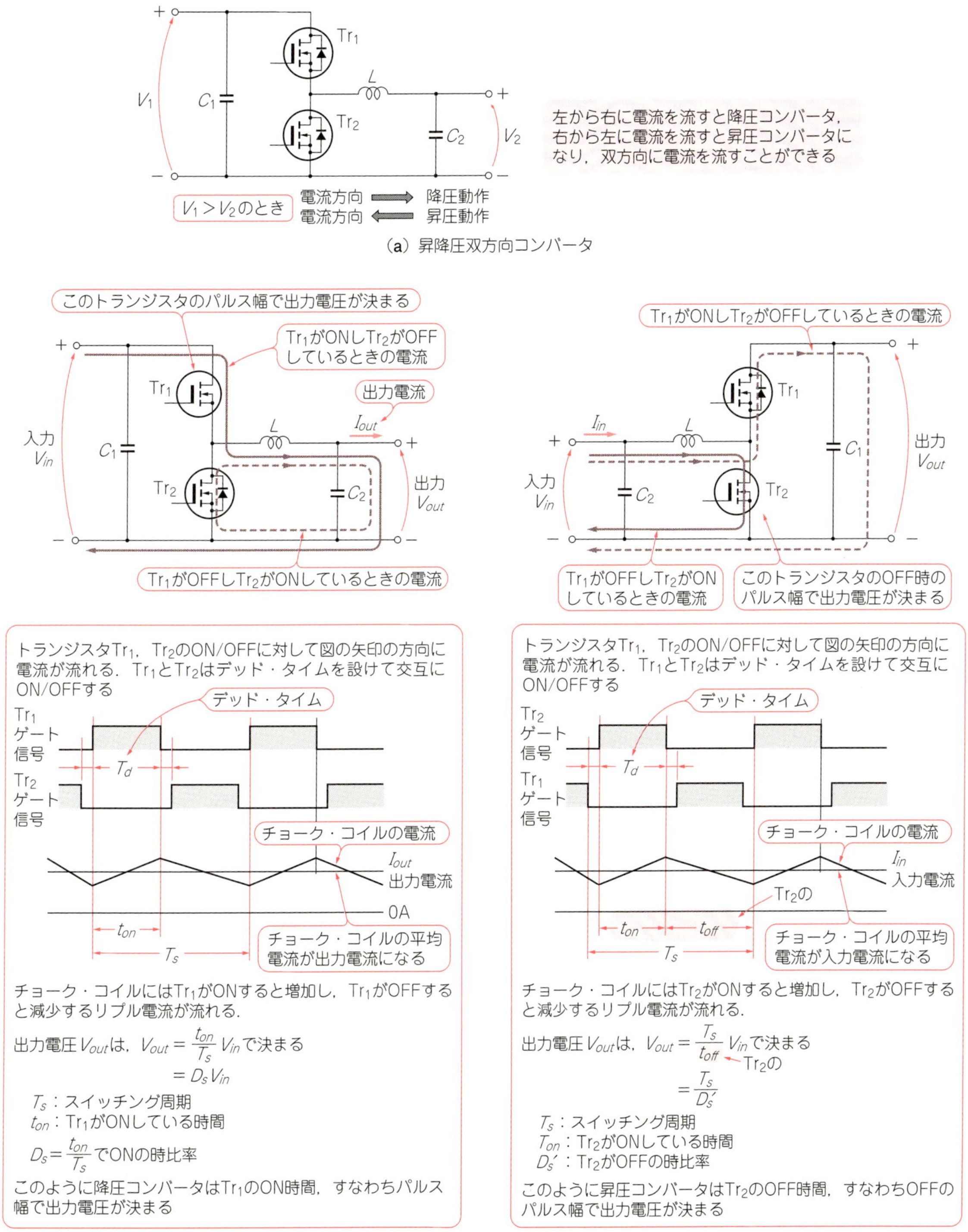

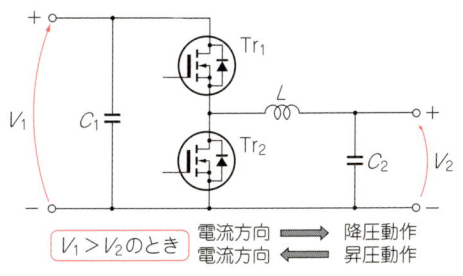

左から右に電流を流すと降圧コンバータ，右から左に電流を流すと昇圧コンバータになり，双方向に電流を流すことができる

(a) 昇降圧双方向コンバータ

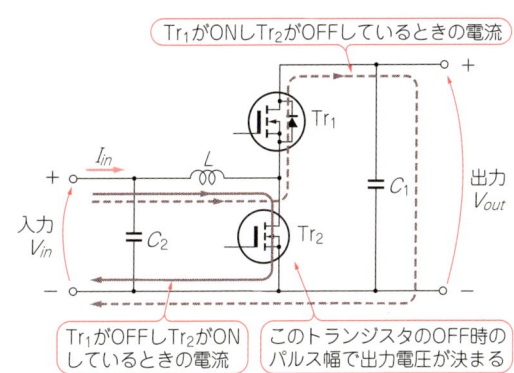

(b) 双方向コンバータ回路の降圧動作

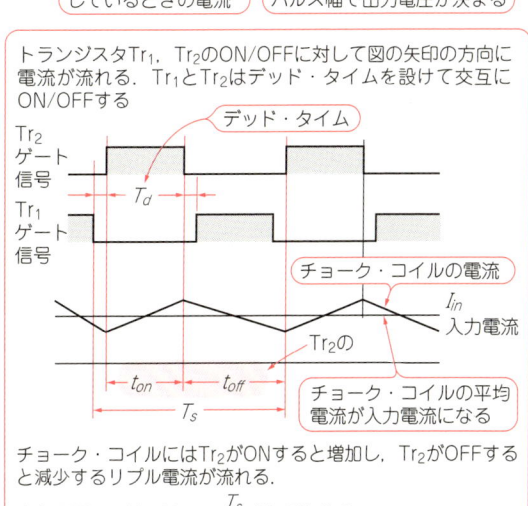

(c) 双方向コンバータ回路の昇圧動作

図2　双方向コンバータの回路動作

スタ Tr_2 に制御パルスを与えています．

このように，一つの回路のどこから入力し，どのトランジスタを駆動するかで，使用目的を変えることができます．したがって，**図2**の回路のように，駆動するトランジスタを選択することにより双方向に動作させることができます．2個のトランジスタは交互に相補モードで動作しているので，パルス幅を変えることによって，昇圧コンバータとして動作させることも，降圧コンバータとして動作させることもできるようになります．

図2の回路では双方に電流を流すことができますが，このことは回路の双対性によるものです．すなわち，降圧コンバータと昇圧コンバータには双対性があると言えます．

双対性とは電気回路のなかでよく見られる現象です．広い意味では，一つのものを何かの手がかりで逆にすると動作が逆になることを言います．ここでは，入力と出力を逆にすると，昇圧コンバータから降圧コンバータに変わることに相当します．

● **さらに同期整流コンバータを拡張する**

非絶縁型コンバータでは，降圧コンバータや昇圧コンバータ以外に昇降圧コンバータがよく知られています．この回路を**図3(a)**に示します．この回路は，入

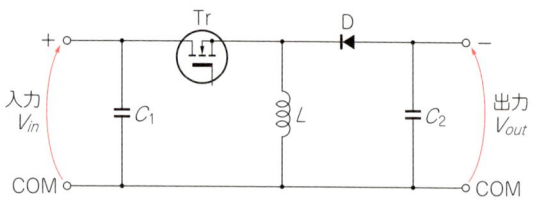

(a) 昇降圧コンバータ回路

昇降圧コンバータも降圧コンバータや昇圧コンバータと同様に5点の部品で構成されている．ダイオードDの向きに注意する

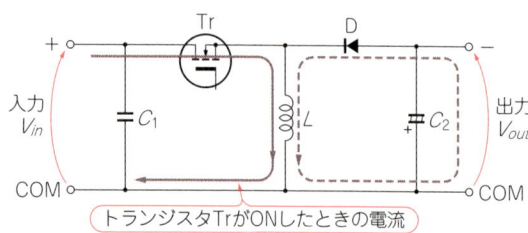

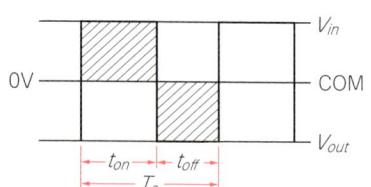

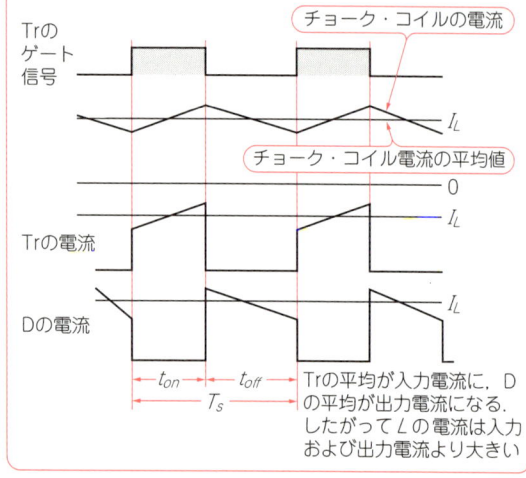

トランジスタがONすると L を介して入力電源を短絡して，チョーク・コイル L に電流を流してエネルギーを蓄積する．トランジスタがOFFするとチョーク・コイルは電流を流し続けようとするため，図のように L →出力→Dに電流が流れる．コンデンサ C_2 は図のように下が＋，上が－の電圧が発生する．出力電圧は共通ラインCOMに対して－の電圧を出力する

斜線部分の電圧×時間が等しくなる．
$V_{in} \times t_{on} = V_{out} \times t_{off}$
$t_{on} = D_s T_s$
$t_{off} = D_s' T_s$
t_{on}：トランジスタのON時間
t_{off}：トランジスタのOFF時間
D_s：トランジスタのON時の時比率
D_s'：トランジスタのOFF時の時比率

$V_{in} \times D_s T_s = V_{out} \times D_s' T_s$ から出力電圧 V_{out} は，

$V_{out} = \dfrac{t_{on}}{t_{off}} V_{in} = \dfrac{D_s}{D_s'} V_{in}$ で決まる．

$D_s + D_s' = 1$ から $D_s' = 1 - D_s$ なので，

$V_{out} = \dfrac{D_s}{1-D_s} V_{in}$ となり，トランジスタのON時間を変えると出力電圧が変わる．ちょうど $D_s = 0.5$ のとき，入力電圧と出力電圧の大きさは同じになる．
$D_s < D_s'$ のとき，出力電圧は入力電圧より低く，$D_s > D_s'$ のとき，入力電圧より高くなる．その結果，トランジスタのパルス幅を変えることにより，入力電圧より低い電圧から高い電圧まで制御できる

(b) 昇降圧コンバータの動作原理

図3　昇降圧コンバータの回路と動作原理

力にコンデンサC_1を接続し，直列にスイッチング・トランジスタTr_1，並列にチョーク・コイルL，直列にダイオードD，並列にコンデンサC_2を接続した回路となっています．

このコンバータの動作は，トランジスタTr_1がONすると，チョーク・コイルLを介して電源回路を短絡し，チョーク・コイルにエネルギーを蓄積します．トランジスタがOFFすると，チョーク・コイルに蓄積したエネルギーは，チョーク・コイル，出力，ダイオードDの順に電流が流れ，出力コンデンサC_2を充電して出力電圧を確保します．

また，ダイオードDは逆向きになっているため，共通ラインに対してマイナスの電圧を出力します．そのため，プラスの電圧をマイナスの電圧に変換する極性反転回路としても使用されます．

このコンバータは，チョーク・コイルに蓄積したエネルギーのみが出力に寄与するため，パルス幅に応じて，入力電圧より低い電圧から高い電圧まで出力することができます．すなわち，図3(b)の動作原理のように，入力電圧×トランジスタのON時間＝出力電圧×トランジスタのOFF時間となります．

図3(a)は，トランジスタTrとダイオードDを使用した昇降圧コンバータですが，図4(a)のように，ダイオードDをトランジスタに置き換えることによって，同期整流型昇降圧コンバータに変更することができます．この回路も同期整流型の降圧および昇圧コンバータと同様に，トランジスタTr_1とTr_2を交互にON/OFFします．

図4(a)の回路では，トランジスタは横並びに描かれています．そこで，今までの同期整流型の降圧コンバータや昇圧コンバータと同様に，トランジスタを縦並びに描き直すと図4(b)となります．これでは変な回路に見えますので，さらに端子を追加すると図5(a)ができあがります．

図5(a)の回路をよく見ると，同期整流型の降圧コンバータと昇圧コンバータが含まれていることがわかります．

まず，図5(b)のように端子④と端子⑤から入力し，端子②と端子③から出力すると降圧コンバータになります．

また，図5(c)のように端子②と端子③から入力し，端子④と端子⑤から出力すると昇圧コンバータになります．

図5(d)のように端子①と端子②から入力し，端子②と端子③から出力するとマイナス電圧に変換する昇降圧コンバータになります．

さらに，図5(e)のように端子②と端子③間から入力し，端子①と端子②から出力するとプラス電圧に変換する昇降圧コンバータになっていることもわかってきます．

このように，一つの回路が降圧コンバータにも，昇圧コンバータにも，昇降圧コンバータにもなり，結局4種類のコンバータ回路が含まれていることになります．

この4種類のコンバータで制御に使われるトランジスタはどれかと言うと，降圧コンバータの場合はTr_1が，昇圧コンバータではTr_2が，マイナス電圧を出力する昇降圧コンバータの場合はTr_1が，プラス電圧を出力する昇降圧コンバータではTr_2が該当します．

図5に含まれる4種類のコンバータの入力と出力になり得る端子は①と②，②と③，④と⑤の3箇所です．そこで，

①-②間の電圧＋②-③間の電圧＝④-⑤間の電圧として，それぞれの端子の電力（電圧×電流）を同じ値に決めます．このように決めて，同一な回路設計基準を適用すると，4種類のなかからどのコンバータを使用しても，同じ回路定数になります．すなわち，各端子の入出力電力を同じとすると，降圧も昇圧も昇降圧も同じ設計でよいと言えます．

図4 同期整流型に変更した昇降圧コンバータ回路

(a) 図3(a)の回路を同期整流型に変更した昇降圧コンバータ回路

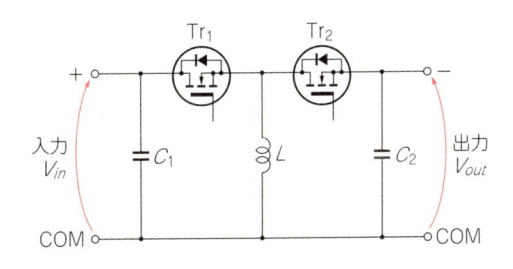

図3(a)の回路のダイオードDをMOSFETに置き換えた同期整流型昇降圧コンバータ回路．Tr_1とTr_2はデッド・タイムを設けて交互にON/OFFさせる

(b) (a)の回路のトランジスタを立て並びに書き直した昇降圧コンバータ回路

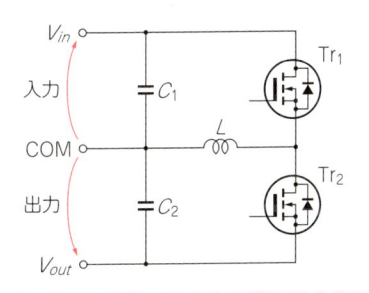

図3(a)の回路を書き直すとこの図のようになる．COMラインに対して＋の入力電圧V_{in}を－の出力電圧V_{out}に変換していることがわかる．変な回路に見える？

(a) 原回路

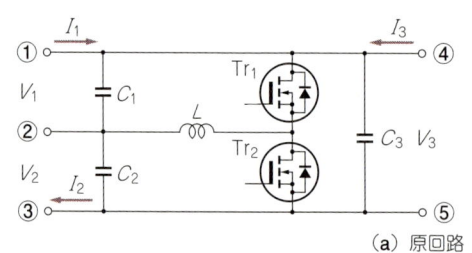

$V_1 + V_2 = V_3$ とする.
$V_1 \times I_1 = V_2 \times I_2 = V_3 \times I_3$
とすると，どのコンバータを使用しても回路構成部品の定格は変わらない

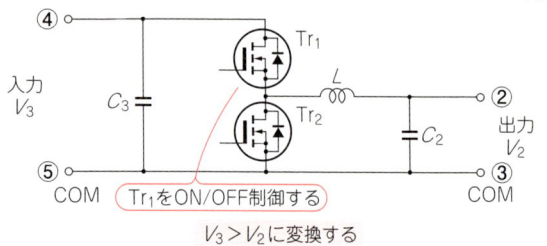

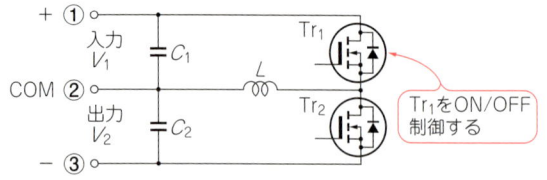

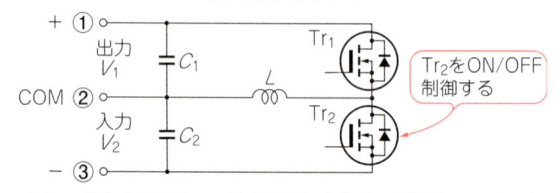

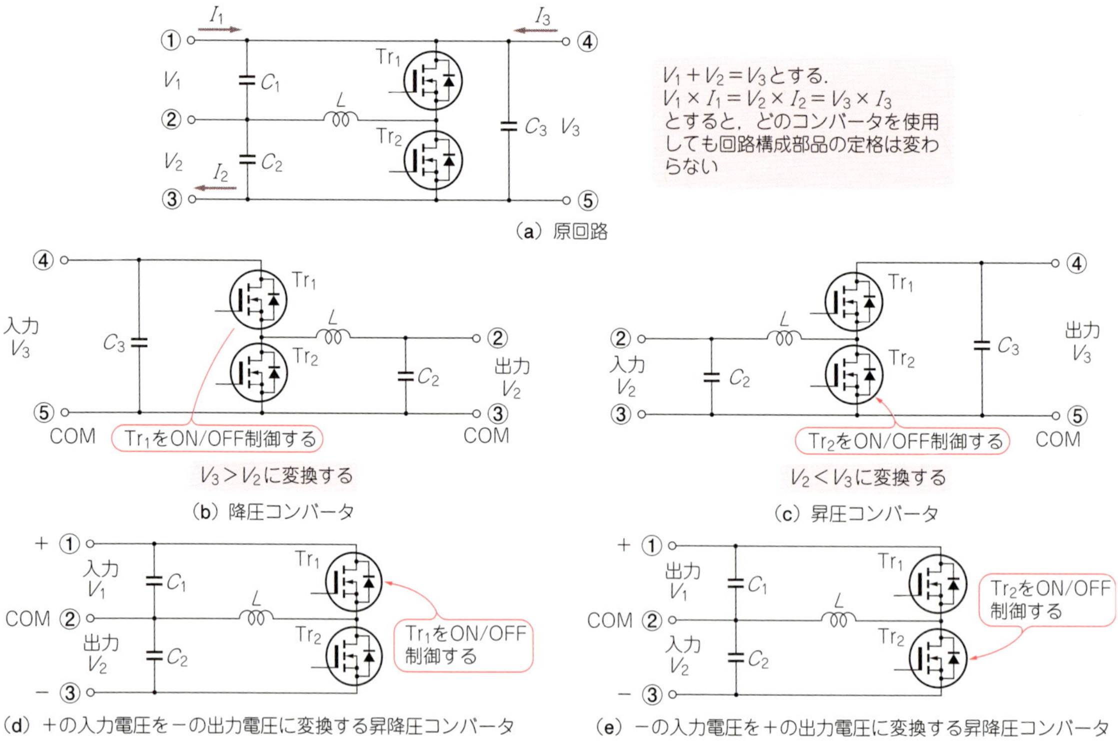

(b) 降圧コンバータ
Tr_1をON/OFF制御する
$V_3 > V_2$に変換する

(c) 昇圧コンバータ
Tr_2をON/OFF制御する
$V_2 < V_3$に変換する

(d) ＋の入力電圧を－の出力電圧に変換する昇降圧コンバータ
Tr_1をON/OFF制御する

(e) －の入力電圧を＋の出力電圧に変換する昇降圧コンバータ
Tr_2をON/OFF制御する

図5 4種類の回路を含むコンバータ回路

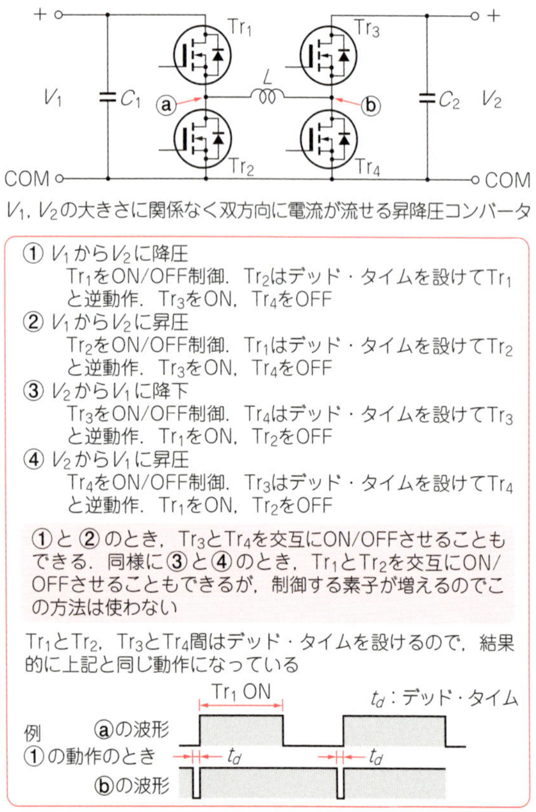

V_1, V_2の大きさに関係なく双方向に電流が流せる昇降圧コンバータ

① V_1からV_2に降圧
　Tr_1をON/OFF制御．Tr_2はデッド・タイムを設けてTr_1と逆動作．Tr_3をON，Tr_4をOFF
② V_1からV_2に昇圧
　Tr_4をON/OFF制御．Tr_3はデッド・タイムを設けてTr_4と逆動作．Tr_1をON，Tr_2をOFF
③ V_2からV_1に降圧
　Tr_3をON/OFF制御．Tr_4はデッド・タイムを設けてTr_3と逆動作．Tr_1をON，Tr_2をOFF
④ V_2からV_1に昇圧
　Tr_2をON/OFF制御．Tr_3はデッド・タイムを設けてTr_2と逆動作．Tr_1をON，Tr_2をOFF

①と②のとき，Tr_3とTr_4を交互にON/OFFさせることもできる．同様に③と④のとき，Tr_1とTr_2を交互にON/OFFさせることもできるが，制御する素子が増えるのでこの方法は使わない

Tr_1とTr_2，Tr_3とTr_4間はデッド・タイムを設けるので，結果的に上記と同じ動作になっている

例 ⓐの波形　Tr_1 ON　t_d: デッド・タイム
①の動作のとき
　ⓑの波形

図6 昇降圧コンバータ回路

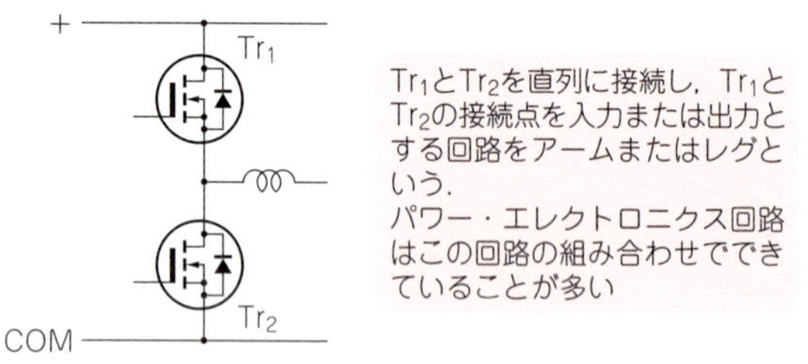

図7 パワー・エレクトロニクス回路の基本回路のアーム回路

Tr_1とTr_2を直列に接続し，Tr_1とTr_2の接続点を入力または出力とする回路をアームまたはレグという．
パワー・エレクトロニクス回路はこの回路の組み合わせでできていることが多い

● パワー・エレクトロニクス回路の基本回路を取り出す

図2の双方向コンバータ回路では，V_1とV_2の大きさの関係は常に$V_1 > V_2$の関係を保たなければなりません．しかし，図6のような昇降圧コンバータにすると，V_1とV_2はどのような値でも，双方向に自由に電流を流すことができます．

図6の昇降圧コンバータ回路のなかには，図7に示すハイ・サイド・トランジスタとロー・サイド・トランジスタを直列に接続した回路が2回路含まれています．このトランジスタを2個直列接続した回路をアーム（arm；腕）またはレグ（leg；足）と言います．以降，図7の回路をアーム回路と言うことにします．

多くのパワー・エレクトロニクス回路は，このアーム回路の組み合わせでできていることが多いです．こ

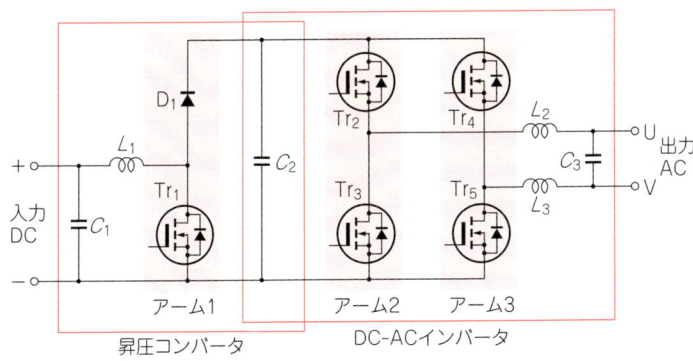

図8 アーム回路を組み合わせた家庭用ソーラーコンディショナ回路

① DC入力にソーラーパネルを接続し，発電した電圧を昇圧コンバータにより一定電圧に昇圧して安定化する
② 安定化と同時にソーラーパネルからの電力が最大になるように入力電流を調整する
③ アームを2回路使用したDC-ACインバータにより直流を商用周波数の正弦波交流に変換する

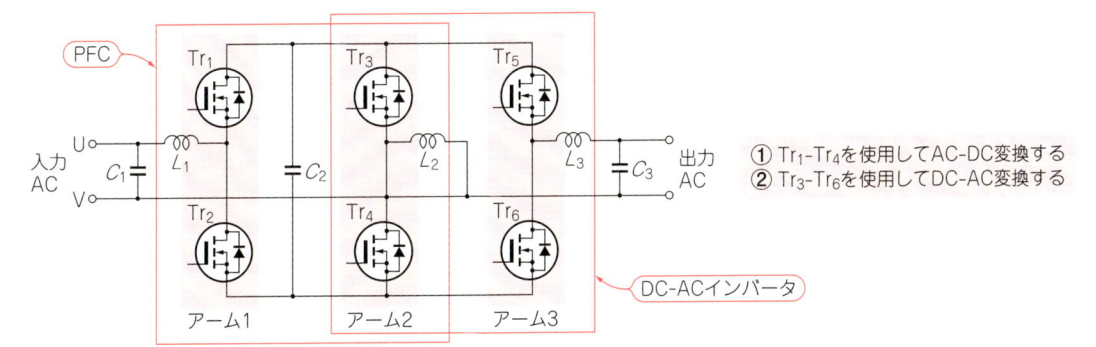

図9 アームを組み合わせた小形UPS回路

① Tr_1-Tr_4を使用してAC-DC変換する
② Tr_3-Tr_6を使用してDC-AC変換する

こでは，アーム回路を使用したパワー・エレクトロニクス回路の例として，**図8**に家庭用のソーラーコンディショナの基本回路を，**図9**に小形UPSの基本回路を示します．どちらの回路もアーム回路を3組使用して目的の回路を達成しています．

　　　　　＊　　　　　　　　　＊

この章では以降，このアーム回路のトランジスタに高周波スイッチングできるMOSFETを適用して，MOSFETの能力が最大限に発揮できる回路について解説していきます．

トランジスタの駆動回路に要求される事項

ここでは，高電圧回路に使用されるアーム回路のハイ・サイド・トランジスタとロー・サイド・トランジスタを駆動するための必要事項を整理します．具体的な回路については次章で解説します．

● アーム回路のハイ・サイド・トランジスタとロー・サイド・トランジスタの駆動に必要なこと

まず，アーム回路で使用するトランジスタの能力を十分に発揮できる駆動回路には，どのような特性が必要かを見ていくことにします．

はじめに必要な項目を列挙し，それらがなぜ必要かを説明していきます．必要な項目を挙げると以下の項目が考えられます．

（1）トランジスタの寄生容量を高速に充放電できる電流が流せること
（2）駆動信号に対して遅延が少ないこと
（3）0～100％のパルス幅の変化に対して駆動できること
（4）ハイ・サイド・トランジスタのソースの高速な電圧変化に対して誤動作しないこと
（5）制御回路から少ない電力で駆動回路が動作すること

● トランジスタを高速にON/OFFするためにはトランジスタの寄生容量を高速に充放電できること

表1は，この章で使用するトランジスタR5009FNX（ローム）に寄生する静電容量と電荷量とスイッチング時間を表しています．

トランジスタの寄生容量は等価的に，**図10**のように3種類の端子間容量で表すことができます．それぞれの寄生容量はゲート-ドレイン間容量（ミラー容量）が影響します．また，それぞれの寄生容量はドレイン-ソース間電圧に対して依存性があります．

このなかで**図11**のように，C_{rss}とC_{oss}はドレイン-ソース間電圧が低くなり1Vに近づくと大幅に大きく

表1　トランジスタR5009GFNXの静電容量とスイッチング時間

No.	項目	記号	単位	仕様値	条件
1	入力容量	C_{iss}	pF	630	$V_{DS}=25\,\text{V}$, $V_{GS}=0\,\text{V}$, $f=1\,\text{MHz}$
2	出力容量	C_{oss}	pF	400	—
3	帰還容量	C_{rss}	pF	25	—
4	ゲート総電荷量	Q_g	nC	18	$I_D=9\,\text{A}$, $V_{DD}=250\,\text{V}$, $V_{GS}=10\,\text{V}$
5	ゲート-ソース間電荷量	Q_{gs}	nC	3.5	—
6	ゲート-ドレイン間電荷量	Q_{gd}	nC	5.5	—
7	ターン・オン遅延時間	$T_{D(ON)}$	ns	24	$I_D=4.5\,\text{A}$, $V_{DD}=250\,\text{V}$, $V_{GS}=10\,\text{V}$, $R_L=55.6\,\Omega$, $R_G=10\,\Omega$
8	上昇時間	t_r	ns	20	—
9	ターン・オフ遅延時間	$T_{D(OFF)}$	ns	50	—
10	降下時間	t_f	ns	40	—
11	ゲート閾値電圧	$V_{GE(th)}$	V	2.0〜4.0	—

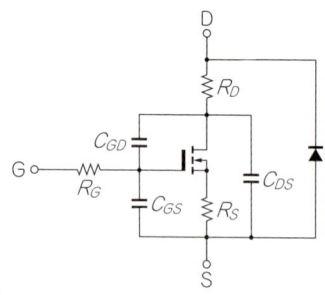

NチャネルMOSFETの等価回路

C_{iss}：ドレイン-ソース間を交流的に短絡してゲート-ソース間で測定した寄生容量
C_{oss}：ゲート-ソース間を交流的に短絡してドレイン-ソース間で測定した寄生容量
C_{rss}：ソース端子を接地しドレイン-ゲート間で測定した寄生容量

$C_{iss} \fallingdotseq C_{GD}+C_{GS}$　（C_{GD}をミラー容量ともいう．
$C_{rss} \fallingdotseq C_{GD}$　　　　　　C_{GD}がスイッチング特性に影響する）
$C_{oss} \fallingdotseq C_{GD}+C_{DS}$

図10[(1)]　トランジスタの端子間の静電容量

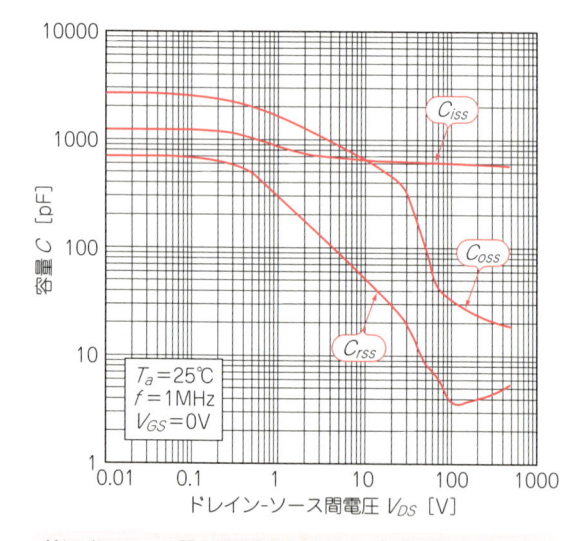

図11[(1)]　ドレイン-ソース間電圧と寄生容量の変化
ドレイン-ソース間の電圧変化によりC_{rss}とC_{oss}は大きく変化する．C_{rss}はスイッチング動作に直接影響するため，この容量が増加するとトランジスタのON/OFF時の遅延時間が大きくなる

なります．特に帰還容量C_{rss}は直接スイッチング特性に影響を与えるため，小さいことが望まれます．

表1のゲート総電荷量はMOSFETをONするために必要な電荷量で，一定電流をゲートに流し込んだときの電荷量を表しています．電荷と電流と電圧の関係は電荷をQ，電圧変化をV，電流値をI，時間をTとすると，

$$Q = CV = IT$$

で表せます．表1のデータから，ゲート-ソース間電圧を10Vとしたときは，18nCの電荷が必要です．ゲート-ソース間電圧が15Vではデータがないため正確ではありませんが，28nC程度が必要です．仮に100nsでトランジスタをONするためには，

$$I = \frac{Q}{T} = \frac{28\times 10^{-9}}{100\times 10^{-9}} = 0.28\,\text{A} \quad \cdots\cdots\cdots (1)$$

の一定電流を流す必要があります．

一般的に，図10のように，トランジスタはゲートに直列に抵抗R_Gを挿入し，ゲートに流れる電流を制限して駆動します．したがって，ゲート-ソース間の静電容量を，外部抵抗R_Gと図10に示す内部抵抗を介して充放電します．

一方，トランジスタのゲート閾値電圧は，表1より，2.0〜4.0Vの範囲と規定されています．ここでは，ゲート閾値電圧を平均的な3.0Vとして，トランジスタがONするときのゲート電圧の変化を検討します．

まず，図12の実測データのように，ゲートに電圧が印加されると，ゲート電圧は0から立ち上がり，ゲート閾値電圧を越えるとトランジスタはONを開始し，ドレイン-ソース間電圧が低下を始めます．ドレイン-ソース間電圧が低下すると，C_{rss}が増加して，約6Vでゲート電圧の上昇が抑えられて一定電圧になります．その後，充電の完了とともにゲート電流も低下してき

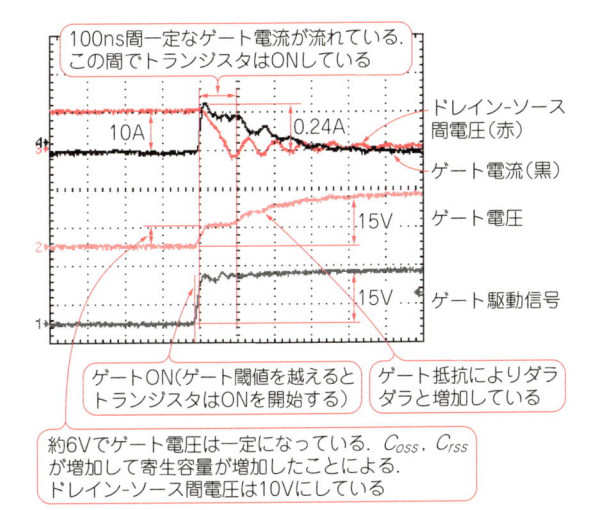

図12 トランジスタON時のゲート電圧の変化と動作遅延
(ch1～ch3：10 V/div，ch4：0.2 A/div，100 ns/div)

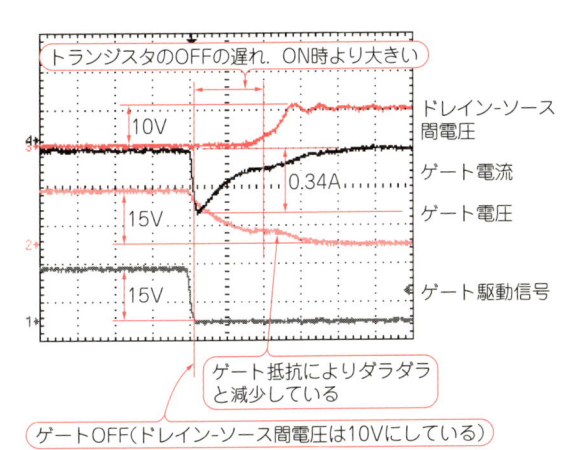

図中注釈：
- 100ns間一定なゲート電流が流れている．この間でトランジスタはONしている
- ドレイン-ソース間電圧(赤)
- 10A，0.24A
- ゲート電流(黒)
- 15V ゲート電圧
- 15V ゲート駆動信号
- ゲートON(ゲート閾値を越えるとトランジスタはONを開始する)
- ゲート抵抗によりダラダラと増加している
- 約6Vでゲート電圧は一定になっている．C_{oss}, C_{rss}が増加して寄生容量が増加したことによる．ドレイン-ソース間電圧は10Vにしている

図13 トランジスタOFF時のゲート電圧の変化と動作遅延
(ch1～ch3：10 V/div，ch4：0.2 A/div，100 ns/div)

図中注釈：
- トランジスタのOFFの遅れ．ON時より大きい
- 10V ドレイン-ソース間電圧
- 0.34A ゲート電流
- 15V ゲート電圧
- 15V ゲート駆動信号
- ゲート抵抗によりダラダラと減少している
- ゲートOFF(ドレイン-ソース間電圧は10Vにしている)

ます．

　この実験ではドレイン-ソース間電圧を10 Vとして動作がわかりやすいようにしましたが，流れている電流と時間の積からおおむね式(1)のようになっていることがわかります．

　次に，トランジスタOFF時について検討します．**図13**にトランジスタOFF時のゲート電圧の変化と，ゲート電流とドレイン-ソース間電圧を示しています．トランジスタがONしているときはC_{rss}とC_{oss}が増加しているので，トランジスタのOFFの時間遅れがON時より長くなっています．

　このように，トランジスタのON時よりもOFF時のほうが遅れ時間が大きくなるので，遅延時間が少なく高速なスイッチング動作を実現するためには，ゲート抵抗を小さくしてゲートの寄生容量を速く放電することが必要です．

(a) 構成

駆動信号 → 駆動回路 → R_g → Tr
トランジスタ駆動パルス

(b) tが一定であればパルス幅は変わらない

駆動信号
トランジスタ駆動パルス
t

(c) $t_1 ≠ t_2$のとき駆動信号とパルス幅は変わる．$t_2 < t_1$のときはデッド・タイムの追加が必要（遅れ時間は少ないことが望ましい）

駆動信号
トランジスタ駆動パルス
t_1 t_2

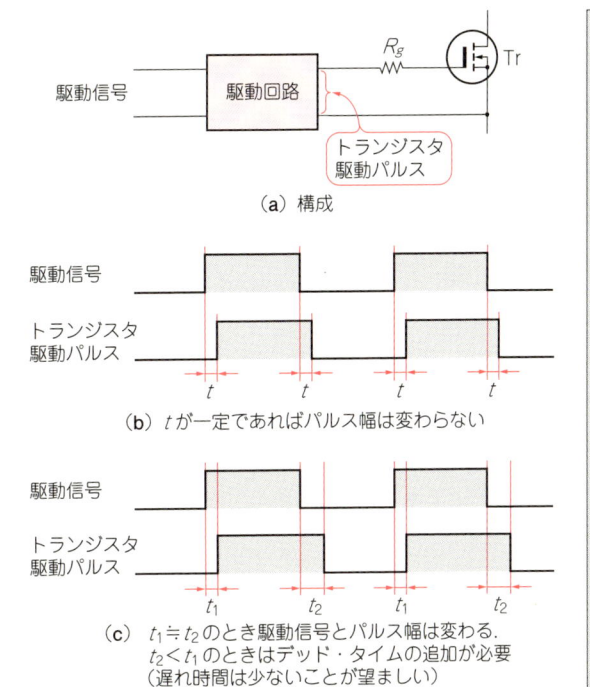

図14 トランジスタの駆動回路の遅れ時間の問題

● **駆動回路は遅延が少なく遅れ時間はONとOFFで等しいこと**

　トランジスタの駆動回路は，ゲートの寄生容量を高速に充放電するために必要な電流を流すことができる回路でなければなりません．さらに，どのような回路でも動作には遅延時間が存在しますが，ゲート駆動回路の遅れも少ないことが望まれます．

　一般的なトランジスタの駆動回路では，遅れ時間以上にパルス幅を狭くできませんので，遅延時間が大きいとパルス幅を連続的に変化できない部分が生じて，軽負荷時の間欠動作の原因になることも考えられます．

　さらに，トランジスタのONとOFFの遅れ時間が等しいことが重要です．**図14(b)**のようにONとOFFの遅れ時間が同じであれば，駆動パルスとスイッチング波形にはずれが生じますが，パルス幅は変化しないことになります．

　仮に，**図14(c)**のようにトランジスタのON時よりもOFF時のほうの遅れが大きいとすると，パルス幅が広がります．第3章の図5(p.26)で，トランジスタはターンON時よりもターンOFF時の遅延時間が大きいため，デッド・タイムを挿入しないと，ハイ・サイド・トランジスタとロー・サイド・トランジスタが同時ONになる部分ができ，短絡電流が流れることを説明しました．入力パルスに対して駆動回路の遅延時間によりパルス幅が広くなると，さらにデッド・タイムを大きくして短絡電流を防止する必要が出てきます．

トランジスタの駆動回路に要求される事項

● 0〜100%のパルス幅の駆動信号が出力できること

ここではアーム回路のトランジスタがどのように駆動されることが多いかを見ていきます．

図15は，正弦波交流を発生させるためのアーム1回路とコンデンサ2個とLCフィルタで構成したハーフ・ブリッジ・インバータ回路です．この回路では，図16のように，パルス幅が50%のときに出力電圧が0 V$_{AC}$になり，パルス幅を0〜100%まで正弦波状に変化させることによって正弦波交流電圧を得ることができます．

このように，パワー・エレクトロニクス回路では，パルス幅の0〜100%の変化に対してトランジスタを駆動できる必要があります．仮にパルス幅が0〜100%まで変化できず10〜90%までとすると，出力電圧はパルス幅に比例するので，直流電圧を高くして対応する必要がでてきます．その結果，直流電源の利用率が悪くなります．

● 高電圧スイッチングに対して誤動作しないこと

図6の昇降圧コンバータ回路の例では，ロー・サイド・トランジスタのソースは−ラインに接続されており，ゲートは安定した変動しない電圧で駆動でき問題ありませんが，ハイ・サイド・トランジスタのソース電圧は電源電圧まで変化するため問題を引き起こしがちです．

図17のように，ハイ・サイド・トランジスタのソース電位は，ロー・サイド・トランジスタのON/OFFの状態によって変化します．

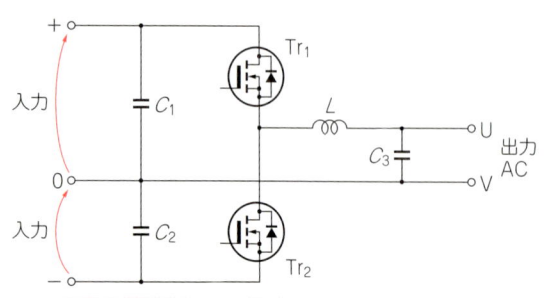

ロー・サイド・トランジスタがONしているとき，ハイ・サイド・トランジスタのソース電位はおおむね−ラインの電圧にあります．ロー・サイド・トランジスタがOFFしてハイ・サイド・トランジスタがONすると，ハイ・サイド・トランジスタのソース電位はおおむね＋ラインの電圧になります．

このように，ハイ・サイド・トランジスタのソース電圧は，−ラインの電位から＋ラインの電位まで変化します．その結果，ハイ・サイド駆動回路の入力側と出力側には電源電圧が瞬時に印加します．そのため，駆動回路の入出力間に静電容量があると，このコンデンサを介して駆動回路の入力と出力間で充放電する電流が流れることになり，この電流が大きいと誤動作の原因になります．したがって，駆動回路の入出力間の静電容量は極力小さいことが望まれます．

このように，高電圧をスイッチングする回路のトランジスタの駆動回路では，高速な電圧変化に対してどの程度まで誤動作しないかどうかを*dv/dt*耐量として示しています．この*dv/dt*耐量は，トランジスタのスイッチング・スピードと印加電圧で決まります．仮に，電源電圧が400 Vでスイッチング・スピードが100 nsとすると，

dv/dt = 400 V/0.1 μs = 4000 V/μs

となり，これ以上の*dv/dt*耐量のある駆動回路でないと誤動作の危険性がでてきます．

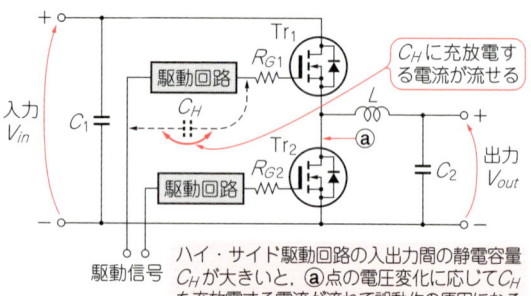

図15 ハーフ・ブリッジ・インバータ回路

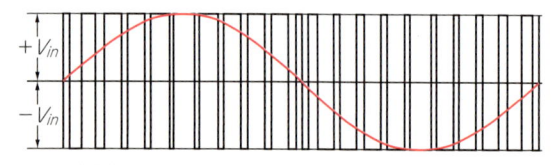

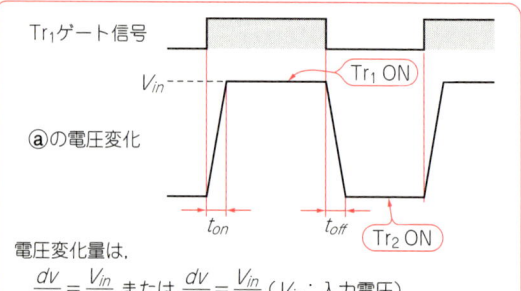

図16 ハーフ・ブリッジ・インバータの動作波形

図17 ハイ・サイド・トランジスタのソース電圧の変化

● 少ない電力で駆動できること

　MOSFETの駆動回路は制御回路から出力する信号で動作させます．このような制御回路にはCMOS ICやマイコンが使用されており，出力電流があまり多くありませんので，少ない信号電流で動作できることが必要です．最近の制御用マイコンは3.3 Vの電圧で動作するものが多くなっています．そのため，信号の入力電圧レベルが3.3 Vに対応していることを確認しておく必要があります．

高電圧コンバータのハイ・サイド・トランジスタを駆動するための工夫

　アーム回路では2個のトランジスタを直列に接続して交互にON/OFFする相補モードで動作させます．ロー・サイド・トランジスタの駆動回路電源は特に問題ありませんが，ハイ・サイド・トランジスタの駆動回路電源が問題になります．

　ここからは高速MOSFETを駆動することができる駆動回路電源にスポットを当てます．

● ハイ・サイド・トランジスタの駆動電源はブートストラップ回路を使用して実現する

　駆動回路を検討するまえに重要なこととして，図17で示したように，ハイ・サイド・トランジスタのソース電位は－ラインから＋ラインまで変化します．したがって，駆動回路の電源も同様に変化できるものでなければなりません．

　これを実現する確実な方法は，トランジスタが接続されている回路と絶縁した電源を用意します．図18のように入力と出力が絶縁されたコンバータを使用すればよいことになります．図8の家庭用ソーラーコンディショナや図9の小形UPSでは絶縁コンバータが3回路必要です．このようにアーム回路が増えるとその都度絶縁コンバータが増えることになり，このために，わざわざ絶縁コンバータを準備するのも煩わしく，実装場所とコストも掛かります．

　そこでよく使われる手法が図19に示すブートストラップ（bootstrap）回路です．この回路は，トランジスタTr_1とトランジスタTr_2が交互にON/OFFする相補コンバータであることが前提です．

　この回路では，ロー・サイド・トランジスタがONすると，ハイ・サイド・トランジスタのゲート駆動回路に接続しているダイオードD_1，コンデンサC_3，ロー・サイド・トランジスタTr_2の順に電流が流れてコンデンサC_3を充電します．ロー・サイド・トランジスタがOFFすると，コンデンサC_3を充電する回路は遮断されますが，充電された電荷によってハイ・サイド・トランジスタを駆動することができます．

● ブートストラップ回路設計の注意点

　トランジスタTr_1とTr_2がスイッチングを開始したあとのことを考えてみます．ロー・サイドのトランジスタTr_2がONすると，$D_1 \rightarrow C_3 \rightarrow Tr_2$の順に電流が流れてコンデンサは充電されます．トランジスタTr_2がOFFし，Tr_1がONするとハイ・サイド駆動回路コンデンサC_3は充電する回路が断たれることになります．したがって，ハイ・サイド・トランジスタTr_1はコンデンサC_3に充電された電荷で駆動されます．

　このとき，図20のように，ハイ・サイド駆動回路はトランジスタTr_1のソースに接続されており，その電位は＋入力電圧と見なすことができます．その結果，ダイオードD_1は入力電圧が逆電圧として印加されま

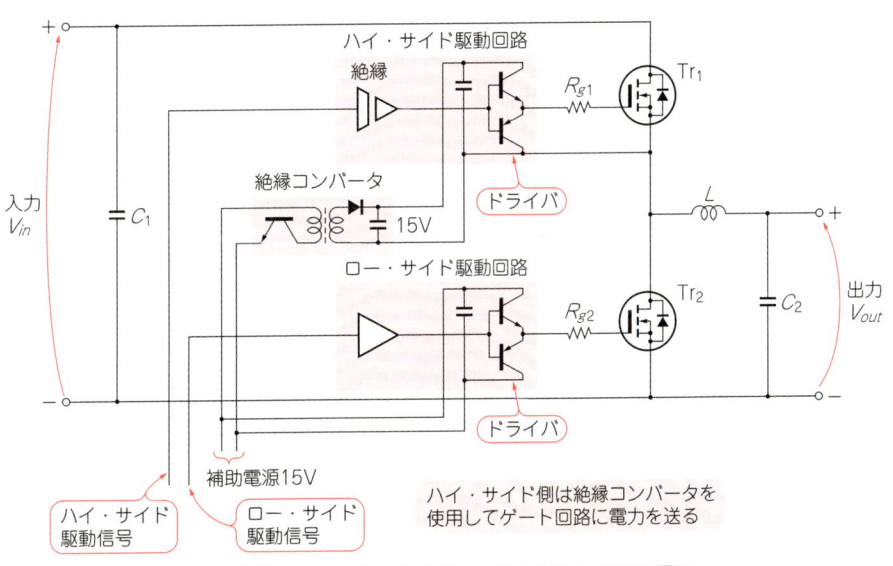

図18　絶縁型コンバータを使用したハイ・サイド・トランジスタの駆動電源

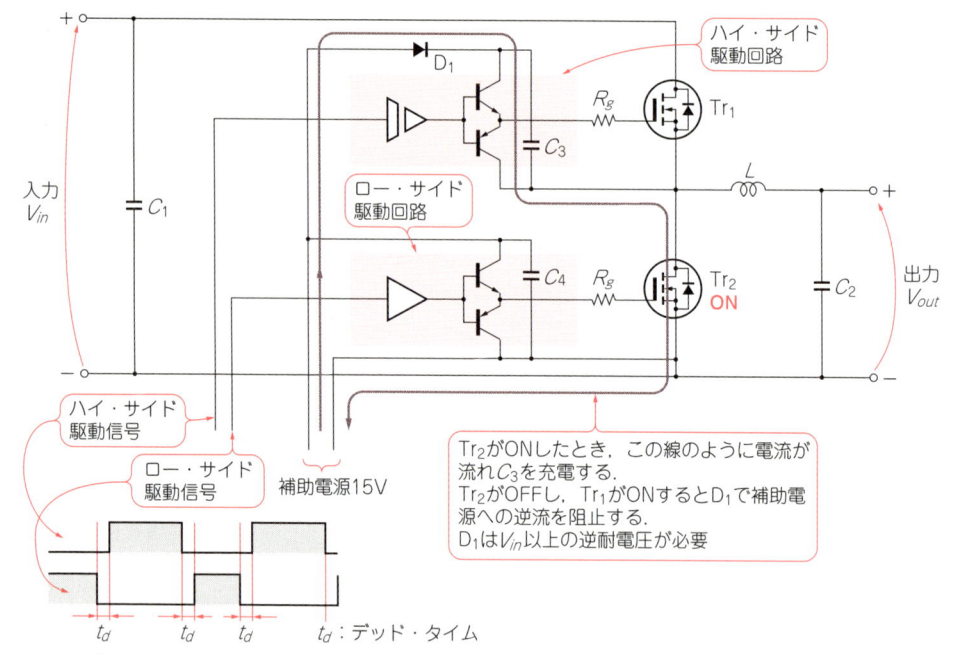

図19 ブートストラップ回路を使用したハイ・サイド・トランジスタの駆動

注釈:
- ハイ・サイド駆動回路
- ロー・サイド駆動回路
- ハイ・サイド駆動信号
- ロー・サイド駆動信号
- 補助電源15V
- t_d：デッド・タイム
- Tr_2がONしたとき，この線のように電流が流れC_3を充電する．Tr_2がOFFし，Tr_1がONするとD_1で補助電源への逆流を阻止する．D_1はV_{in}以上の逆耐電圧が必要

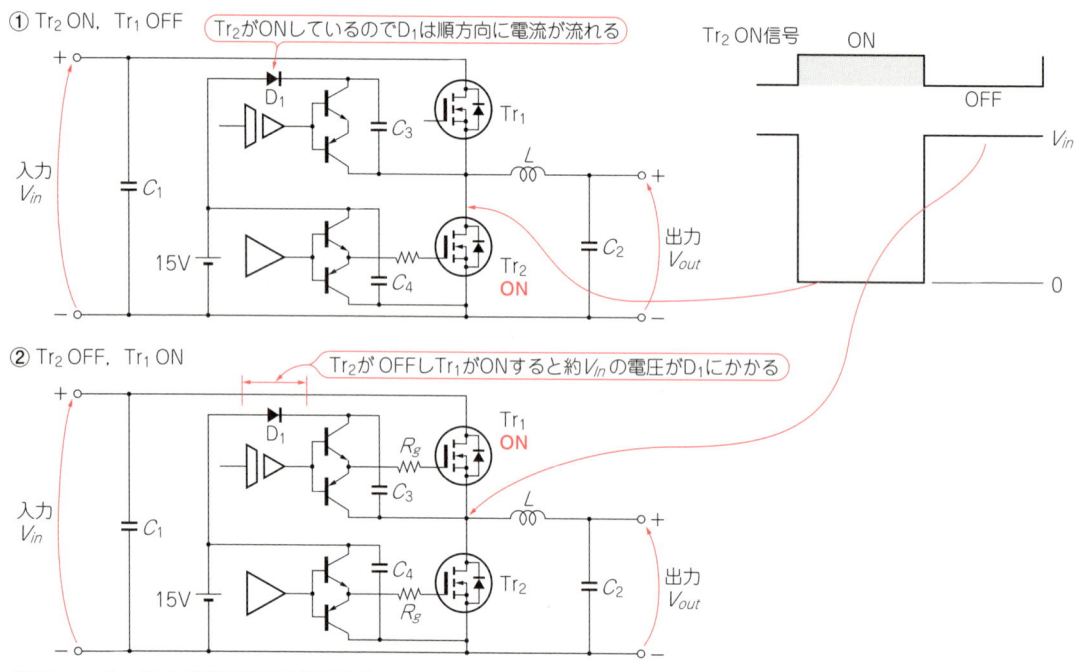

① Tr_2 ON，Tr_1 OFF
Tr_2がONしているのでD_1は順方向に電流が流れる

② Tr_2 OFF，Tr_1 ON
Tr_2がOFFしTr_1がONすると約V_{in}の電圧がD_1にかかる

図20 ハイ・サイド駆動回路の電位変化

す．そのため，D_1は入力電圧より大きい逆耐電圧のダイオードを選定する必要があります．

また，回路は高周波でスイッチングしており，ダイオードのカソードの電圧もスイッチング周波数で変化しているので，リバース・リカバリ特性の優れた高周波スイッチング用のFRD（Fast Recovery Diode）を選定する必要があります．

◆ 引用文献 ◆

(1) PowerMOSFET Application Note，2011年4月，富士電機．
http://www.fujielectric.co.jp/products/semiconductor/technical/application/pdf/MOSFET_J.pdf

第5章

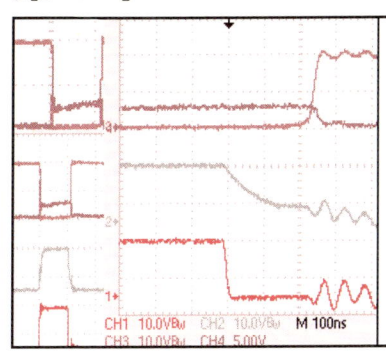

フォト・カプラや絶縁型駆動ICなどによる
動作波形で見る
高電圧/高周波スイッチング回路に使用できるトランジスタ駆動回路

田本 貞治
Tamoto Sadaharu

特集 高速&高耐圧！パワーMOSFETの活用法

　この章では，高電圧高周波スイッチングができるMOSFETを使用したパワー・エレクトロニクス回路には，どのようなトランジスタ駆動回路を使用すればよいかを考えていきます．

　MOSFETの駆動にはいろいろな回路がありますが，それぞれ長所短所があります．良く理解して使用することにより，目的に合致したパワー・エレクトロニクス回路が構築できます．ここでは，それぞれの駆動回路の設計条件についても説明を加えます．

トランジスタ駆動回路の種類

　高周波スイッチングを適用したパワー・エレクトロニクス回路に使用されるトランジスタの駆動回路は，第4章で示したように，
(1) トランジスタのゲート容量を高速に充放電できる電流が流せること
(2) 駆動信号に対して遅延が少ないこと
(3) 0から100％までのパルス幅の変化に対して駆動できること
(4) ハイ・サイド・トランジスタのソースの高速な電位変化に対して誤動作しないこと
(5) 制御回路から少ない電力で駆動回路が動作すること
などの要求事項が考えられます．

　これらの要求が満足でき，実際に使用されている駆動回路としては以下の種類が挙げられます．
(1) MOSFET駆動用フォト・カプラ
(2) 非絶縁型のハイ・サイド/ロー・サイド駆動IC
(3) トランスにより絶縁されたハイ・サイド/ロー・サイド駆動IC
　以下では，これらについて具体的に見ていきます．

MOSFET駆動用フォト・カプラ

　フォト・カプラは，入出力間を電気的に絶縁でき，数kVの電気的耐電圧を得ることが容易なため，ハイ・サイド・トランジスタを駆動するには都合のよい素子と言えます．第4章で説明したブートストラップ回路とフォト・カプラを組み合わせて，ハイ・サイド駆動回路が実現できます．

　それでは，MOSFETが駆動できる代表的なフォト・カプラを見ていくことにします．

● 今までよく使用されたトランジスタ出力のフォト・カプラ

　ここでは，パワー・エレクトロニクス回路に従来からよく使用されてきた東芝製のフォト・カプラTLP250について見ていくことにします．これはパワー・エレクトロニクス回路に使用された代表的なフォト・カプラです．このフォト・カプラの外観を**図1**に，等価回路を**図2**に示します．

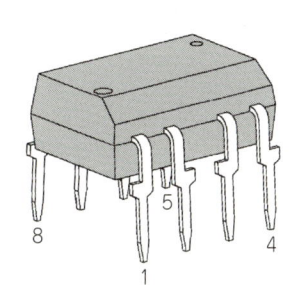

図1 東芝製フォト・カプラTLP250の外観

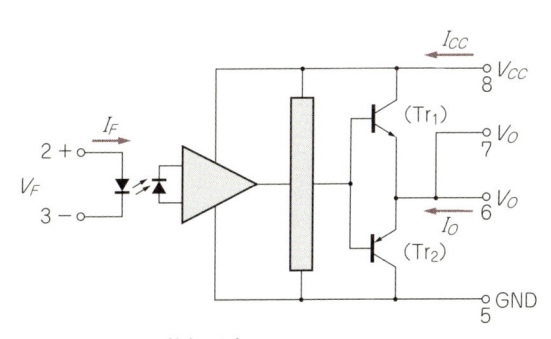

図2 TLP250の等価回路

MOSFET駆動用フォト・カプラ　45

TLP250は2-3端子間に駆動電流を流します．そうすると，1次側の発光素子から2次側の受光素子に信号が伝達され，伝達された信号は電流増幅されて5-6(7)間に駆動信号として出力します．2次側の8-5間に加えた電源電圧で内部トランジスタが動作します．このフォト・カプラの代表的な電気的仕様を表1に示します．

表1の特性について値を見ていきます．スレッショルド入力電流の最大は5 mAで，連続通電電流は20 mAまでとなっていますので，この間の電流で駆動すればよいことになります．推奨値は最小7 mA，最大10 mA，標準8 mAとなっており，8 mAの電流が流れるように入力回路の電圧と直列抵抗を設定します．5 Vの電圧で駆動すると，入力側のダイオードの順方向電圧降下の平均は1.6 Vなので，この電圧を引き算して，

　　(5 V − 1.6 V) ÷ 0.008 A = 430 Ω

の抵抗を直列に挿入して駆動すればよいことになります．

出力側の印加電圧は最小10 V，最大35 Vと規定されており，推奨電圧は最小が15 V，最大は70℃までは30 V，80℃になると20 Vと規定されています．実際の駆動電圧は使用するMOSFETのゲート電圧仕様に合わせる必要があり，本書で使用するローム製のR5009FNXの許容ゲート印加電圧は±30 Vとなっているので，この電圧以下に設定します．このトランジスタのゲート閾値電圧の最大は4 Vとなっていますので，データシートからトランジスタが十分にONできる15 Vで駆動することにします．

表1のフォト・カプラの出力電流の推奨値は±0.5 Aと規定されているので，ピーク電流を0.5 A以下とします．ゲート抵抗は第4章で検討しましたが，ここでは24 Ωで駆動することにします．

このフォト・カプラの伝搬遅延時間は平均で150 ns，最大は500 nsです．また，動作周波数は最大25 kHzと記載されています．このように，伝搬遅延時間によって動作周波数は制約を受けます．

また，瞬時同相除去電圧は±5000 V/μsとなっています．第4章のスイッチング・スピードのところで，入力電圧が400 Vでスイッチング時間が100 nsの場合，dv/dtが4000 V/μsになることを示していますが，このフォト・カプラは5000 V/μsとなっており，100 nsでのスイッチング時間でも使用可能ですがギリギリのところです．したがって，TLP250を使用した場合のスイッチング時間は200 ns程度が安全であると言えます．

以上の結果，本書の100 kHzスイッチング用駆動回路としてはスイッチング・スピードが不足ですが，従来から代表的に使用されていましたので，設計の基準として説明しました．

図3に，TLP250を使用し，ブートストラップ回路によってハイ・サイド・トランジスタを駆動するようにしたアーム回路を示します．この回路を適用して駆動したときの各部のスイッチング波形を図4，図5に示します．

図4のトランジスタON時の駆動入力信号とフォト・カプラの出力間の伝搬遅延時間は180 ns，OFF時の駆動信号とフォト・カプラの出力間の伝搬遅延時間は70 nsとなっています．

図5の実際のスイッチング波形から，TLP250の出力がONしてからトランジスタが完全にONするまでに140 ns，出力がOFFしてからトランジスタが完全にOFFするまでに280 nsの時間がかかっています．

したがって，TLP250の駆動信号がONしてからトランジスタが完全にONするまでに180 + 140 = 320 ns，駆動信号をOFFしてからトランジスタが完全にOFFするまでに70 + 280 = 350 nsの時間が必要です．

なお，フォト・カプラの出力がON/OFFしてから，

表1　東芝製TLP250の電気的仕様

No.	項　目	記号	単位	仕　様	備　考
1	直流順電流	I_F	mA	20	入力側
2	入力順電圧	V_F	V	1.6_{typ}	
3	過渡パルス順電流	I_{FPT}	A	1	
4	入力しきい値電流	I_{FLH}	mA	5_{max}	
5	直流逆電圧	V_R	V	5	
6	出力ピーク電流	I_{OPH}/I_{OPL}	A	±1.5	出力側，$T_a \leq 70℃$
7	電源電圧	V_{CC}	V	35_{max}	
8	動作周波数	f	kHz	25	
9	伝搬遅延時間	t_{pLH}/t_{pHL}	μs	0.15_{typ}，0.5_{max}	—
10	瞬時同相除去電圧	C_{MH}/C_{ML}	V/μs	5000_{min}	
11	入力ON電流	$I_{F(ON)}$	mA	7_{min}，8_{std}，10_{max}	推奨値
12	入力OFF電圧	$V_{F(OFF)}$	V	0.8_{max}	推奨値
13	電源電圧	V_{CC}	V	15_{min}，30_{max}	推奨値
14	出力ピーク電流	I_{OPH}/I_{OPL}	A	$±0.5_{max}$	推奨値

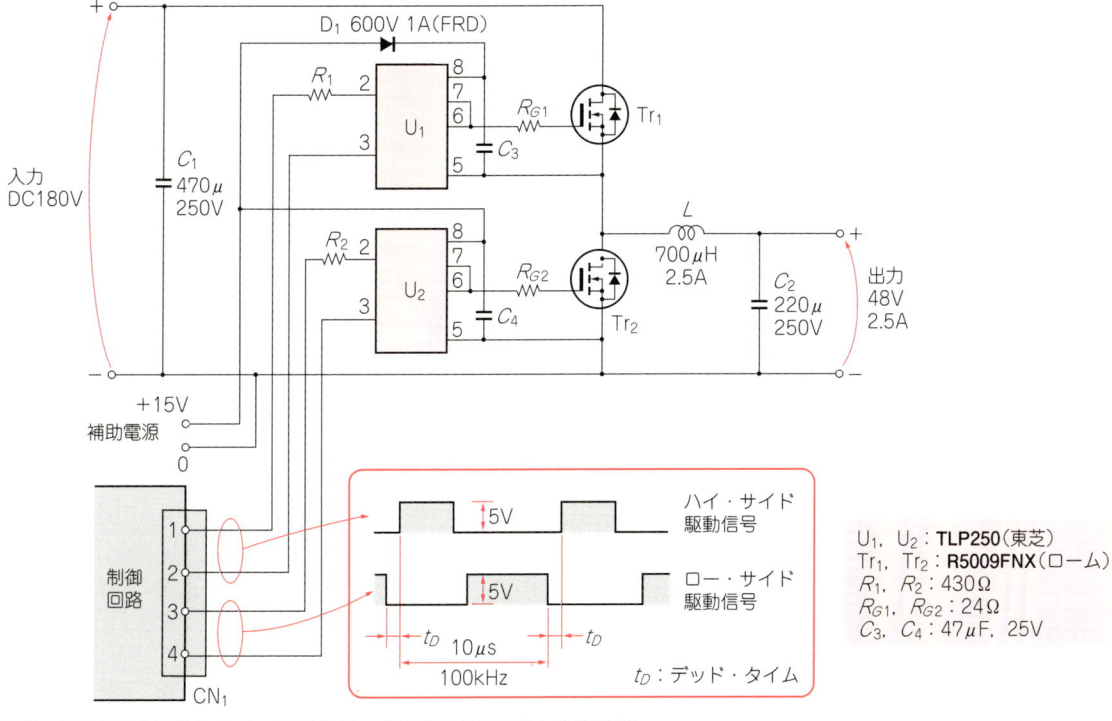

図3 TLP250を使用してブートストラップ回路により駆動した回路例

回路定数:
U₁, U₂：**TLP250**（東芝）
Tr₁, Tr₂：**R5009FNX**（ローム）
R_1, R_2：430Ω
R_{G1}, R_{G2}：24Ω
C_3, C_4：47μF, 25V

入力 DC180V、補助電源 +15V、出力 48V 2.5A、C_1 470μ 250V、D_1 600V 1A(FRD)、L 700μH 2.5A、C_2 220μ 250V、100kHz、10μs、t_D：デッド・タイム

(a) トランジスタON時駆動信号入力と駆動出力波形
フォト・カプラの出力の立ち上がりが遅い．高周波スイッチング用としては不適当．遅延時間が180nsと大きい
180ns 110ns、15V

(b) トランジスタON時の駆動信号入力とゲート電圧波形
(a)の立ち上がりが遅いためゲート電圧の立ち上がりも遅い．高周波のスイッチング用としては不適当
250ns、15V、立ち上がりが遅い、Tr₁ゲート電圧

(c) トランジスタOFF時の駆動信号入力と駆動出力波形
70ns 40ns、15V、トランジスタOFF時は早い

(d) トランジスタOFF時の駆動信号入力とゲート電圧波形
70ns、15V、Tr₁ゲート電圧

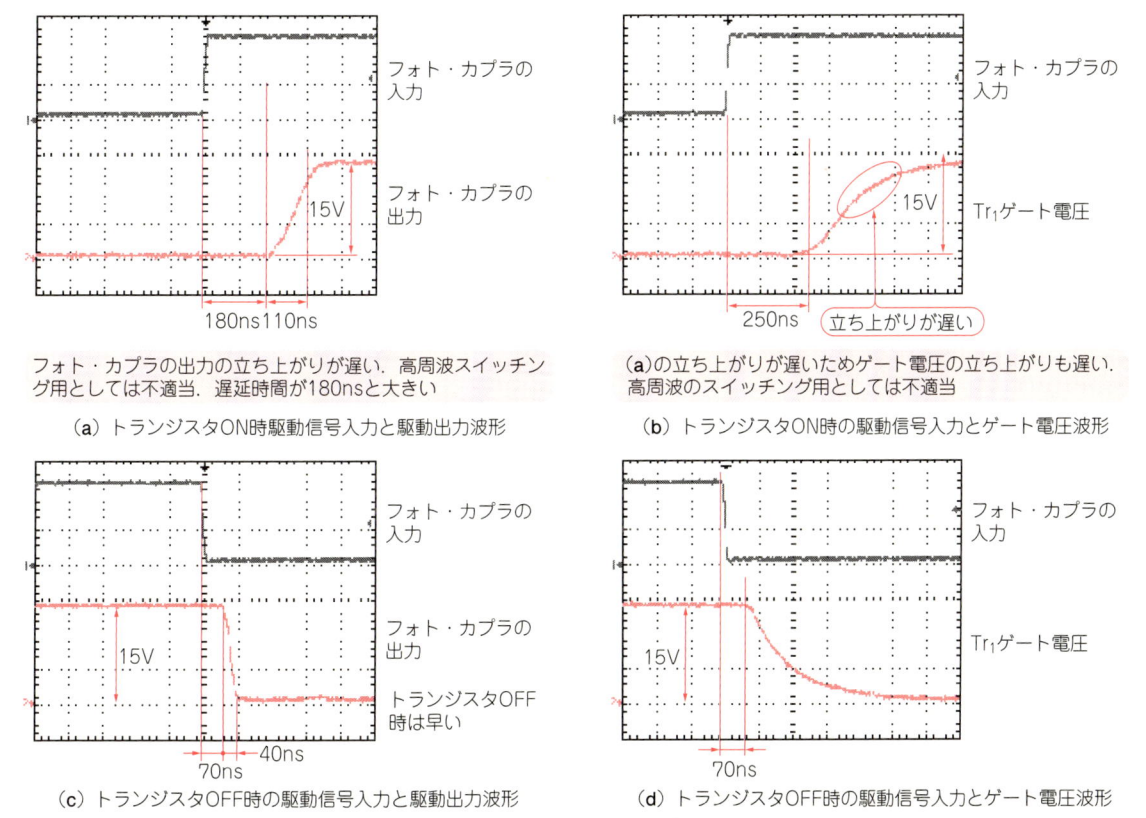

図4 駆動信号入力と駆動出力とゲート電圧波形（ch1：2 V/div，ch2：5 V/div，100 ns/div）

特集 高速&高耐圧！パワーMOSFETの活用法

MOSFET駆動用フォト・カプラ

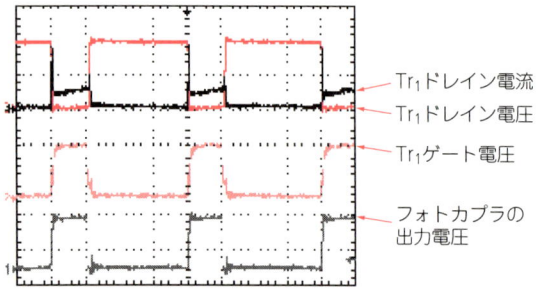

(a) トランジスタのスイッチング波形(2.5μs/div)

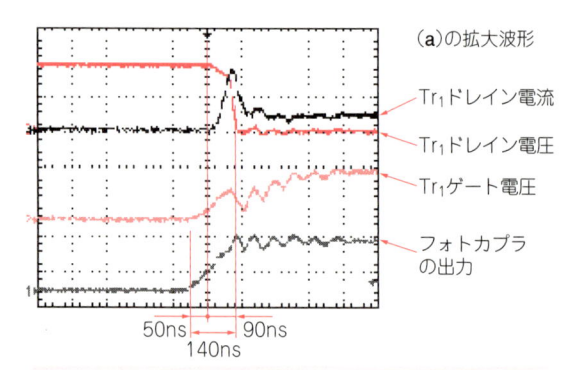

(b) トランジスタON時の駆動信号とゲート電圧とスイッチング電圧/電流波形

フォト・カプラが出力して50ns後にトランジスタはONを開始．90ns後に完全ONしている．全体で140ns

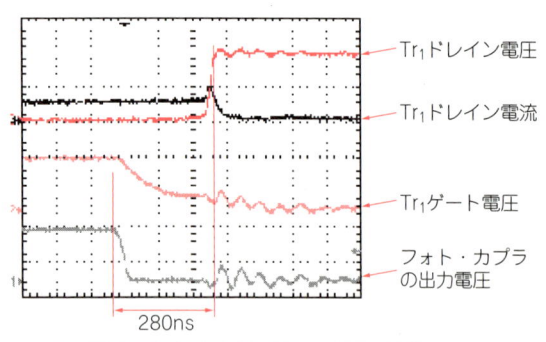

フォト・カプラの出力がOFFを開始してから280ns後にトランジスタは完全にOFFしている（参考値）

(c) トランジスタOFF時の駆動信号とゲート電圧とスイッチング電圧/電流の波形

図5 駆動出力とゲート電圧とスイッチング電圧/電流波形(ch1：100 V/div，ch2：5 V/div，ch3：10 V/div，ch4：5 A/div，100 ns/div)

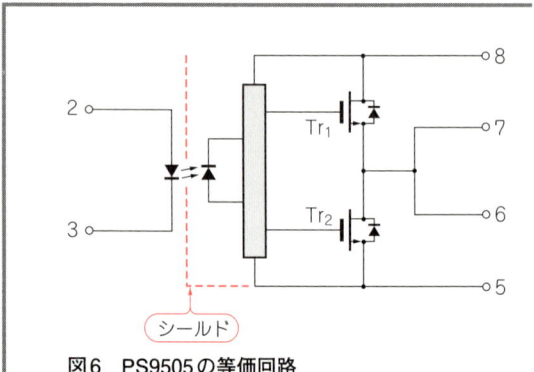

図6 PS9505の等価回路

トランジスタが完全にON/OFFするまでの時間はゲート抵抗とトランジスタのスイッチング特性に依存します．このゲート抵抗の最適定数については第6章で取り上げます．ここでは，ゲート抵抗を24 Ω一定にして，ゲート駆動回路の違いによるトランジスタのスイッチング特性を比較します．とくにトランジスタOFFの遅延時間はゲート抵抗が最適値ではないので，参考値としてください．

● 最新のMOSFET出力のフォト・カプラ

スイッチング特性を改善したフォト・カプラとして，ルネサス・エレクトロニクスのPS9505について見ていきます．このフォト・カプラの代表的な仕様を**表2**に，等価回路を**図6**に示します．PS9505は出力段がバイポーラ・トランジスタからMOSFETに変更されており，電流供給能力と駆動スピードが改善されています．

それでは，TLP250と同様に仕様から設計内容について見ていきます．入力電流の推奨値は最小7 mA，最大16 mA，標準10 mAとなっており，標準の10 mAの電流が流れるように入力回路の電圧と直列抵抗を設定します．5 Vの電圧で駆動すると，入力側のダイオードの順方向電圧降下の平均は1.56 Vなので，この電圧を引き算して，

(5 V－1.56 V)÷0.01 A＝330 Ω

の抵抗を直列に挿入して駆動すればよいことになります．

出力側の印加電圧の推奨電圧は最小15 V，最大は30 Vと規定されています．実際の駆動電圧は使用するMOSFETのゲート電圧仕様に合わせます．本書で使用するローム製のR5009FNXに合わせて，15 Vで駆動することにします．

表2の出力電流の最低値は±0.5 Aと規定されているので，ピーク電流を0.5 A以下とします．したがって，ゲートと直列に挿入する抵抗値は，TLP250と同じとして24 Ωとします．

PS9505の伝搬遅延時間は平均で180 ns，最大は250 nsです．ただし，ON時とOFF時の伝搬遅延時間の差は最大100 nsと規定されており，ONとOFFの遅延時間の差が大きくならないように設計されています．また，立ち上がり/立ち下がり時間が50 nsと規定されており，スイッチング・スピードも向上しています．

表2 PS9505の電気的仕様

No.	項目	記号	単位	仕様	備考
1	直流順電流	I_F	mA	25	入力側
2	入力順電圧	V_F	V	1.56_{typ}	
3	過渡パルス順電流	I_{FPT}	A	1	
4	入力しきい値電流	I_{FLH}	mA	5_{max}	
5	直流逆電圧	V_R	V	5	
6	出力ピーク電流	I_{OPH}/I_{OPL}	A	±2.5 A	出力側, $T_a \leq 70℃$
7	電源電圧	V_{CC}	V	35_{max}	
8	動作周波数	f	kHz	50	
9	伝搬遅延時間	t_{pLH}/t_{pHL}	μs	0.18_{typ}, 0.25_{max}	―
10	瞬時同相除去電圧	C_{MH}/C_{ML}	kV/μs	25_{min}	
11	入力ON電流	$I_{F(ON)}$	mA	7_{min}, 10_{std}, 16_{max}	推奨値
12	入力OFF電圧	$V_{F(OFF)}$	V	0.8_{max}	推奨値
13	電源電圧	V_{CC}	V	15_{min}, 30_{max}	推奨値

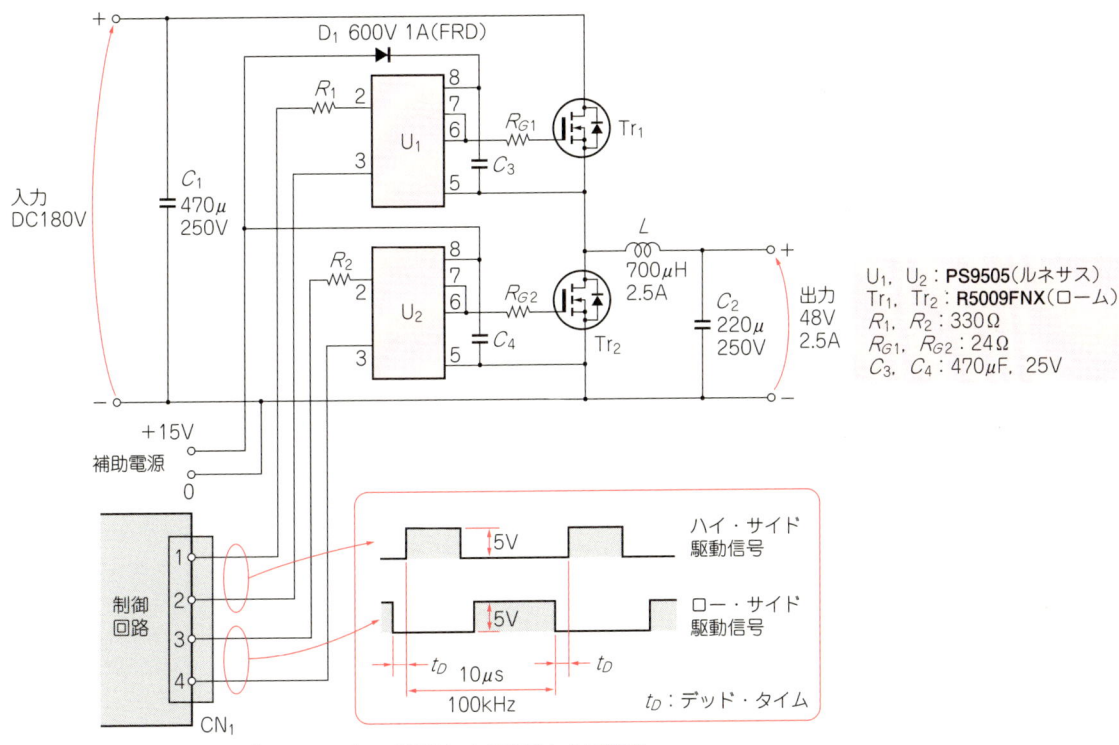

図7 PS9505を使用してブートストラップ回路により駆動した回路例

このフォト・カプラでは50 kHz程度のスイッチング速度まで使用可能です.

瞬時同相除去電圧は±25 kV/μsと大幅に改善しており,高速スイッチングに対して誤動作しにくくなっています.電源電圧を400 Vとすると,

$t = 400 \text{ V} \div 25000 \text{ V} = 0.016 \text{ μs}$

となり,高速スイッチング回路での使用が可能になってきます.

図7にPS9505による駆動回路を加えたアーム回路図を示します.この回路を適用して駆動したときの各部のスイッチング波形を図8,図9に示します.

図8のON時の駆動入力信号とPS9505の出力との伝搬遅延時間は70 ns,OFF時の駆動信号とPS9505の出力との伝搬遅延時間は80 nsとなっており,表2の伝搬遅延時間のtyp値より小さい値になっています.

図9の実際のスイッチング波形から,PA9505が出力してからトランジスタが完全にONするまでに80 ns,出力をOFFしてからトランジスタが完全にOFFするまでに260 nsの時間がかかっています.

したがって,フォト・カプラの駆動信号がONして

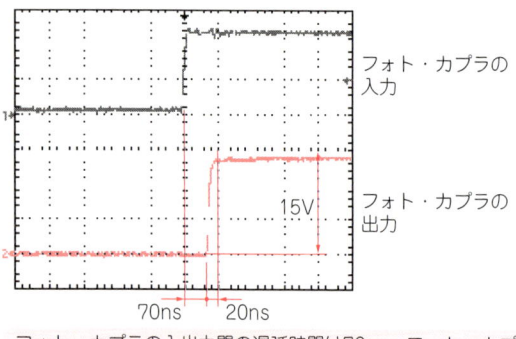

フォト・カプラの入出力間の遅延時間は70ns．フォト・カプラの出力の立ち上がりは良好

（a）トランジスタON時駆動信号入力と駆動出力波形

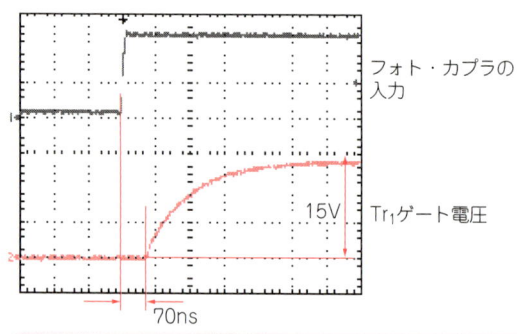

フォト・カプラの出力の立ち上がりが良好なのでゲート電圧の立ち上がりも良好

（b）トランジスタON時の駆動信号入力とゲート電圧波形

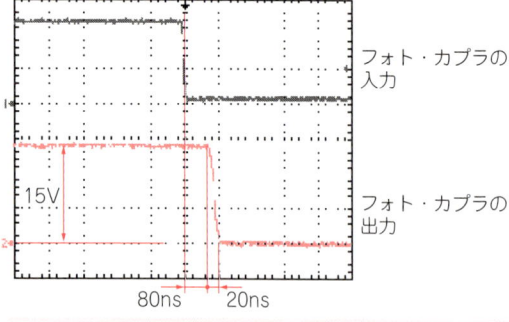

フォト・カプラの入力と出力の遅延時間は80ns．フォト・カプラの出力の立ち下がりは良好

（c）トランジスタOFF時の駆動信号入力と駆動出力波形

フォト・カプラの出力の立ち下がりが良好なのでゲート電圧の立ち下がりも良好

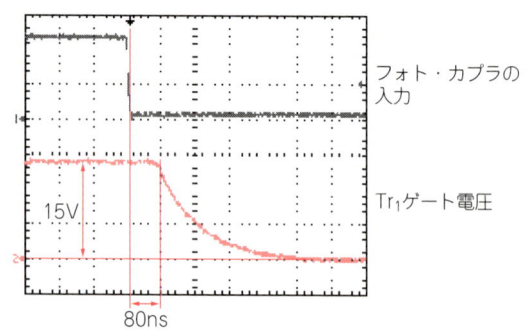

（d）トランジスタOFF時の駆動信号入力とゲート電圧波形

図8 駆動信号入力と駆動信号とゲート電圧波形(ch1：2 V/div，ch2：5 V/div，100 ns/div)

（a）トランジスタのスイッチング波形(2.5μs/div)

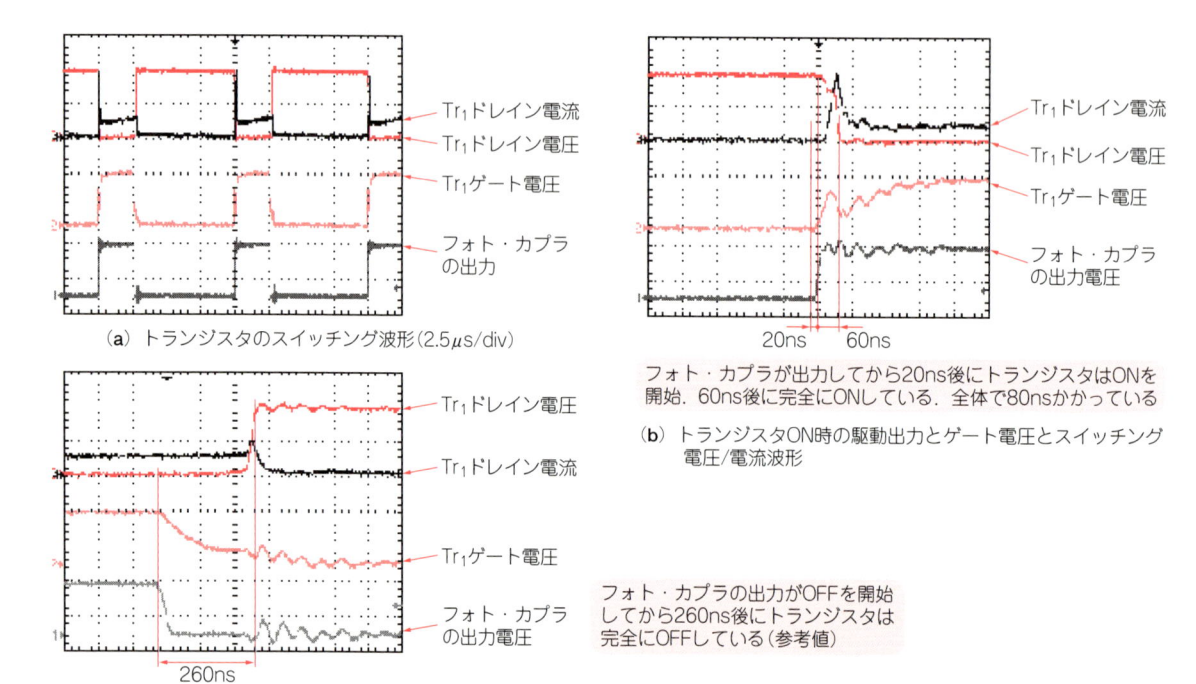

フォト・カプラが出力してから20ns後にトランジスタはONを開始．60ns後に完全にONしている．全体で80nsかかっている

（b）トランジスタON時の駆動出力とゲート電圧とスイッチング電圧/電流波形

フォト・カプラの出力がOFFを開始してから260ns後にトランジスタは完全にOFFしている（参考値）

（c）トランジスタOFF時の駆動信号とゲート電圧とスイッチング電圧/電流波形

図9 駆動出力とゲート電圧とスイッチング電圧/電流波形(ch1：100 V/div，ch2：10 V/div，ch3：10 V/div，ch4：5 A/div，100 ns/div)

からトランジスタが完全にONするまでに78＋80＝150 ns，駆動信号をOFFしてからトランジスタが完全にOFFするまでに80＋260＝340 nsの時間が必要です．

ハイ・サイド/ロー・サイド駆動専用IC

今まではフォト・カプラを使用したMOSFETの駆動回路を見てきました．フォト・カプラは，1次-2次間の絶縁が取りやすいので，回路設計は容易です．しかし，フォト・カプラは動作スピードに難があり，高周波スイッチングには不向きです．

そこで，ハイ・サイドとロー・サイドを一つのICを使用して駆動する方法を紹介します．

● ハイ・サイド/ロー・サイド間600 V耐圧の駆動IC

ここでは，ハイ・サイドとロー・サイド間の耐電圧が620 Vのインターナショナル・レクティファイアー製のIRS2113について見ていきます．

このシリーズには耐電圧が520 VのIRS2110もあります．したがって，本書では200 Vの入力電圧で動作させているので，IRS2110でも問題ありません．入力電圧が400 V程度のパワー・エレクトロニクス回路を設計することを考えると，620 Vまで使用できるIRS2113のほうがよいでしょう．

まず，IRS2113の仕様を表3に，外観を図10に，等価回路を図11に示します．表2のフォト・カプラPS9505と比較して，伝搬遅延時間は180 nsから130 nsへ，立ち上がり時間は50 nsから25 nsへ，立ち下がり時間は50 nsから17 nsと速くなっており，高速スイッチングが可能になります．

また，ONとOFFの伝搬遅延時間の差は20 ns以下となっており，伝搬遅延時間の差によるデッド・タイムの追加は必要ありません．しかし，図11のブロック図のように，このICのハイ・サイド・トランジスタの駆動は，高耐圧の内部素子を使用して駆動信号をレベル・シフトしています．その関係でフォト・カプラのような絶縁回路とはなっていません．

表3の仕様内容から，IRS2113の使いかたについて見ていきます．信号入力の電源はMOSFETを駆動する電源とは独立しており，最低電圧は3.3 Vとなっているので，3.3 Vのマイコンに直接接続することができます．また，最大電圧は20 Vとなっているので，ア

14-Lead PDIP
IRS2110 and IRS2113

16-Lead PDIP
(w/o leads 4&5)
IRS2110-2 and IRS2113-2

14-Lead PDIP
(w/o lead 4)
IRS2110-1 and IRS2113-1

16-Lead SOIC
IRS2110S and IRS2113S

図10　IRS2113の外観

表3　IRS2113の電気的仕様

No.	項　目	記号	単位	仕様	備　考
1	ハイ・サイド・オフセット電源電圧	V_B	V	520	IRS2110
				620	IRS2113
2	ハイ・サイド電源電圧	V_S	V	20	—
3	ロー・サイド電源電圧	V_{CC}	V	20	—
4	ロジック電源電圧	V_{DD}	V	20	—
5	ロジック・オフセット電圧	V_{SS}	V	±20	—
6	ロジック入力信号電圧	V_{IN}	V	20	—
7	ターン・オン伝搬遅延時間	t_{on}	ns	130_{min}, 160_{max}	—
8	ターン・オフ伝搬遅延時間	t_{off}	ns	120_{min}, 150_{max}	—
9	ターン・オン上昇時間	t_r	ns	25_{typ}, 35_{max}	—
10	ターン・オフ降下時間	t_f	ns	17_{typ}, 25_{max}	—
11	ハイ・サイド・オフセット電源電圧	V_B	V	500	IRS2110推奨値
				600	IRS2113推奨値
12	ハイ・サイド電源電圧	V_S	V	10_{min}, 20_{max}	推奨値
13	ロー・サイド電源電圧	V_{CC}	V	20_{max}	推奨値
14	ロジック電源電圧	V_{DD}	V	3_{min}, 20_{max}	推奨値
15	ロジック・オフセット電圧	V_{SS}	V	±5	推奨値
16	入力信号電圧	V_{in}	V	3_{min}, 20_{max}	推奨値

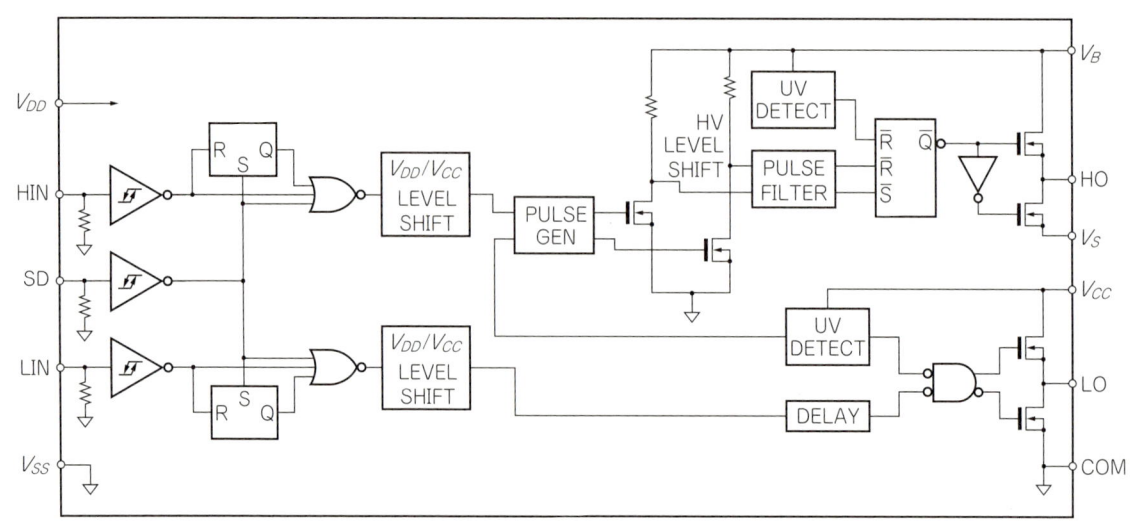

図11 IRS2113の等価回路

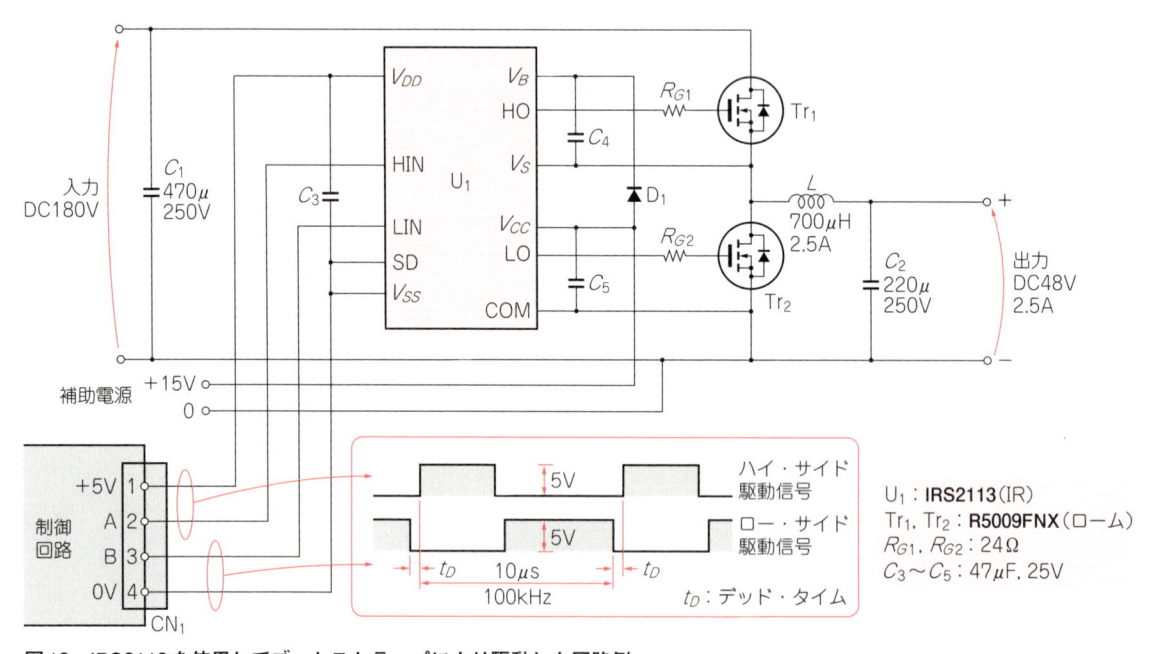

図12 IRS2113を使用してブートストラップにより駆動した回路例

ナログ制御ICのPWM出力に直接接続することもできます．

MOSFETの駆動電圧は10～20Vとなっており，本書では15Vの電圧で駆動するため，このICは最適です．また，MOSFETの駆動能力は±2Aまであるので，本書のR5009FNXを駆動するのであれば十分です．ロー・サイドMOSFETのソース電圧と信号入力電源のV_{SS}とは直接接続されておらず，その間の電圧は最大±5Vまで許容できるため，制御回路とパワー回路間の接続電圧に差があっても使用できます．

IRS2113もハイ・サイドは駆動電源が必要になるので，フォト・カプラと同様にブートストラップ回路を使用してMOSFETを駆動することにします．その回路図を図12に示します．この回路でも，フォト・カプラとの特性比較ができるように，ゲート抵抗は24Ωとしています．

この回路を適用して駆動したときのスイッチング波形を図13，図14に示します．図13のIRS2113の入力と出力の伝搬遅延時間は，トランジスタのON信号に対しては160ns，トランジスタのOFF信号に対しては130nsとなっています．また，IRS2113からON信号を出力してからトランジスタが完全にONするまでに

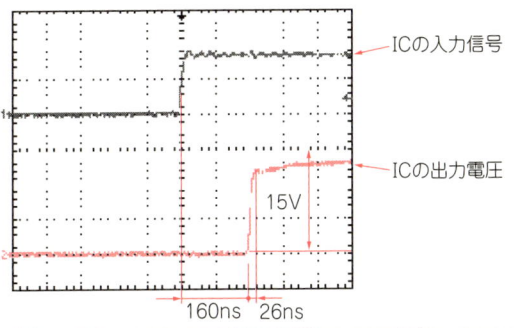

(a) トランジスタON時駆動信号入力と駆動出力波形

ICの入力と出力の遅延時間は160ns. ICの出力の立ち上がり時間は26ns. 立ち上がりは良好

(b) トランジスタON時の駆動信号入力とゲート電圧波形

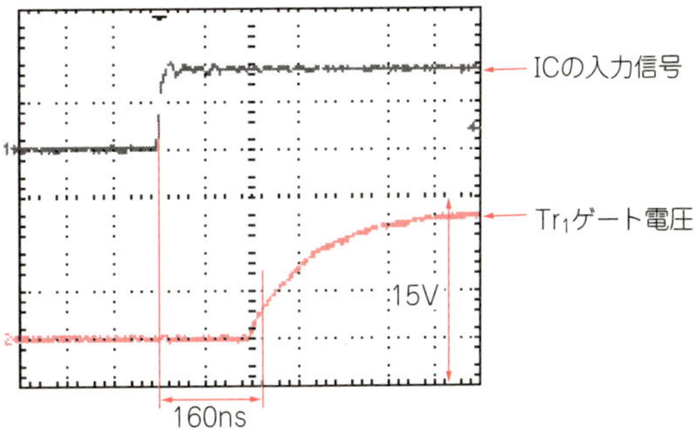

ICの出力の立ち上がりが良好なのでゲート電圧の立ち上がりも良好

(c) トランジスタOFF時の駆動信号入力と駆動出力波形

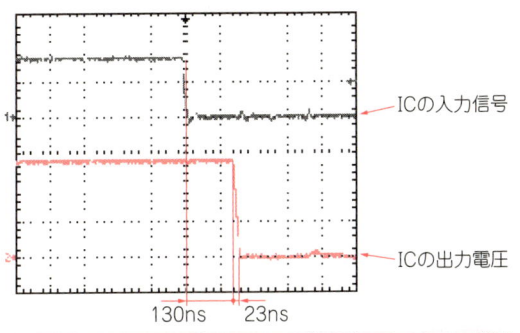

ICの入力と出力の遅延時間は130ns. 出力の立ち下がりが時間は23ns. 立ち下がりは良好

(d) トランジスタOFF時の駆動信号入力とゲート電圧波形

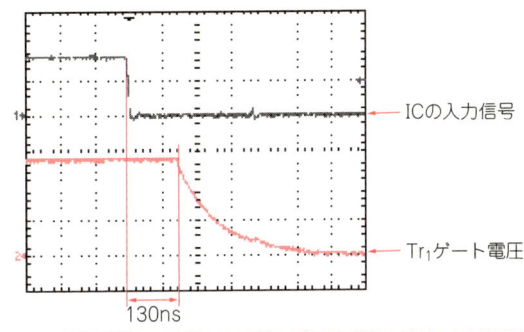

ICの出力の立ち下がりが良好なのでゲート電圧の立ち下がりは良好

図13 駆動信号入力と駆動出力とゲート電圧波形（ch1：2 V/div, ch2：5 V/div, 100 ns/div）

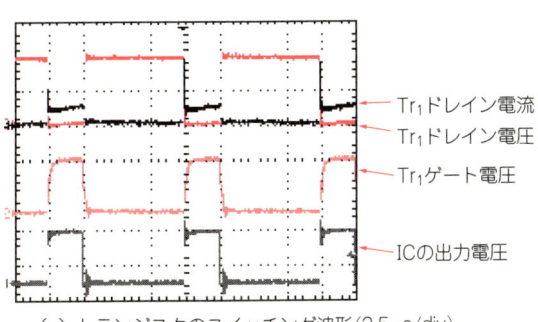

(a) トランジスタのスイッチング波形（2.5μs/div）

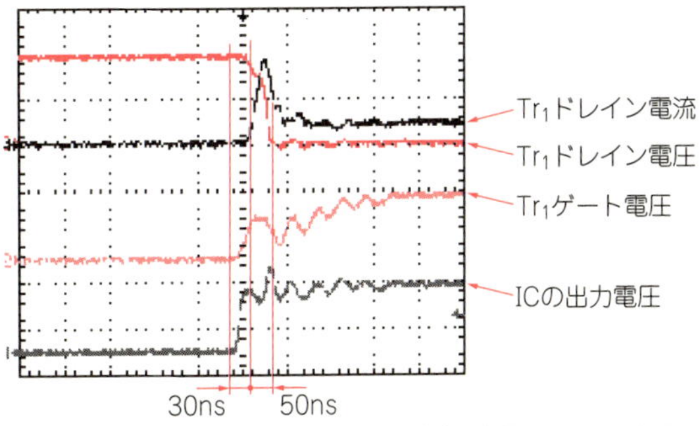

(b) トランジスタON時の駆動出力とゲート電圧とスイッチング電圧/電流波形

ICが出力して30ns後にトランジスタはONを開始し，50ns後に完全にONしている．全体で80nsかかっている

(c) トランジスタOFF時の駆動出力とゲート電圧とスイッチング電圧/電流波形

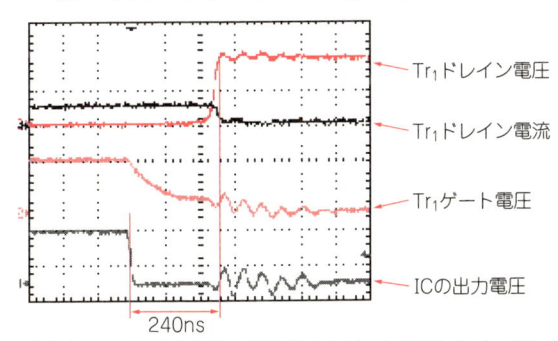

ICの出力がOFFを開始してから240ns後にトランジスタは完全にOFFしている（参考値）

図14 駆動出力とゲート電圧とスイッチング電圧/電流波形（ch1：100 V/div, ch2：10 V/div, ch3：10 V/div, ch4：5 A/div, 100 ns/div）

80 ns，OFF信号を出力してからトランジスタが完全にOFFするまでに240 nsかかっています．

したがって，IRS2113がON信号を入力してからトランジスタが完全にONするまでに160＋80＝240 ns，OFF信号を入力してから完全にトランジスタがOFFするまでに130＋240＝370 nsの時間がかかっています．

1次-2次間が絶縁された高速スイッチングが可能な駆動IC

さらに高速スイッチングができる駆動ICを見ていきます．これは，制御ICの内部にトランスを使用して1次と2次を絶縁し，フォト・カプラと同じようにMOSFETの回路と制御回路が絶縁でき，ノイズに対する誤動作も強くなっています．

● 高速スイッチングが可能な絶縁型駆動IC

ここでは，駆動ICの内部でトランスを使用して電気的に絶縁されたアナログ・デバイセズのADuM1234という駆動ICを見ていきます．トランスを使用すると，パルスの遅延がなくなるので全体的な伝搬遅延時間を小さくすることができます．このICは，入力と出力間およびハイ・サイド/ロー・サイドは±700 Vの差動電圧耐量をもっています．

ADuM1234の電気的仕様を表4に，ピン配置を図15に，等価回路を図16に示します．

このICの伝搬遅延時間は124 ns，最大160 ns，立ち上がり/立ち下がり時間は25 nsと，おおむねIRS2113と同じになっています．また，ONとOFFの伝搬遅延時間の差もIRS2113より小さな値になっており，最小パルス幅も100 nsと規定されており，広範囲のパルス幅で使用できます．

表4からADuM1234の使いかたについて見ていきます．このICの入力用電源の推奨値は4.5～5.5 Vとなっており，5 Vのマイコンに直接接続することができます．また，出力側の電源の推奨値は12～18 Vとなっ

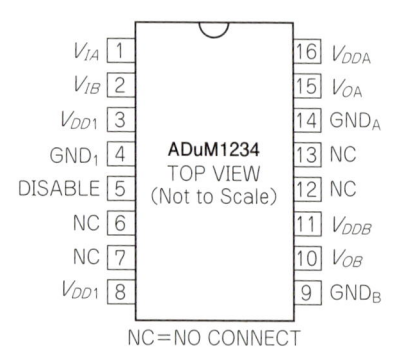

図15 ADuM1234のピン配置

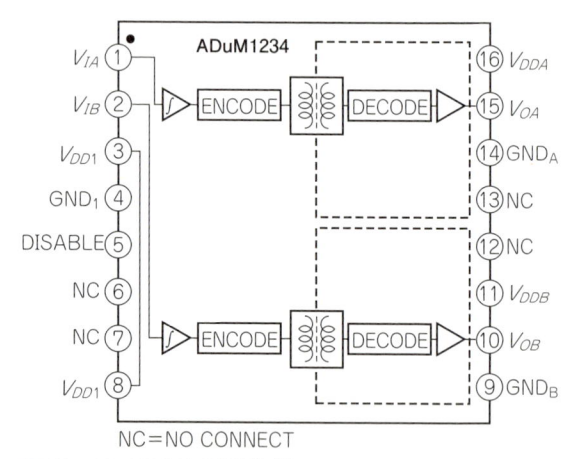

図16 ADuM1234の等価回路

表4 ADuM1234の電気的仕様

No.	項目	記号	単位	仕様	備考
1	入力電源電圧	V_{DD1}	V	7.0_{max}	—
2	出力電源電圧	V_{DDA}, V_{DDB}	V	27_{max}	—
3	入力信号電圧	V_{IA}, V_{IB}	V	$V_{DD1}+0.5_{max}$	—
4	入力-出力電圧差	—	V	±700 Vピーク	—
5	出力-出力電圧差	—	V	700 Vピーク	—
6	出力直流電流	I_{OA}, I_{OB}	mA	±20	—
7	最小パルス幅	P_W	ns	100_{max}	—
8	伝搬遅延時間	T_{PHL}/T_{PLH}	ns	97_{min}, 124_{typ}, 160_{max}	—
9	最大スイッチング周波数	—	Mbps	10	—
10	ターン・オン上昇時間	t_r	ns	25_{max}	—
11	ターン・オフ降下時間	t_f	ns	25_{max}	—
12	瞬時同相除去電圧	—	kV/μs	±100	—
13	耐電圧	—	V_{RMS}	2500	1分
14	入力電源電圧	V_{DD1}	V	4.5_{min}, 5.5_{max}	推奨値
15	出力電源電圧	V_{DDA}, V_{DDB}	V	12_{min}, 18_{max}	推奨値
16	瞬時同相除去電圧	—	kV/μs	±75	推奨値

ており，R5009FNX を 15 V の電圧で駆動することができます．

ただし，出力電流が 0.1 A と小さいので，MOSFET の高速性を引き出すためには，ゲート駆動能力を強化する必要があります．そのために，出力段に電流増幅回路を追加してやることが必要です．ここでは，PNP と NPN のバイポーラ・トランジスタを使用したコンプリメンタリ回路を出力段に追加することにします．

また，ハイ・サイド供給電源はブートストラップで供給することにします．この IC はロー・サイドとハイ・サイドとも入力回路から完全に絶縁されているので，スイッチング・トランジスタとは電位の異なる制御回路でも駆動することができ，設計の自由度が増えます．

以上の内容に対応したアーム回路を図17に示します．ゲート抵抗は他の駆動回路と同じ 24 Ω として特性比較できるようにしてあります．この回路を適用して駆動したときのスイッチング波形を図18，図19に示します．

図18の測定波形から ADuM1234 の入力と出力の伝搬遅延時間の実測値を見ていきます．ADuM1234 に ON 信号を入力してから出力するまでの伝搬遅延時間は 100 ns，OFF 信号を入力してから出力するまでの伝搬遅延時間も 100 ns となっています．

この駆動回路では図17のように，ADuM1234 の出力に電流増幅用のトランジスタが接続されており，このトランジスタ回路によって伝搬遅延時間が発生しています．この遅延時間を含めると，ON 信号を入力してからゲート電圧が立ち上がるまでの時間は 140 ns に増加しており，トランジスタの電流増幅回路で 40 ns の遅れが出ていることになります．また，OFF 信号を入力してからゲート電圧が立ち下がるまでの時間は 140 ns となり，トランジスタの電流増幅回路で 40 ns の遅延となっています．

図19に示すトランジスタのスイッチング時間も含めたスイッチング特性では，ADuM1234 から ON 信号を出力してからトランジスタが完全に ON するまでに 110 ns かかっています．この時間のうちトランジスタの増幅回路で 40 ns の時間がかかっていることになります．同様に，OFF 信号を出力してからトランジスタが完全に OFF になるまでに 330 ns かかっています．

したがって，駆動 IC がトランジスタの ON 信号を入力してからトランジスタが完全に ON になるまでに 100 + 110 = 210 ns，駆動 IC が OFF 信号を入力してからトランジスタが完全に OFF するまでに 100 + 330 = 430 ns かかっていることになります．

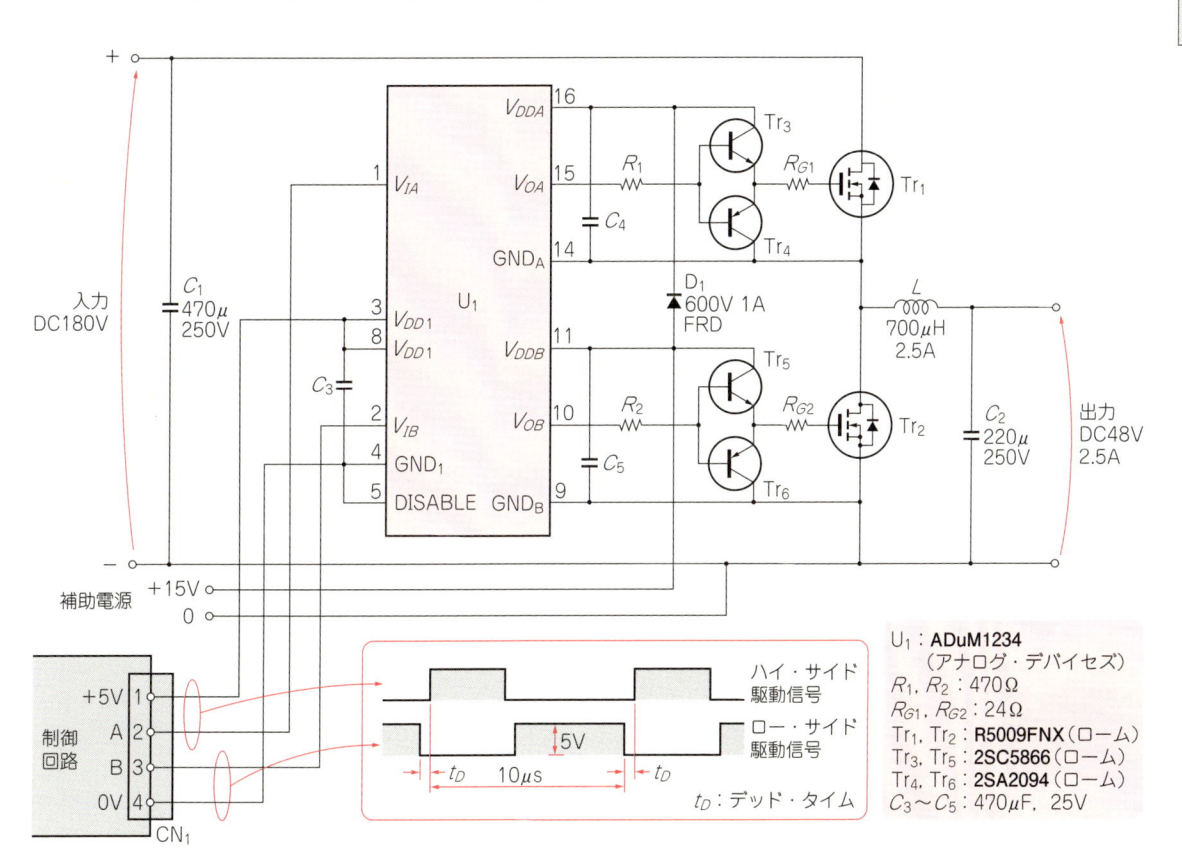

特集 高速 & 高耐圧！パワー MOSFET の活用法

図17 ADuM1234 を使用し，電流増幅回路を追加してブートストラップ回路で駆動した電源回路例

1 次 - 2 次間が絶縁された高速スイッチングが可能な駆動 IC

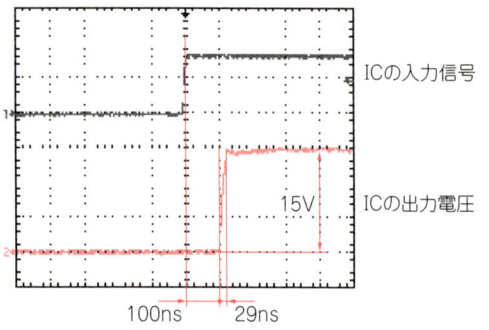

(a) ICの入力と出力の遅延時間は100ns. IC出力の立ち上がり時間は29ns. 立ち上がりは良好

(a) トランジスタON時の駆動信号入力と駆動信号出力波形

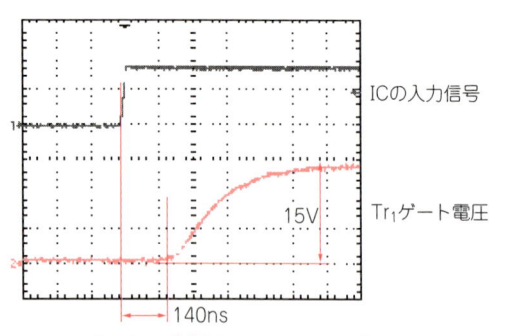

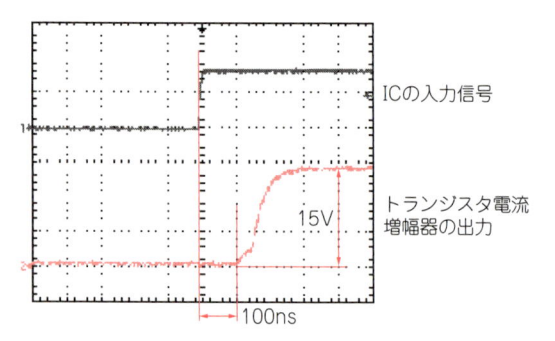

(b) ICの立ち上がりは良好だが，トランジスタ電流は増幅器により遅延が発生している

(b) トランジスタON時の駆動信号入力と駆動出力波形

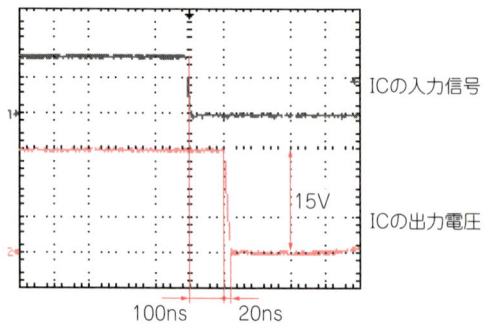

(c) トランジスタ電流増幅器の立ち上がりが遅いためゲート電圧も遅延している

(c) トランジスタON時の駆動信号入力とゲート電圧波形

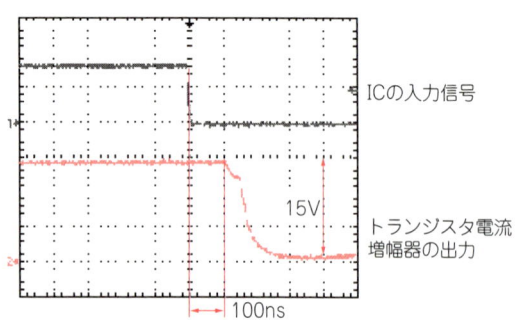

(d) トランジスタOFF時の駆動信号入力と駆動信号出力波形

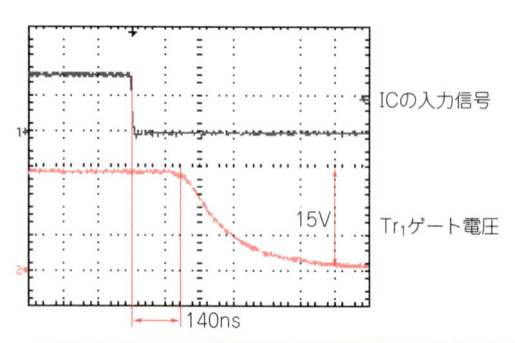

(e) ICの立ち下がりは良好だが，トランジスタ電流は増幅器により遅延が発生している

(e) トランジスタOFF時の駆動信号入力と駆動出力波形

(f) トランジスタ電流増幅器の立ち下がりが遅いためゲート電圧も遅延している

(f) トランジスタOFF時の駆動入力信号とゲート電圧波形

図18 駆動信号入力と駆動信号出力と駆動出力とゲート電圧波形(ch1：2 V/div, ch2：5 V/div, 100 ns/div)

● **ハイ・サイド電源を内蔵した高速スイッチングが可能な絶縁型駆動IC**

前記のADuM1234は，ハイ・サイド出力には外部から電源を供給しなければなりませんでした．ここでは，同様の高速スイッチングが可能で，ICの中にDC-DCコンバータを内蔵して，外部からのハイ・サイド電源供給が不要な駆動ICとして，アナログ・デバイセズのADuM6132について紹介していきます．

この駆動ICの電気的仕様を**表5**に，ピン配置を**図20**に，等価回路を**図21**に示します．ADuM6132の伝搬遅延時間の平均は60 ns，最大で100 nsと前述のADuM1234より小さな値になっており，使用パルス幅の範囲が広くなります．立ち上がり/立ち下がり時間も最大で15 nsとなっており，高速スイッチングが可能です．

また，デバイス間での伝搬遅延時間の差が60 nsと規定されており，ブリッジ回路のように複数の駆動ICを使用する用途でのパルス幅のばらつきが少なくなります．

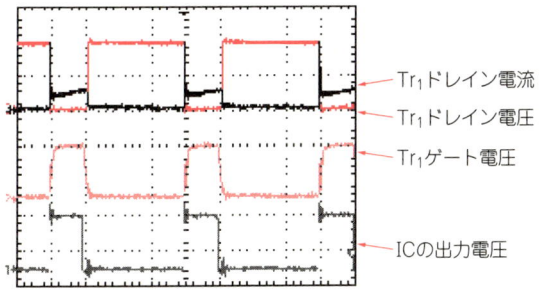

(a) トランジスタのスイッチング波形（2.5μs/div）

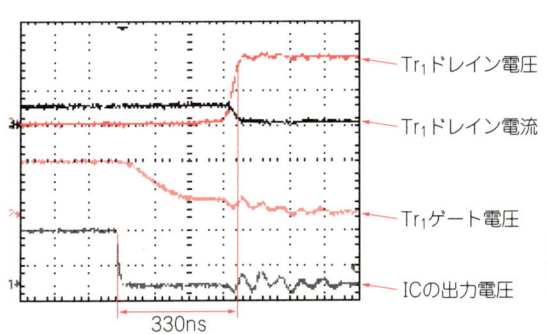

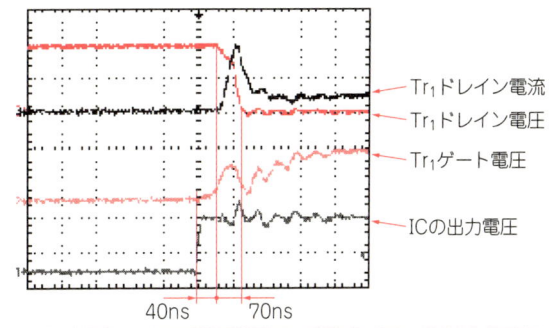

ICが出力してから40ns後にトランジスタはONを開始し，70ns後に完全にONしている．全体では110nsかかっている

(b) トランジスタON時の駆動出力とゲート電圧とスイッチング電圧／電流波形

ICの出力がOFFを開始してから330ns後にトランジスタは完全にOFFしている（参考値）

(c) トランジスタOFF時の駆動出力とゲート電圧とスイッチング電圧／電流波形

図19 駆動信号出力とゲート電圧とスイッチング電圧／電流波形（ch1：100 V/div，ch2：10 V/div，ch3：10 V/div，ch4：5 A/div，100 ns/div）

表5 ADuM6132の電気的仕様

No.	項目	記号	単位	仕様	備考
1	入力電源電圧	V_{DD1}	V	7.0_{max}	—
2	DC-DCコンバータ出力電圧	V_{IOS}	V	12.5_{min}，15_{typ}，17_{max}	—
3	出力電源電圧	V_{DDA}，V_{DDL}	V	27_{max}	—
4	入力信号電圧	V_{IA}，V_{IB}	V	$V_{DD1}+0.5_{max}$	—
5	動作絶縁電圧	V_{IORM}	V	±560 Vピーク	—
6	出力直流電流	I_{OA}，I_{OB}	mA	±10	—
7	最小パルス幅	P_W	ns	50_{max}	—
8	伝搬遅延時間	T_{PHL}/T_{PLH}	ns	40_{min}，60_{typ}，100_{max}	—
9	最大スイッチング周波数	—	kHz	1000	—
10	ターン・オン上昇時間	t_r	ns	15_{max}	—
11	ターン・オフ降下時間	t_f	ns	15_{max}	—
12	瞬時同相除去電圧	—	kV/μs	±100	—
13	耐電圧	—	V_{RMS}	3750	1分
14	入力電源電圧	V_{DD1}	V	4.5_{min}，5.5_{max}	推奨値
15	出力電源電圧	V_{DDA}，V_{DDB}	V	12.5_{min}，17_{max}	推奨値
16	瞬時同相除去電圧	—	kV/μs	±50	推奨値

　表5の仕様からADuM6132の使いかたを見ていきます．このICの入力用電源の推奨値は4.5〜5.5Vとなっており，5Vのマイコンに直接接続することができます．また，出力側の電源の推奨値は12.5〜17Vとなっており，R5009FNXを15Vの電圧で駆動することができます．
　ただし，ADuM1234と同様に出力電流が0.2Aと小さいので，MOSFETの高速性を引き出すためには，MOSFETのゲート駆動能力を強化する必要があり，PNPとNPNのバイポーラ・トランジスタを使用したコンプリメンタリ回路を出力段に追加することにします．
　以上の内容に対応したアーム回路を**図22**に示します．図のように，ハイ・サイド・トランジスタの駆動回路

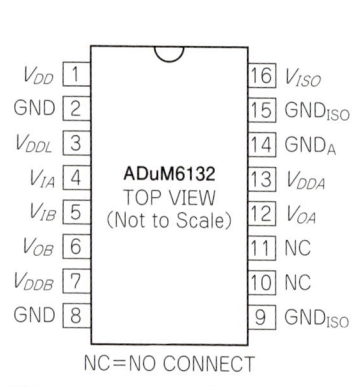

図20 ADuM6132のピン配置

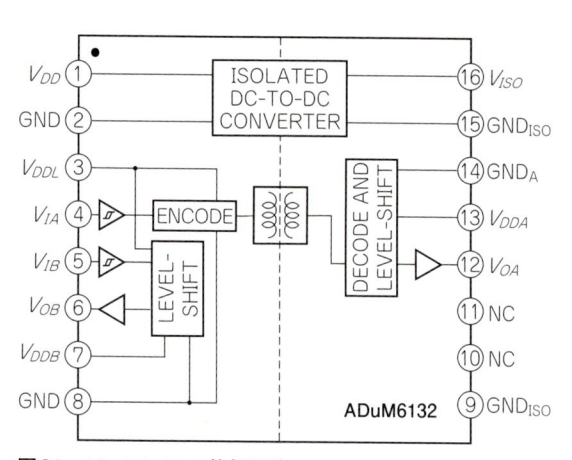

図21 ADuM6132の等価回路

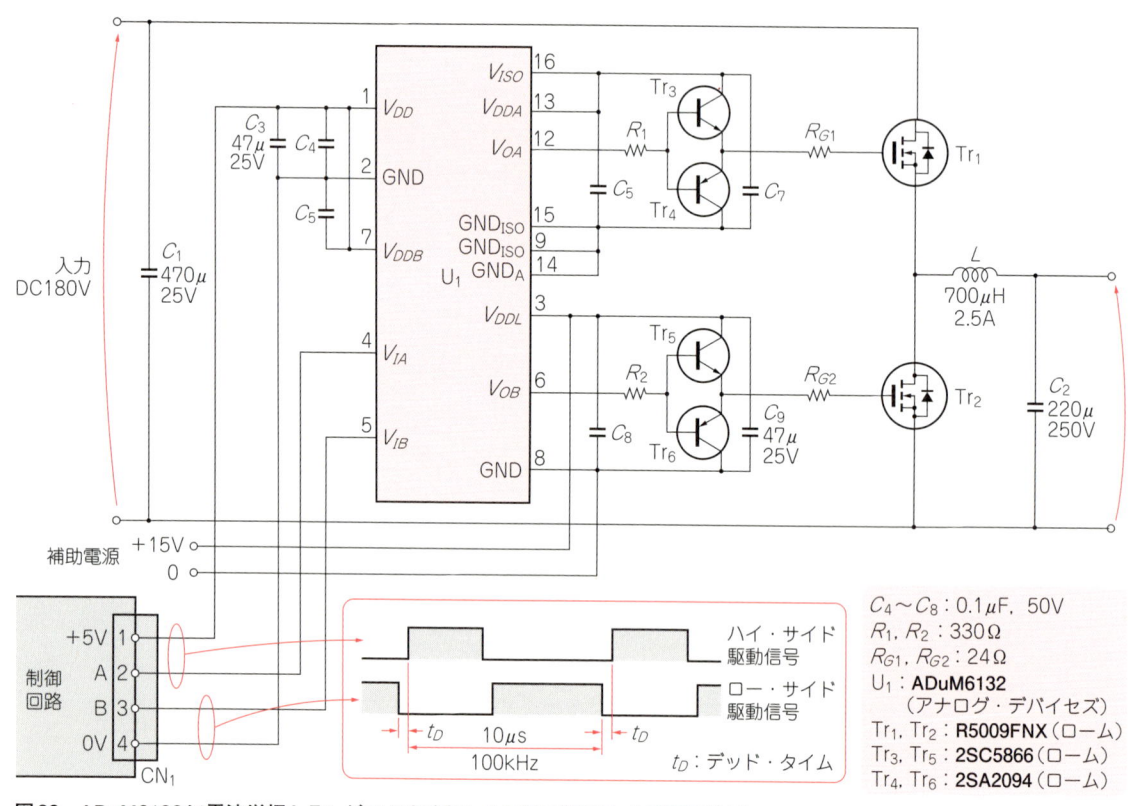

図22 ADuM6132に電流増幅トランジスタを追加した回路で駆動した電源回路例

$C_4 \sim C_8$：0.1μF，50V
R_1, R_2：330Ω
R_{G1}, R_{G2}：24Ω
U_1：ADuM6132（アナログ・デバイセズ）
Tr_1, Tr_2：R5009FNX（ローム）
Tr_3, Tr_5：2SC5866（ローム）
Tr_4, Tr_6：2SA2094（ローム）

には，外部から電源を供給する必要はありません．ゲート抵抗は他の駆動回路と同じ24Ωとして特性比較できるようにしてあります．この回路を適用して駆動したときのスイッチング波形を図23，図24に示します．

図23でADuM6132の入力と出力での伝搬遅延時間を見ていきます．ADuM6132にON信号を入力してから出力するまでの伝搬遅延時間は50 ns，OFF信号を入力してから出力するまでの伝搬遅延時間も50 nsとなっています．また，ON信号を入力してからゲート電圧が立ち上がり始めるまでに80 nsかかっており，トランジスタの電流増幅回路で30 ns遅れが出ています．同様にOFF信号を入力してからゲート電圧が立ち下がるまでに80 nsかかっており，トランジスタの電流増幅回路で30 nsの遅延となっています．

図24に示すトランジスタのスイッチング時間も含めたスイッチング特性では，ADuM6132がON信号を出力してからトランジスタが完全にONするまでに105 nsかかっています．この時間のうち，トランジス

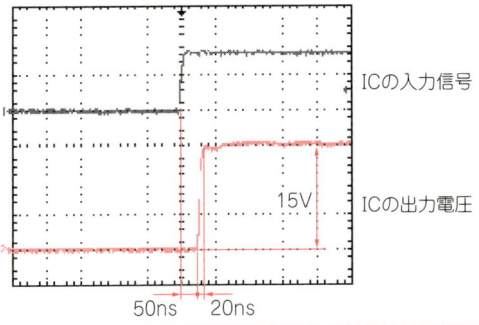

(a) トランジスタON時の駆動信号入力と駆動信号出力波形
ICの入力と出力の最近遅延時間は50ns．ICの立ち上がり時間は20ns．ICの立ち上がりは良好

(b) トランジスタON時の駆動信号入力と駆動出力波形 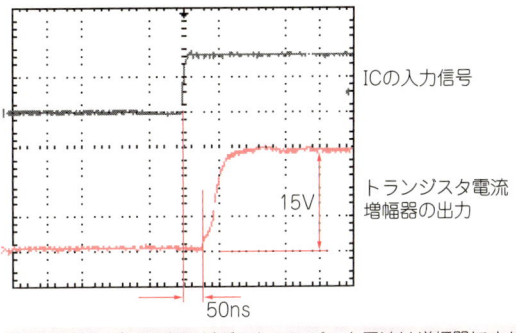
ICの立ち上がりは良好だが，トランジスタ電流は増幅器により遅延が発生している

(c) トランジスタON時の駆動信号入力とゲート電圧波形 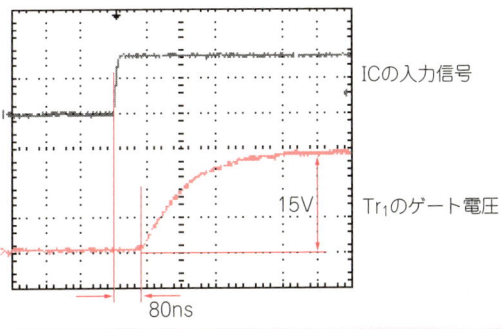
トランジスタ電流増幅器の立ち上がりが遅いためゲート電圧も遅延している

(d) トランジスタOFF時の駆動信号入力と駆動信号出力波形 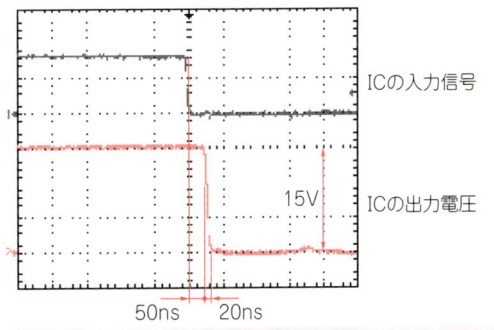
ICの入力と出力の遅延時間は50ns．ICの立ち上がり時間は20ns．ICの立ち上がりは良好

(e) トランジスタOFF時の駆動信号入力と駆動出力波形 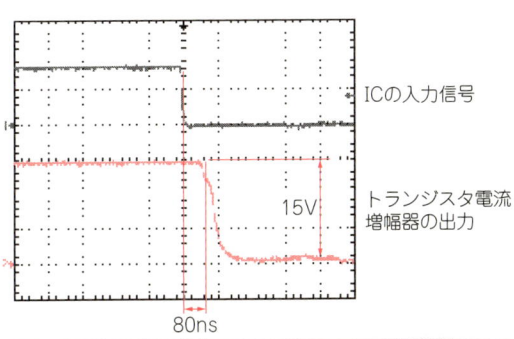
ICの立ち下がりは良好だが，トランジスタ電流は増幅器により遅延が発生している

(f) トランジスタOFF時の駆動入力信号とゲート電圧波形 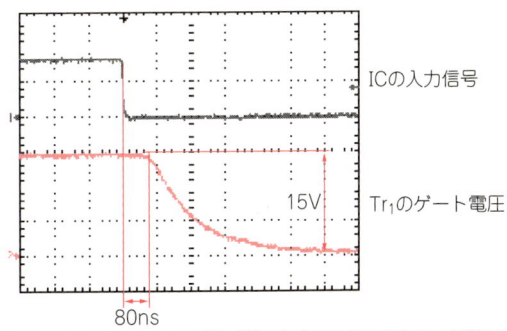
トランジスタ電流増幅器の立ち下がりが遅いためゲート電圧も遅延している

図23 駆動入力信号，駆動信号，ゲート電圧，ゲート電流各波形の関係(ch1：2 V/div，ch2：5 V/div，100 ns/div)

タの増幅回路で30 nsの時間がかかっていることになります．同様に，OFF信号を出力してからトランジスタが完全にOFFになるまでに290 nsかかっています．

したがって，駆動ICがON信号を入力してからトランジスタが完全にONになるまでに50 + 105 = 155 ns，駆動ICがOFF信号を入力してからトランジスタが完全にOFFするまでに50 + 290 = 340 nsかかっていることになります．

まとめ

この章では，東芝製のフォト・カプラTLP250，ルネサス・エレクトロニクス製のフォト・カプラPS9505，インターナショナル・レクティファイアー製の駆動IC IRS2113，アナログ・デバイセズ製のADuM1234，ADuM6132の動作特性を見てきました．今までの測定データを整理すると表6となります．

この表から，実測したデータにより駆動回路での信号の伝搬遅延時間を求めることができました．この値

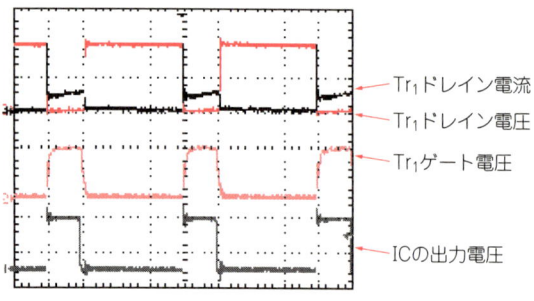

(a) トランジスタのスイッチング波形(2.5μs/div)

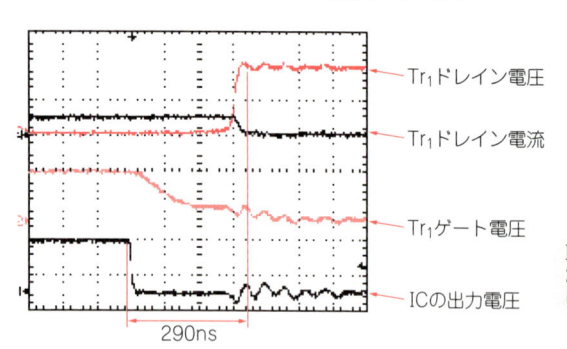

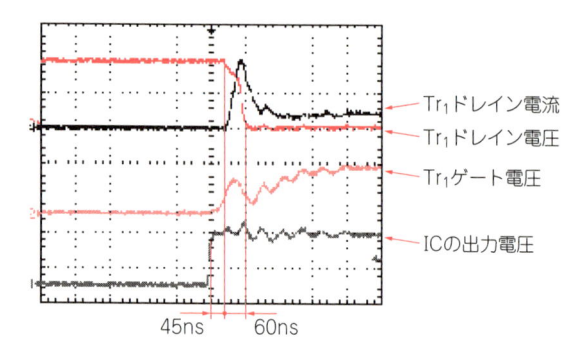

(b) トランジスタON時の駆動出力とゲート電圧とスイッチング電圧/電流波形

(c) トランジスタOFF時の駆動出力とゲート電圧とスイッチング電圧/電流波形

図24 駆動信号，ゲート電圧，スイッチング電圧の関係 (ch1：100 V/div, ch2：10 V/div, ch3：10 V/div, ch4：5 A/div, 100 ns/div)

表6 トランジスタの駆動特性の測定結果の比較

測定項目	TLP250	PS9505	IRS2113	ADuM1234	ADuM6132
駆動IC（フォト・カプラ）の立ち上がり伝搬遅延時間 [ns]	180	70	160	100	50
駆動IC（フォト・カプラ）の立ち下がり伝搬遅延時間 [ns]	70	80	130	100	50
ゲートまでの立ち上がり遅延時間 [ns]	180	70	160	140	80
ゲートまでの立ち下がり遅延時間 [ns]	70	80	130	140	80
駆動入力信号からトランジスタが完全にONするまでの時間 [ns]	300	150	240	210	105
駆動信号入力からトランジスタが完全にOFFするまでの時間 [ns]	350	240	370	430	340

は最大値ではありませんので，このままの値を適用すると，ばらつきにより問題を起こす可能性もありますので注意が必要ですが，ある程度の実力値を示しています．

実際にはトランジスタの駆動回路に信号が印加されてからトランジスタがONまたはOFFするまでの時間が重要になりますが，このトータル時間はトランジスタのゲート抵抗で変わります．この章でのゲート抵抗は24Ωを適用していますので，ゲート抵抗値が変わると遅延時間も変わると考える必要があります．なお，スイッチング特性を改善できるゲート抵抗の設定方法については次章で解説します．

また，アナログ・デバイセズ製のADuM1234とADuM6132については，ICの出力にバイポーラ・トランジスタを使用した電流増幅回路を接続しています．この電流増幅回路に使用するトランジスタの特性によって，駆動信号の遅延時間や立ち上がり/立ち下がり特性も変わってきます．

◆参考文献◆
(1) フォト・カプラTLP250データシート，東芝．
(2) フォト・カプラPS9505データシート，ルネサス・エレクトロニクス．
(3) IRS2113データシート，インターナショナル・レクティファイアー．
(4) ADuM1234データシート，アナログ・デバイセズ．
(5) ADuM6132データシート，アナログ・デバイセズ．

第6章

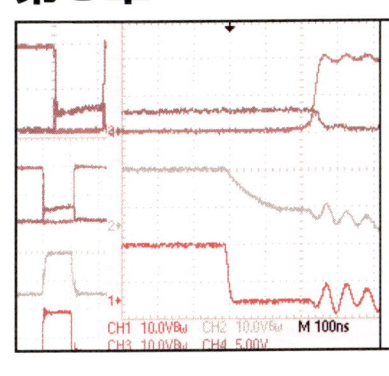

スナバ回路の実装とデッド・タイムの最適化

定数を最適化してスイッチング波形を整える

田本 貞治
Tamoto Sadaharu

特集 高速&高耐圧！パワーMOSFETの活用法

　前章で，スイッチング・トランジスタを高周波で駆動できる回路を紹介しました．そこでは，駆動回路自身がもっている遅延時間や駆動能力などを見てきました．その際，ゲート抵抗は固定値にしてスイッチング特性を検討しました．そのため，スイッチング波形にはサージ電圧と振動電圧が現れてきていますが，特に影響については検討しませんでした．また，ダイオードのリバース・リカバリ電流(逆回復電流)によるサージ電流も大きくなっています．

　スイッチング波形が振動すると，振動電圧はノイズとなって伝搬し，外部にノイズを放出して不要輻射による障害を引き起こすことが考えられます．また，ノイズが制御回路に混入すると，制御の安定性を阻害することにもなりかねません．さらに，スイッチング・トランジスタのサージ電圧やサージ電流でスイッチング損失も増えてしまいます．

　そこで，この章では，まずゲート回路の定数を見直して，トランジスタのスイッチング特性を最適化します．次に，スイッチング・ノイズの低減や効率の改善のために，スナバ回路を実装して，振動の少ないきれいなスイッチング波形にしていきます．最後に，デッド・タイムを最適化します．

ゲート回路定数を整える

　第2章で，トランジスタのターン・オン時とターン・オフ時に損失が発生することを説明しました．

　それでは，ゲート抵抗がどのようになると損失が増え，また損失が減るのでしょうか．ターン・オン時とターン・オフ時に分けて考察していきます．

　また，ゲート抵抗による遅延時間についても検討を加えます．

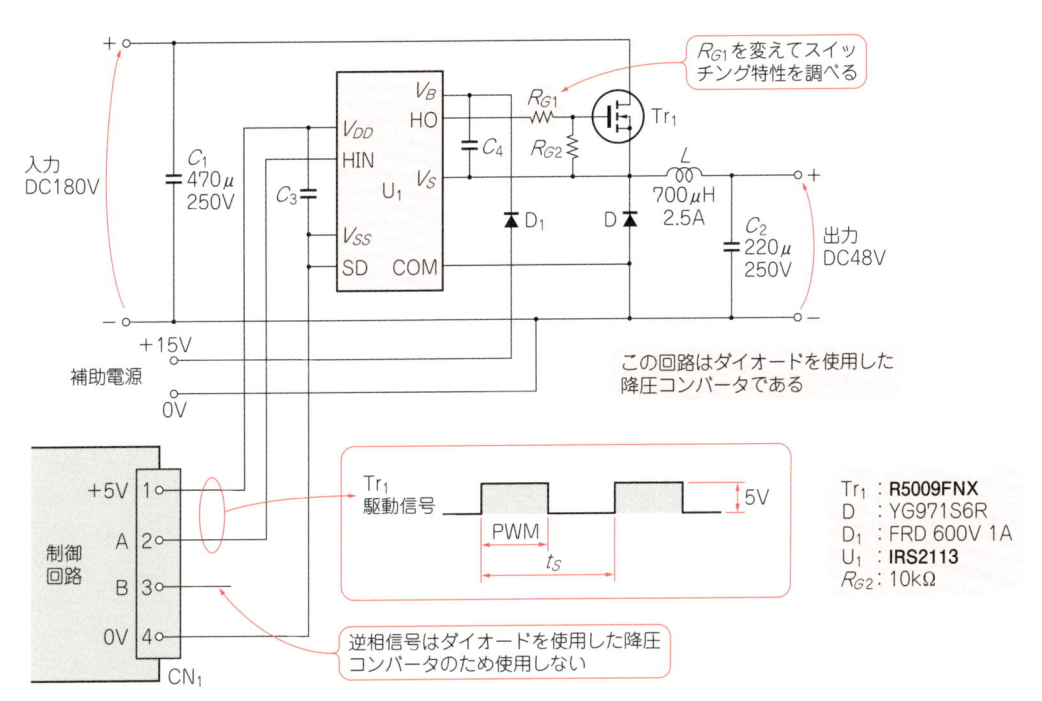

図1 実験用電源回路とゲート回路

Tr₁ : R5009FNX
D : YG971S6R
D₁ : FRD 600V 1A
U₁ : IRS2113
R_{G2} : 10kΩ

ゲート回路定数を整える　61

● **実験用の電源回路とゲート回路を決める**

ここでは，ゲート駆動用のICとしてIRS2113(インターナショナル・レクティファイアー)を使用します．このICはゲートの駆動能力が高く，ゲート抵抗を広範囲に変更できます．また，ターン・オン時とターン・オフ時の遅延時間の差が少なくなっており，スイッチング特性を検討するためには好都合です．

ここでは，図1に示す回路のように，ゲート抵抗R_Gをトランジスタのゲートに直列に入れます．また，ロー・サイド側はスイッチング特性の影響が少なくなるように，ダイオードを使用した降圧コンバータとします．

● **ターン・オン時のゲート抵抗値を段階的に変えてスイッチング特性を確認する**

まず初めに，ゲート抵抗を470Ω，220Ω，100Ω，47Ω，22Ω，10Ω，4.7Ωと段階的に変えたときのトランジスタのターン・オン時のスイッチング波形が，どのように変化するかを実験で確かめます．

この実験結果を図2に示します．

以上の実験結果から，ゲート抵抗を470Ωから小さくすると，電圧の立ち下がり時間が速くなり，ゲート駆動信号が出てからトランジスタがONを開始するまでの遅延時間も少なくなります．しかし，ダイオードのリカバリ電流は逆に大きくなります．

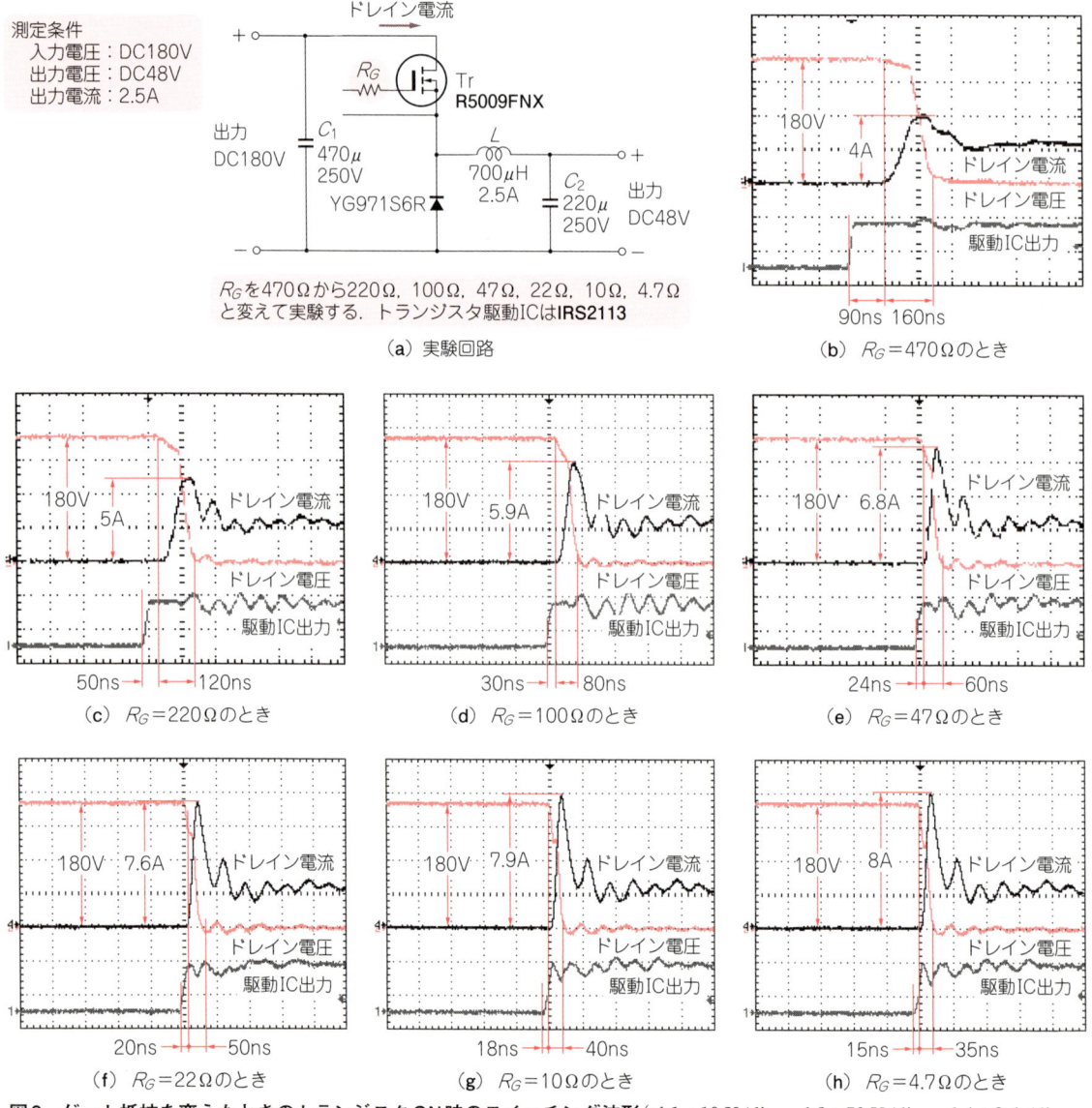

図2 ゲート抵抗を変えたときのトランジスタON時のスイッチング波形(ch1：10 V/div，ch2：50 V/div，ch4：2 A/div，100 ns/div)

波形データでは関係がわかりにくいので，実験結果を整理して，図3(a)にゲート抵抗とトランジスタのターン・オン時間の関係を，図3(b)にゲート抵抗と駆動パルスを出力してからトランジスタがONを開始するまでの遅延時間の関係を示します．また，図3(c)にゲート抵抗とダイオードのリバース・リカバリ電流の大きさの関係を，図3(d)にゲート抵抗とターン・オン時のスイッチング損失の計算結果を示します．

図2のスイッチング波形を見ると，ダイオードのリバース・リカバリ電流が流れている間では，リバース・リカバリ電流のピーク点のときにトランジスタは中間的な電圧まで降下し，リカバリ電流がピーク点を過ぎて減少してくるとトランジスタは完全にONしています．そこでここでは，トランジスタの損失計算を図4のように，3段階にトランジスタのドレイン電圧とドレイン電流を近似して行います．

図3(d)を見ると，ゲート抵抗が100Ω以下では，抵抗値が変わってもあまり大きな電力損失の変化はありません．すなわち，ゲート抵抗を小さくするとスイッチング・スピードは速くなりますが，ダイオードのリバース・リカバリ電流が大きくなるので，損失としては変化が少ないということになります．しかし，ゲート抵抗が100Ω以上になると，スイッチング時間が大きくなり損失も増えています．

リバース・リカバリ電流は，電源ライン間を短絡し，トランジスタにストレスを与えるので，好ましい電流とはいえません．そこで，損失の変化が少ない領域で，ゲート抵抗をできるかぎり大きくして，ダイオードのリバース・リカバリ電流を下げます．

また，ゲート抵抗を小さくするとトランジスタがONしたあとに振動現象が現れています．この振動現象はノイズとなって外部に伝搬することが考えられますので，極力振動現象は出ないように，ゲート抵抗を大き目に設定します．ここでは，図2(e)の47Ωにすることにします．

● ターン・オフ時の抵抗を段階的に変えてスイッチング特性を確認する

トランジスタのターン・オン時と同様に，ターン・オフ時についても，ゲート抵抗を470Ω，220Ω，100Ω，47Ω，22Ω，10Ω，4.7Ωと段階的に変えたとき，トランジスタのスイッチング波形がどのように変化するか実験で確かめます．

図5に，その実験結果を示します．これらの実験結果から，トランジスタのターン・オン時とは少し違った関係が見えてきます．

トランジスタのターン・オフ時は，ターン・オン時のようなダイオードのリバース・リカバリ電流は流れ

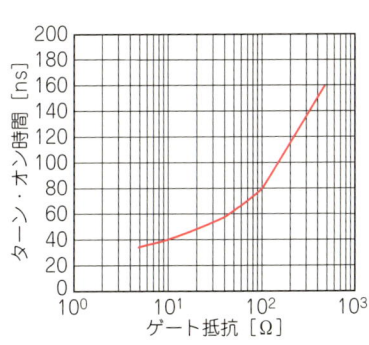

(a) ゲート抵抗とドレイン電圧のターン・オン時間の関係

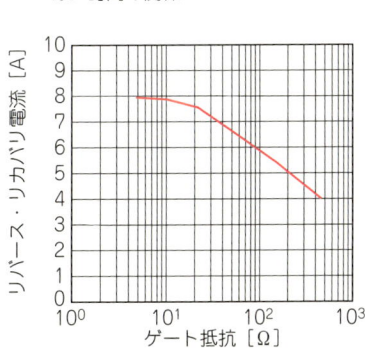

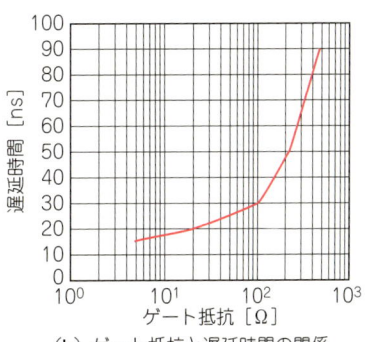

(b) ゲート抵抗と遅延時間の関係

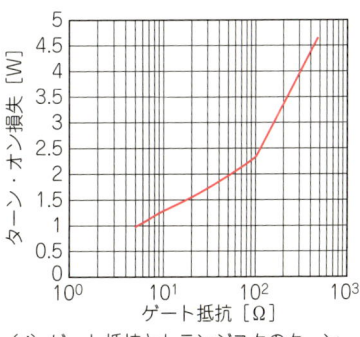

(c) ゲート抵抗とダイオードのリバース・リカバリ電流の関係

(d) ゲート抵抗とトランジスタのターン・オン損失の関係

図3 ゲート抵抗の変化によるターン・オン時の影響

スイッチング波形を
① ドレイン電圧の折れ点まで(t_1)
② ドレイン電圧の折れ点から
　 ドレイン電流のピークまで(t_2)
③ ドレイン電流のピークから
　 ドレイン電圧が0Vになるまで(t_3)
と3分割してそれぞれ損失を求める

電流波形
電圧波形

トランジスタのターン・オン損失は3分割した電力の合計

(a) 全体

電流式
$$i_1(t) = \frac{I_2 - I_1}{t_1} t + I_1$$

電圧式
$$v_1(t) = \frac{V_2 - V_1}{t_1} t + V_1$$

$$P_1 = \int_0^{t_1} \frac{i_1(t) v_1(t)}{T_S} dt$$
$$= \frac{t_1}{T_S} \left(\frac{1}{3} I_2 V_2 + \frac{1}{2} I_2 V_1 + \frac{1}{2} I_1 V_2 + \frac{1}{3} I_1 V_1 \right)$$

T_S：スイッチング周期

(b) t_1区間

電流式
$$i_2(t) = \frac{I_3 - I_2}{t_2} t + I_2$$

電圧式
$$v_2(t) = \frac{V_3 - V_2}{t_2} + V_2$$

$$P_2 = \int_0^{t_2} \frac{i_2(t) v_3(t)}{T_S} dt$$
$$= \frac{t_2}{T_S} \left(\frac{1}{3} I_3 V_3 + \frac{1}{2} I_3 V_2 + \frac{1}{2} I_2 V_3 + \frac{1}{3} I_2 V_2 \right)$$

(c) t_2区間

電流式
$$i_3(t) = \frac{I_4 - I_3}{t_3} + I_3$$

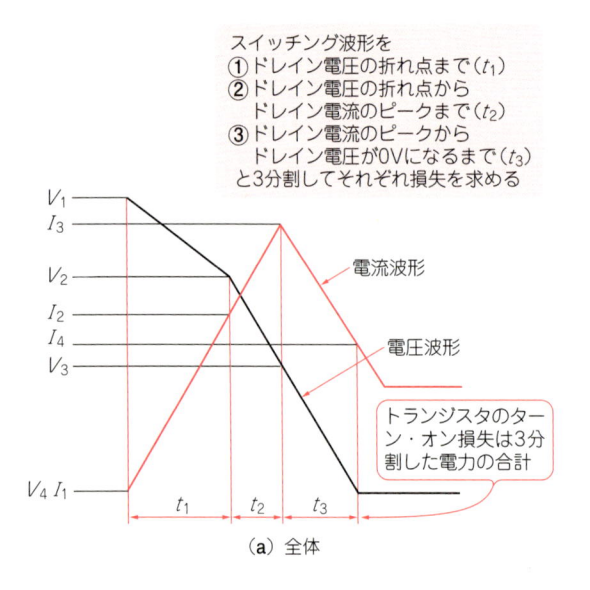

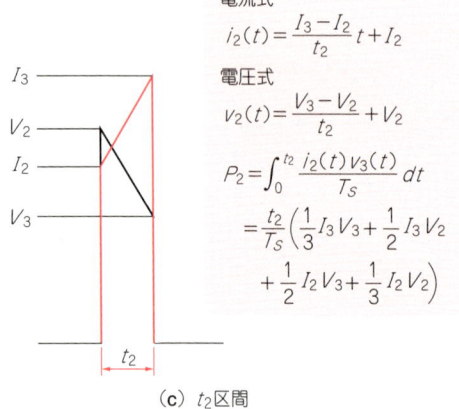

電圧式
$$v_3(t) = \frac{V_4 - V_3}{t_3} + V_3$$

$$P_3 = \int_0^{t_3} \frac{i_3(t) v_3(t)}{T_S} dt$$
$$= \frac{t_3}{T_S} \left(\frac{1}{3} I_4 V_4 + \frac{1}{2} I_4 V_3 + \frac{1}{2} I_3 V_4 + \frac{1}{3} I_3 V_3 \right)$$

(d) t_3区間

図4　トランジスタのターン・オン損失を計算するモデル

ないので，ゲート抵抗を小さくするとターン・オフ時間が短くなり，電力損も小さくなっていることがわかります．

　実験データから，ドレイン電圧とドレイン電流ともに直線的に変化しているので，ゲート抵抗でスイッチング損失が決まることになります．さらに，駆動電圧をOFFしてからトランジスタがOFFを開始するまでの遅延時間はゲート抵抗に大きく依存しています．

　同一抵抗値でターン・オンとターン・オフの遅延時間を比較すると，**図2**のトランジスタがONするときよりも，**図5**のトランジスタがOFFするときのほうが遅延時間は大きくなっています．これは，第4章で説明した，トランジスタのドレイン-ソース間の電圧変化によるミラー容量の変化が影響しています．トランジスタがONすると急激にミラー容量が増加するため，ゲート容量が増加してトランジスタのOFFに時間が

かかるようになります．

　図5の波形では，ゲート抵抗の値を小さくすると，スイッチング・スピードが速くなり，遅延時間も短くなり，電力損失も減ることはわかります．どのように変化しているかがわかりにくいので，**図6(a)** にゲート抵抗とターン・オフ時間の関係を，**図6(b)** に駆動電圧がOFFしてからトランジスタがOFFを開始するまでの遅延時間の関係を，**図6(c)** にゲート抵抗とターン・オフ損失の計算結果を示します．なお，トランジスタのターン・オフ損失の計算は，第2章の図13に示したスイッチング損失の計算方法のなかのターン・オフ時を適用しています．

　図6(c) のグラフのように，ゲート抵抗を小さくしていくとターン・オフ損失も小さくなっています．しかし，ゲート抵抗は小さければ小さいほど良いかというとそうではありません．**図5(g)** のように小さいゲ

(a) $R_G=470Ω$のとき(500ns/div)　(b) $R_G=220Ω$のとき(500ns/div)　(c) $R_G=100Ω$のとき

(d) $R_G=47Ω$のとき　(e) $R_G=22Ω$のとき　(f) $R_G=10Ω$のとき

(g) $R_G=4.7Ω$のとき

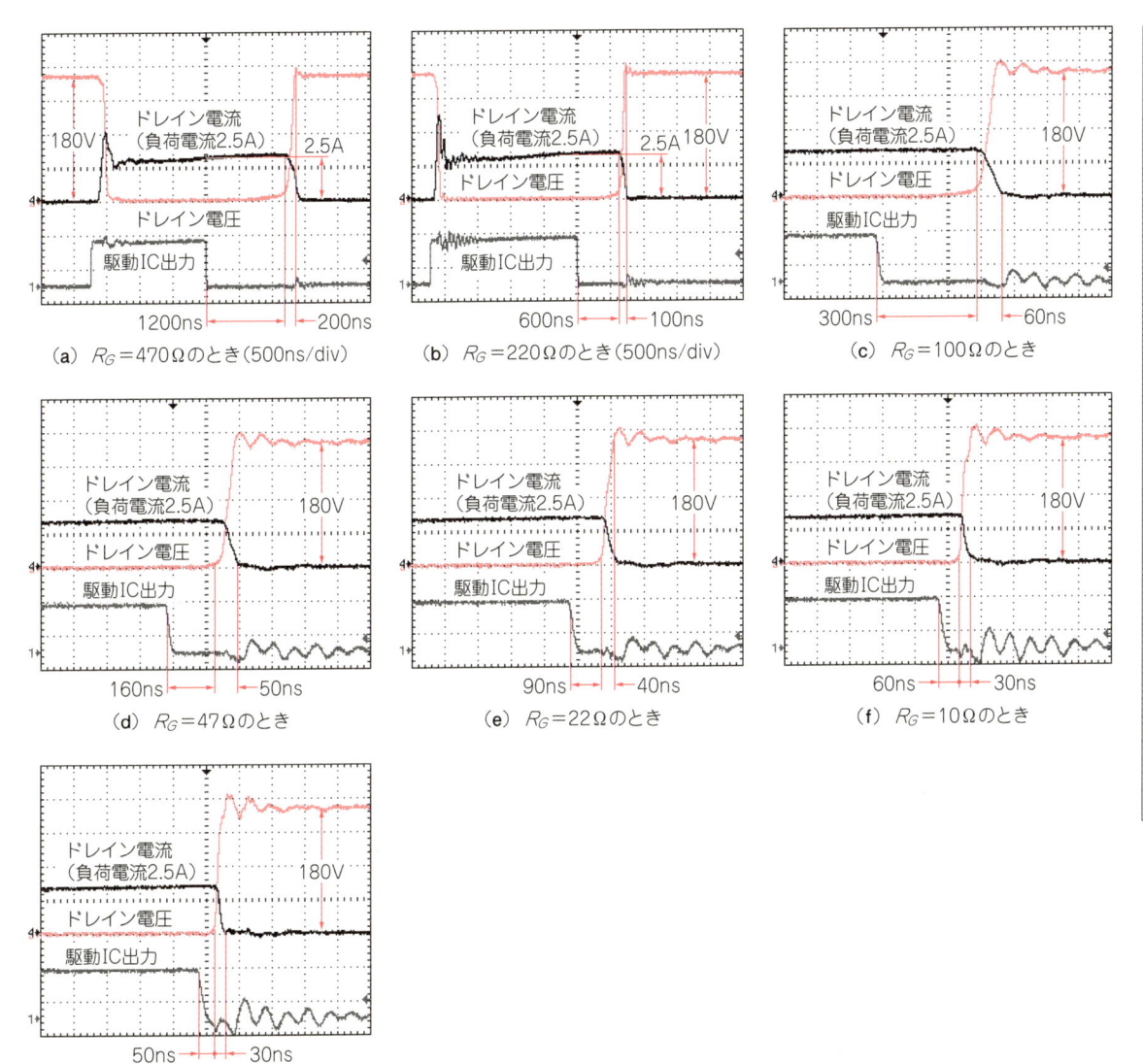

図5 ゲート抵抗を変えたときのトランジスタOFF時のスイッチング波形(ch1：10 V/div，ch2：50 V/div，ch4：2 A/div，100 ns/div)

(a) ゲート抵抗とトランジスタのターン・オフ時間の関係

(b) ゲート抵抗と遅延時間の関係

(c) ゲート抵抗とトランジスタのターン・オフ損失の関係

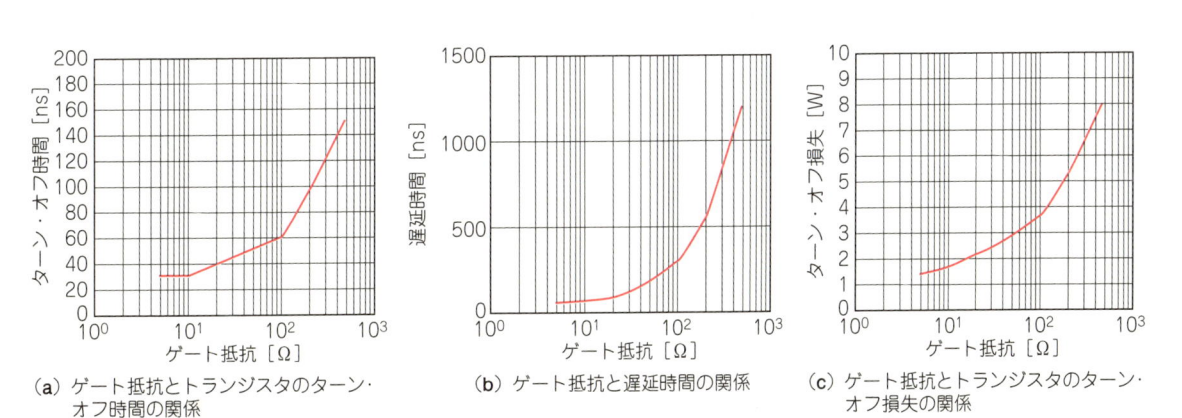

図6 ゲート抵抗の変化によるターン・オフ時の影響

ゲート回路定数を整える　65

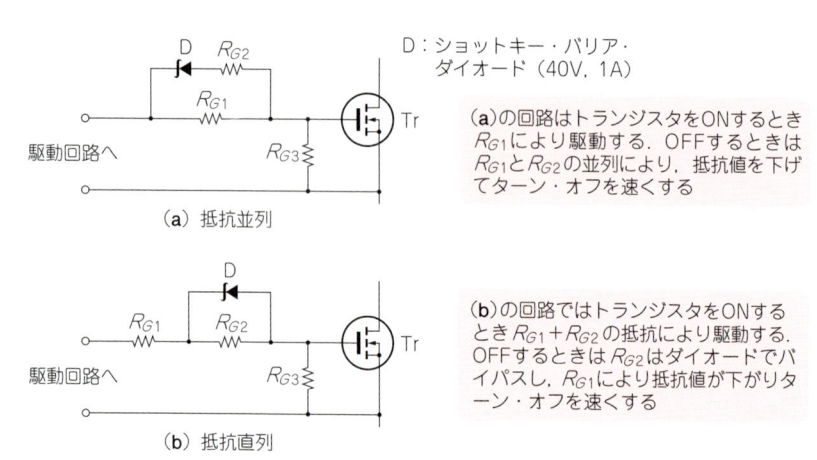

(a) の回路はトランジスタをONするときR_{G1}により駆動する。OFFするときはR_{G1}とR_{G2}の並列により、抵抗値を下げてターン・オフを速くする

(b) の回路ではトランジスタをONするとき$R_{G1}+R_{G2}$の抵抗により駆動する。OFFするときはR_{G2}はダイオードでバイパスし、R_{G1}により抵抗値が下がりターン・オフを速くする

D：ショットキー・バリア・ダイオード（40V, 1A）

図7 ターン・オン時とターン・オフ時の特性が変えられるようにしたゲート回路

ート抵抗の場合，ターン・オフが速くなりすぎて，トランジスタがOFFしたときの振動現象が大きくなっています．これは，ターン・オンのときと同様に，ノイズとなって外部に伝搬することが考えられますので好ましくありません．

そのため，極端なターン・オフ時間の短縮は避けるべきです．しかし，電力損失は少ないほうが望ましいので，この実験ではゲート抵抗を，ターン・オフ時のサージ電圧と振動現象が比較的少なく，電力損失も少ない図5(f)の10Ωにします．

● ターン・オンとターン・オフを整えたゲート回路

以上の実験のように，ターン・オンとターン・オフの特性を最適化すると，ゲート抵抗はターン・オン時とターン・オフ時では異なった値になります．そこで，ターン・オン時とターン・オフ時でゲート抵抗値が変えられる図7の回路を適用します．

スナバ回路を整える

ここでは，スナバ回路(snubber circuit)を実装してサージ電圧とノイズの抑制に取り組みます．

● スナバ回路の目的

スナバ回路の目的としては2種類あります．

その一つは，サージ電圧を抑えることです．本書の実験では500V耐圧のトランジスタをDC 180Vの直流電圧回路で使用しているので，トランジスタの耐電圧はさほど気にする必要はありません．しかし，このトランジスタを400Vの回路で使用する場合は，耐電圧の余裕が少なくなってきますので，スナバ回路を実装して，サージ電圧がトランジスタの耐圧を越えないようにします．

目的の二つめは，外部へのノイズの放出を減らすこ

とです．スイッチング・ノイズが通信回線やラジオ放送などに雑音として混入することは好ましくありません．これらはVCCI規制として対応する必要があります．外部へ放出するノイズについては，コモンモード・ノイズ・フィルタを実装してラインからノイズが外に出ないようする方法や，ケースなどを用いてシールドする方法もありますが，やはり元からノイズを減らすことが重要です．

■ サージ電圧を抑えるスナバ回路

スナバ回路は目的に応じていくつかの種類があります．まず，サージ電圧を抑えるスナバ回路について見ていきます．

● スナバ回路の種類と効果

ここでは効果的なサージ電圧抑制のスナバ回路を取り上げます．これは，図8のように，内部インピーダンスの低いフィルム・コンデンサを，ハイ・サイド・トランジスタのドレインとロー・サイド・トランジスタのソース間に接続します．

この動作は図8のように，ハイ・サイド・トランジスタがOFFしたときに発生するサージ電圧は，ロー・サイド・トランジスタの内蔵ダイオードを介してスナバ・コンデンサに電流を流してサージ電圧をクランプして抑えるものです．

したがって，ハイ・サイド・トランジスタ，ロー・サイド・トランジスタ，スナバ・コンデンサの配線が短くできており，配線インピーダンスが低くなっていることが重要です．配線が長いと配線のインダクタンスによりサージ電流をスナバ・コンデンサに瞬時に流し込めなくなり，サージ電圧が増加します．

● 実験でスナバの効果を確かめる

スナバ・コンデンサの効果を実験で確かめることに

図8 スナバ・コンデンサの実装回路とサージ電圧の抑制原理

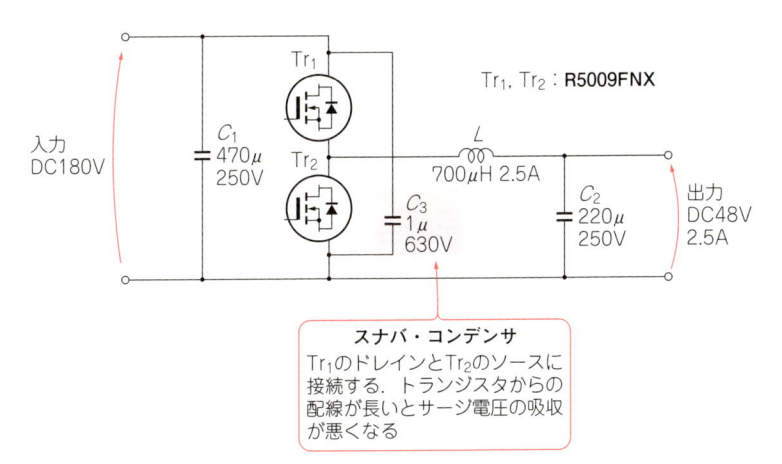

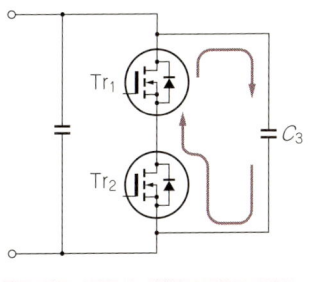

スナバ・コンデンサ
Tr_1のドレインとTr_2のソースに接続する．トランジスタからの配線が長いとサージ電圧の吸収が悪くなる

Tr_1がOFFするとサージ電流は上図の→のようにTr_1→C_3→Tr_2の内蔵ダイオード→Tr_1の順に流れ，サージ電圧をクランプする．したがって，電流が流れるルートのインピーダンスが低いことが重要となる

入力端に電解コンデンサがあるのでサージ電圧はある程度抑えられている

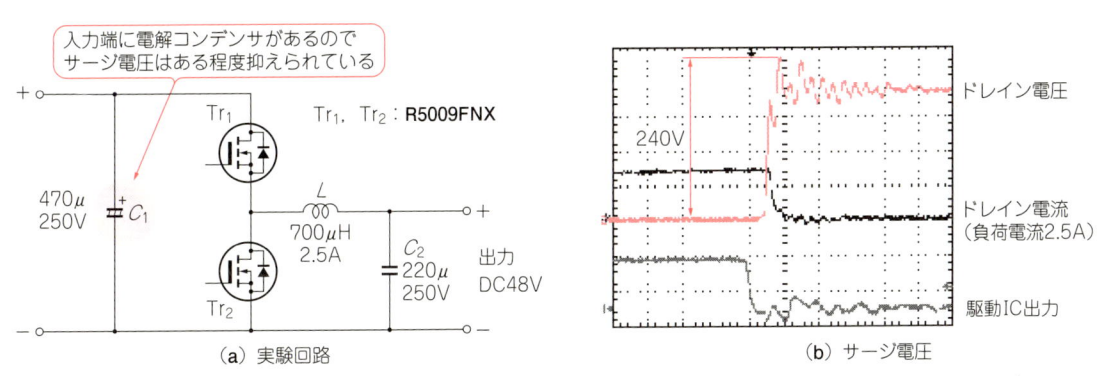

(a) 実験回路

(b) サージ電圧

図9 スナバ・コンデンサなしのときのサージ電圧（ch1：10 V/div，ch2：50 V/div，ch4：2 A/div，100 ns/div）

します．ハイ・サイド・トランジスタのドレインとロー・サイド・トランジスタのソース間に，内部インピーダンスの低いフィルム・コンデンサを接続します．この場合，コンデンサの配線が長いとスナバ効果が悪くなります．

そこで，ハイ・サイド・トランジスタのドレインと，ロー・サイド・トランジスタのソースと，スナバ・コンデンサまでの配線の長さを変えてスナバの効果を確認します．

図9にスナバ・コンデンサなしのときのサージ電圧波形を示します．図10（b）に30 cmの長さのリード線付きでコンデンサを実装，図10（c）に15 cmの長さのリード線付きでコンデンサを実装，図10（d）に最短距離の3 cmでスナバ・コンデンサを実装したときの各サージ電圧波形を示します．

なお，スナバ・コンデンサは，630 V，1 μFのECWF6104JL（パナソニック）という高周波で大電流が流せるフィルム・コンデンサを使用しています．

以上の実験結果から，図9のスナバ・コンデンサなしでは240 Vまでサージ電圧が出ていますが，図10（d）の最短でスナバ・コンデンサを実装したときでは

サージ電圧は210 Vに抑えられています．

なお，この実験回路では電解コンデンサC_1も実装されており，電解コンデンサでもサージ電圧が吸収されるため，フィルム・コンデンサなしでもサージ電圧はある程度抑えられています．電界コンデンサは，構造的にトランジスタの直近に実装できない場合もあります．そのようなときは，フィルム・コンデンサをトランジスタの直近に実装することによってサージ電圧を抑えることができます．

■ スイッチング・ノイズを減らすスナバ回路

スイッチング・ノイズを減らせるスナバ回路について見ていきます．

● スイッチング・ノイズを減らすためにはCRスナバを実装する

トランジスタのゲート抵抗を小さくしてスイッチング・スピードを上げていくと，トランジスタがターン・オン/オフしたときに振動現象が発生してきます．これはノイズとして伝搬し，外部機器に悪影響を与える恐れがあります．

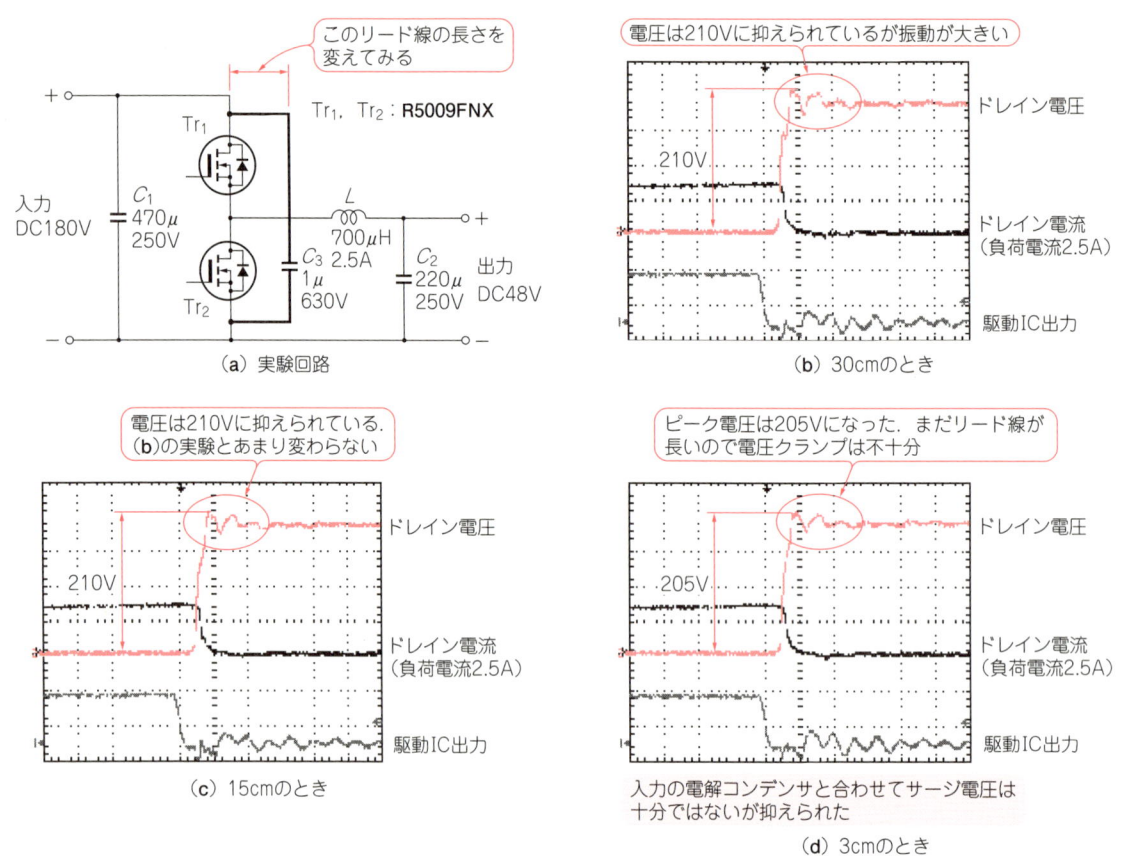

図10 リード線の長さを変えたスナバ・コンデンサを実装したときのサージ電圧(ch1:10 V/div, ch2:50 V/div, ch4:2 A/div, 100 ns/div)

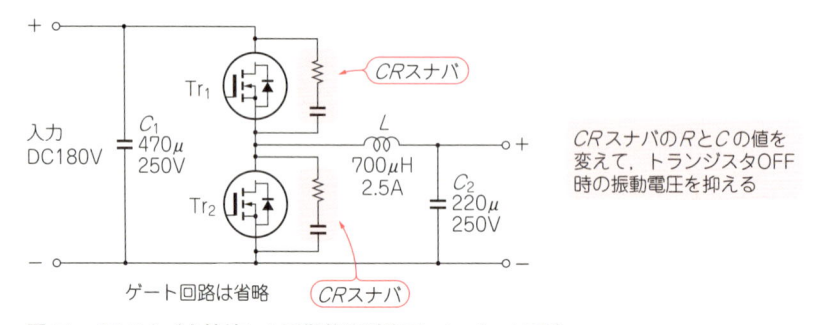

図11 CRスナバを接続した同期整流型降圧コンバータ回路

　この振動現象を減らすために，**図11**に示す回路のような，トランジスタのドレイン-ソース間に抵抗とコンデンサを直列接続したCRスナバを実装する方法が知られています．

● CRスナバの効果を実験で確かめる
　CRスナバの抵抗とコンデンサを段階的に変えたとき，ターン・オフ時の振動現象がどのように変化するかを実験で確かめることにします．抵抗とコンデンサの組み合わせは無数にあるので，抵抗値を固定してコンデンサの値を変化させた場合と，コンデンサの値を固定して抵抗値を変えた場合について，高周波振動の抑制効果を確認します．
　まず，CRスナバなしのサージ電圧波形を**図12**に示します．
　抵抗値を47Ω(2 W)に固定して，コンデンサを100 pF，220 pF，470 pF，1000 pFと変えたときのトランジスタの電圧波形の振動現象を**図13**に示します．次に，

(a) 実験回路

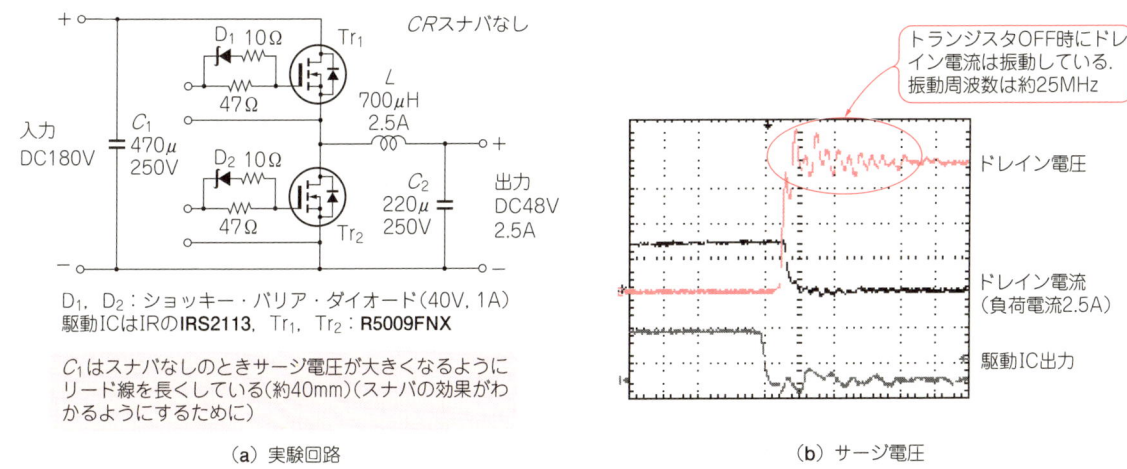

D_1, D_2：ショットキー・バリア・ダイオード (40V, 1A)
駆動ICはIRの**IRS2113**，Tr_1, Tr_2：**R5009FNX**

C_1はスナバなしのときサージ電圧が大きくなるようにリード線を長くしている（約40mm）（スナバの効果がわかるようにするために）

(b) サージ電圧

図12 CRスナバなしのときのサージ電圧 (ch1：10 V/div, ch2：50 V/div, ch4：2 A/div, 100 ns/div)

(a) 実験回路

スナバ以外は**図12(a)**の回路と同じ

(b) スナバ定数：47Ω＋100pF

(c) スナバ定数：47Ω＋220pF

(d) スナバ定数：47Ω＋470pF

(e) スナバ定数：47Ω＋1000pF

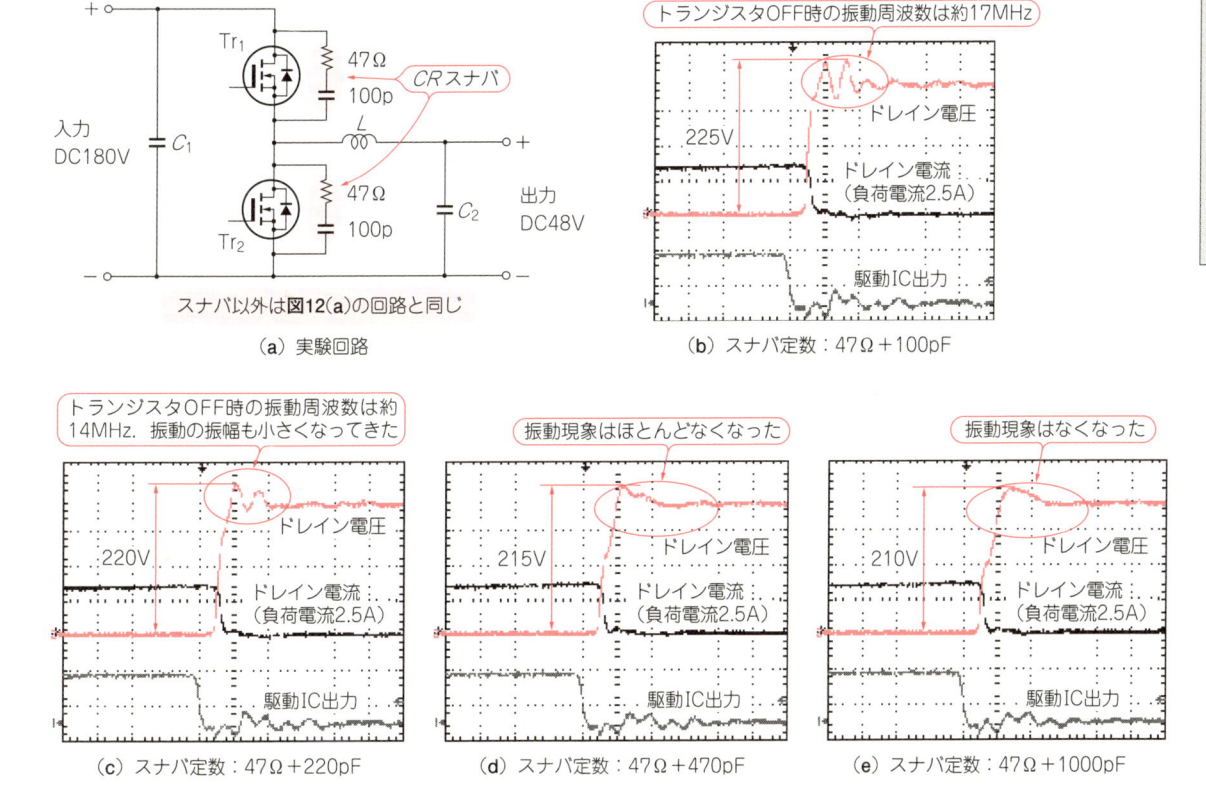

図13 CRスナバの抵抗値を固定してコンデンサを変えたときのサージ電圧 (ch1：10 V/div, ch2：50 V/div, ch4：2 A/div, 100 ns/div)

コンデンサを470 pFに固定して抵抗値を10Ω, 22Ω, 33Ω, 47Ω, 68Ωに変えたときのトランジスタの電圧波形の振動現象を**図14**に示します．

これらの実験結果から，コンデンサの容量を大きくしていくと振動現象は収まってきます．しかし，コンデンサを大きくしすぎるとスナバの損失が増えてしまい，変換効率を悪化させます．また，抵抗値が小さくなると振動波形の抑制効果が悪くなっています．

この実験では，振動現象がおおむね抑えられるコンデンサと抵抗の値として，**図13(d)**の470 pFと，**図14(d)**の47Ωにすることにします．

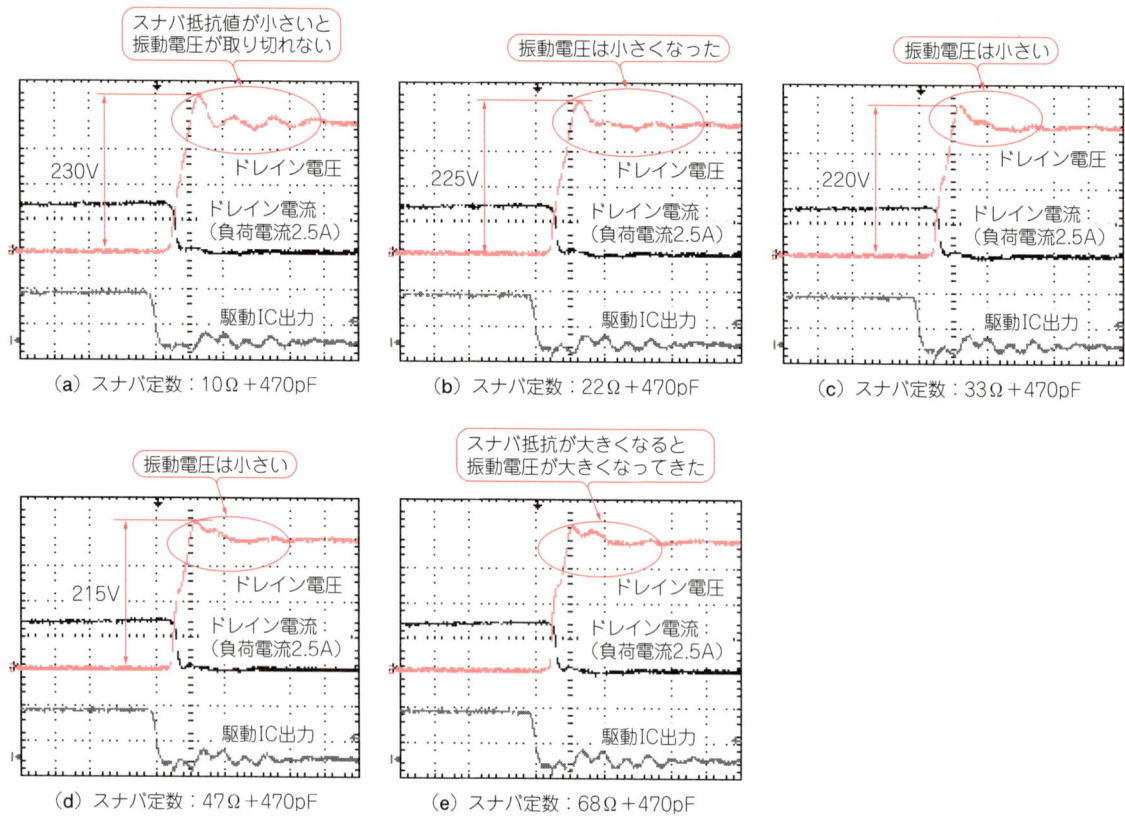

図14 CRスナバのコンデンサ値を固定して抵抗を変えたときのサージ電圧(ch1：10 V/div，ch2：50 V/div，ch4：2 A/div，100 ns/div)

デッド・タイムを整える

トランジスタの特性にマッチしたデッド・タイムの挿入法を検討し，スイッチング波形を整えます．ここでは，CRスナバ回路を接続するとスナバ電流がトランジスタに流れて貫通電流との判断が難しくなるためCRスナバは外し，プラス-マイナス・ライン間に630 V，1 µFのコンデンサのみを実装してサージ電圧を抑え，同期整流型降圧コンバータにしてデッド・タイムを検討します．以上の項目を適用した実験回路を**図15**に示します．

● デッド・タイムに影響する特性

第3章で，アーム回路のトランジスタを交互にON/OFFさせる相補モードで動作させるときは，一般的にトランジスタのターン・オンの遅延時間よりターン・オフの遅延時間のほうが大きいので，デッド・タイムを設けて，ハイ・サイド・トランジスタとロー・サイド・トランジスタが同時にONにならないようにする必要があることを説明しました．

さらに，この章では最適なスイッチング特性になるようにゲート抵抗を調整しました．このゲート抵抗によっても，ターン・オンとターン・オフ時の遅延時間が変わってきます．

また，トランジスタの駆動回路は固有の遅延時間をもっています．すなわち，ゲートの駆動回路，ゲート抵抗，トランジスタのスイッチング特性によって実際のスイッチング波形は影響され，波形に合わせてデッド・タイムを調整する必要があります．

● デッド・タイムの大きさを実験とデータシートから求める

デッド・タイムは，どのような値にすればよいでしょうか．原則は，ハイ・サイドとロー・サイドのトランジスタが同時にONにならないようにすればよいことになります．必要なデッド・タイムは，トランジスタがON/OFFするときの遅れ時間の差と，ゲート回路のON/OFF時の遅れ時間の差の和になります．

そこで，これらの関係を求めるために，使用するトランジスタのスイッチング特性を**表1**に，駆動IC IRS2113の特性を**表2**に示します．

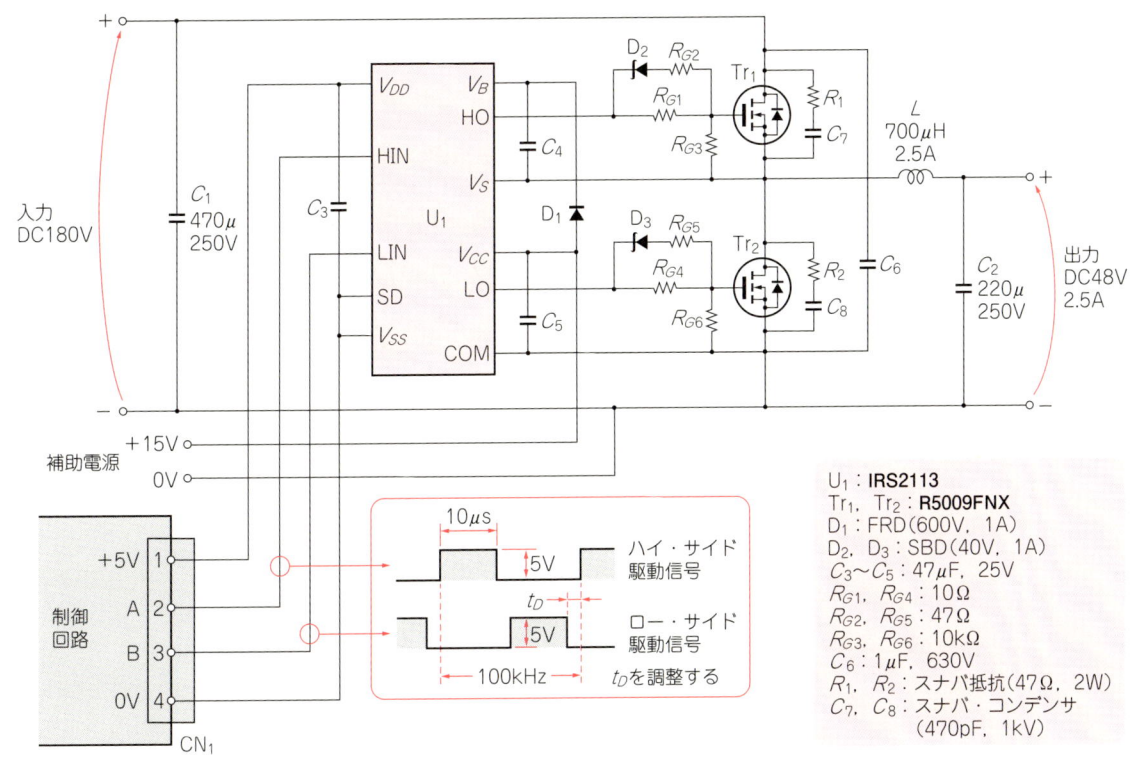

図15 ゲート抵抗とスナバ回路を最適にした電源回路

表1 R5009FNXのデッド・タイムに必要な計算データ

項　目	記号	単位	時間
ターン・オン遅延時間	$t_{D(ON)}$	ns	24
上昇時間	t_r	ns	20
ターン・オフ遅延時間	$t_{D(OFF)}$	ns	50
降下時間	t_f	ns	40
差 $[t_{D(OFF)} + t_f - t_{D(ON)} - t_r]$	t_D	ns	46

表2 IRS2113のデッド・タイムに必要な計算データ

項　目	記号	単位	時間
ターン・オン伝搬遅延時間	t_{ON}	ns	130
上昇時間	t_r	ns	25
ターン・オフ伝搬遅延時間	t_{OFF}	ns	120
降下時間	t_f	ns	17
差 $[t_{OFF} + t_f - t_{ON} - t_r]$	t_D	ns	-18

　この結果，トランジスタはターン・オフ時の遅延時間が大きく，駆動ICのIRS2113はターン・オン時の遅延時間のほうが大きいので，全体では28 nsのデッド・タイムがあればよいことになりますが，実際はどうでしょうか．

　前記のゲート抵抗とスナバ回路の関係と合わせてデッド・タイムを検討します．ここでの実験は，第3章の表2の同期整流型降圧コンバータで動作させます．また，入出力仕様は第2章の表1の降圧コンバータの仕様を適用し，定格入力／定格出力で動作させます．

　一般論ですが，降圧コンバータのように，ハイ・サイドのみが制御対象トランジスタになる場合は，デッド・タイムは必要ありません．しかし，**図16**の4石式の昇降圧コンバータや，**図17**のDC-ACインバータでは，ハイ・サイドとロー・サイドの両方のトランジスタが制御の役割を果たすため，デッド・タイム期間は制御できない期間になり，デッド・タイムが出力特性に影響を与えることも考えられます．このように，デッド・タイムは小さいに越したことはありません．

　それでは，今回使用したR5009FNXの場合について考えていきます．

　トランジスタR5009FNXの遅延時間は**表1**に示しましたが，この表の値はデータシートに記載されているようにゲート抵抗を10Ωにした場合です．この章の前半で説明していますが，ゲート抵抗はトランジスタのターン・オン時は47Ω，ターン・オフ時は10Ωと，ONとOFFで値を変えています．したがって，**表1**は適用できなくなります．

　このように，トランジスタのターン・オン／オフ特性はゲート抵抗の影響を受けるので，どのようなデッ

ド・タイム値になるかは実際にトランジスタのターン・オン/オフ特性を測定する必要があります．

そこで，実験結果から最適なデッド・タイムを探っていくことにします．図18(b)のトランジスタのターン・オン時のスイッチング波形と，図18(c)のトランジスタのターン・オフ時のスイッチング波形から遅延時間を求めると表3となります．

以上の結果，駆動ICは-18 ns，トランジスタは30 nsの遅延時間となりました．したがって，遅延時間は12 nsとなります．そこで，若干の余裕を設けて実際のデッドタイムを20 nsとしたときのスイッチング波形を図18に示します．

● デッド・タイムは他に影響を受けることはないか

トランジスタのターン・オフ時とターン・オン時の遅延時間の差の時間が，デッド・タイムとして必要なことを説明しました．それでは，これらの遅延時間が負荷電流に対してどのような依存性があるのかを見ていきます．

図19は，R5009FNXのデータシートに記載されている負荷電流に対するスイッチング時間の変化を表したものです．

図19の特性を見ると，ターン・オン時の遅延時間$t_{D(ON)}$と上昇時間t_rは，ドレイン電流に依存せずほぼ一定の値となっています．しかし，ターン・オフ時の

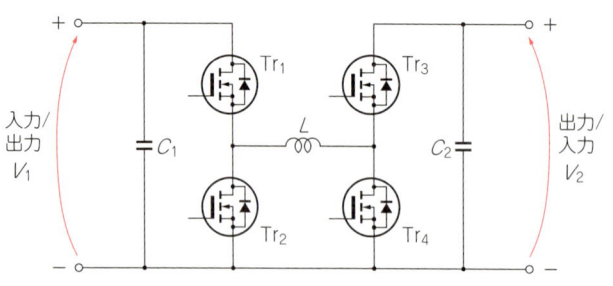

図16 4石式の昇降圧コンバータ回路

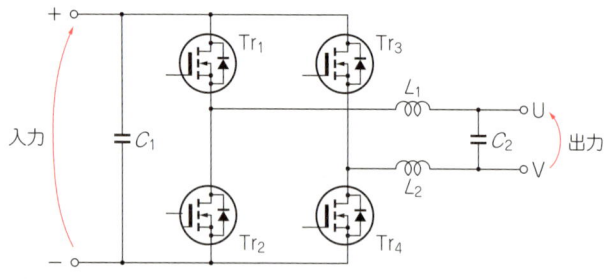

図17 DC-ACインバータ回路

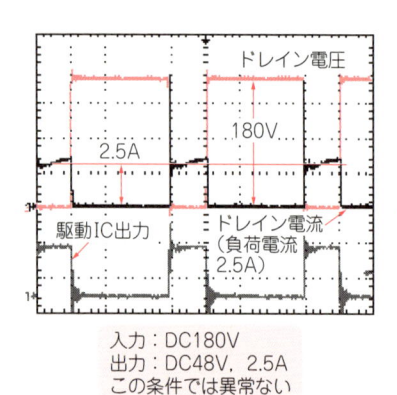

(a) 全体の波形(2.5μs/div)

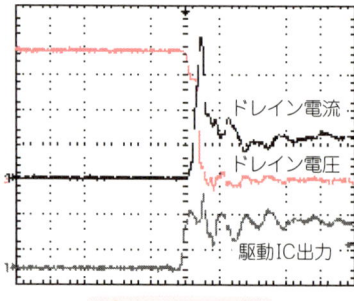

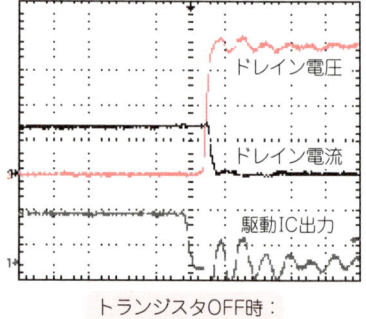

(b) (a)のトランジスタのターン・オン時を拡大したスイッチング波形(100ns/div)

(c) (a)のトランジスタのターン・オフ時を拡大したスイッチング波形(100ns/div)

図18 デッド・タイムを20 ns挿入したときのスイッチング波形(ch1：10 V/div，ch2：50 V/div，ch4：2 A/div)

遅延時間$t_{D(OFF)}$と降下時間t_fは，ドレイン電流が小さくなると値が急激に大きくなっています．

　負荷電流が小さくなるとドレイン電流も小さくなるので，定格条件でデッド・タイムを最適な値に調整すると，軽負荷時はターン・オフ時の遅延時間$t_{D(OFF)}$と降下時間t_fが大きくなり，トランジスタの同時ONが発生して貫通電流が流れてしまいます．

　定格負荷時では図18のように短絡電流は流れていませんが，このデッド・タイムのまま無負荷にすると，図20のようにトランジスタがターン・オフするときに貫通電流が流れてしまいます．

　この問題を解決するためには，ドレイン電流が最低になる値を求め，この電流のときの遅延時間から必要なデッド・タイムを設定する必要があります．ドレイン電流の最低電流値はどのような値になるでしょうか．

　第2章の表2の第13項で示したように，ドレイン電流は負荷電流にチョーク・コイルのリプル電流の1/2を加えた値になります．チョーク・コイルのリプル電流は第2章の表2の第10項により求められます．入力電圧と出力電圧とスイッチング周波数が決まると，チョーク・コイルのリプル電流は負荷電流に関係なく大きさが決まります．そして，無負荷時ではトランジスタにこのリプル電流の1/2の大きさの電流が流れます．

　したがって，負荷電流が0Aでも，トランジスタのドレイン電流にはリプル電流の1/2の大きさの電流が流れることになり，この電流がトランジスタのドレインに流れる最低電流ということになります．この電流のときのターン・オフ時の遅延時間と降下時間を求めると，デッド・タイムを決めることができます．

　図21に負荷電流が0Aのときのリプル電流を示しています．第2章の表2の第10項で示すリプル電流0.46 Aの1/2の0.23 Aの電流が実際に流れていることがわかります．図19から，このときの遅延時間は，$t_{D(OFF)}$は230 ns，降下時間t_fは105 nsとなります．ターン・オン時は，遅延時間$t_{D(ON)}$が20 ns，上昇時間t_rが60 nsとすると，駆動ICの遅延時間も考慮に入れて，遅延時間の差は335 ns − 80 ns − 18 ns = 237 nsとなります．

　そこで，250 nsのデッド・タイムを挿入したときのスイッチング波形を図22に示します．ちょうど良いデッド・タイム時間になっていることがわかります．

表3 ゲート抵抗とスナバ回路を整えたあとのトランジスタの遅延時間

項　目	記号	単位	時間
ターン・オン遅延時間	t_{ON}	ns	20
上昇時間	t_r	ns	40
ターン・オフ遅延時間	t_{OFF}	ns	60
降下時間	t_f	ns	30
差 $[t_{OFF}+t_f-t_{ON}-t_r]$	t_D	ns	30

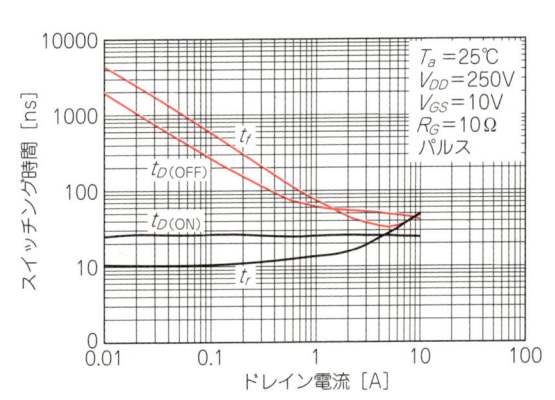

図19　R5009FNXのドレイン電流とスイッチング時間の関係

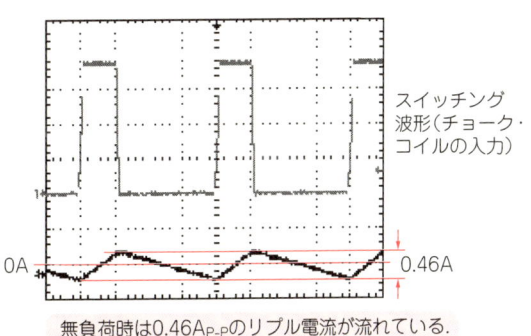

図20　デッド・タイムが20 nsで無負荷時のスイッチング波形（ch1：10 V/div，ch2：50 V/div，ch4：2 A/div，100 ns/div）

図21　無負荷時のチョーク・コイルのリプル電流とスイッチング波形（ch1：10 V/div，ch2：50 V/div，ch4：0.5 A/div，2.5 µs/div）

入力：DC180V
出力：DC48V無負荷
デッド・タイムを250ns挿入したので貫通電流はなくなった

トランジスタON時はデッド・タイムは不要．しかし，他方のトランジスタTr$_2$が完全にOFFするまで待つ必要性がある

無負荷時はドレイン電圧の立ち上がりが遅い．そのため250nsのデッド・タイムが必要．トランジスタの特性としては好ましくない

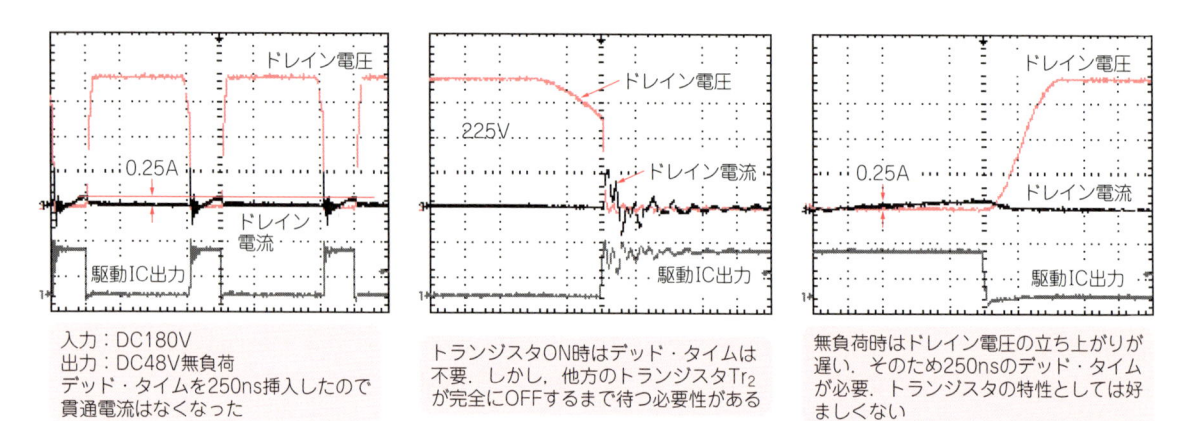

(a) 全体の波形($2.5\,\mu s/div$)

(b) (a)のトランジスタのターン・オン時を拡大したスイッチング波形($250\,ns/div$)

(c) (a)のトランジスタのターン・オフ時を拡大したスイッチング波形($250\,ns/div$)

図22 無負荷時250 nsのデッド・タイムを挿入したときのスイッチング波形（ch1：10 V/div，ch2：50 V/div，ch4：1 A/div）

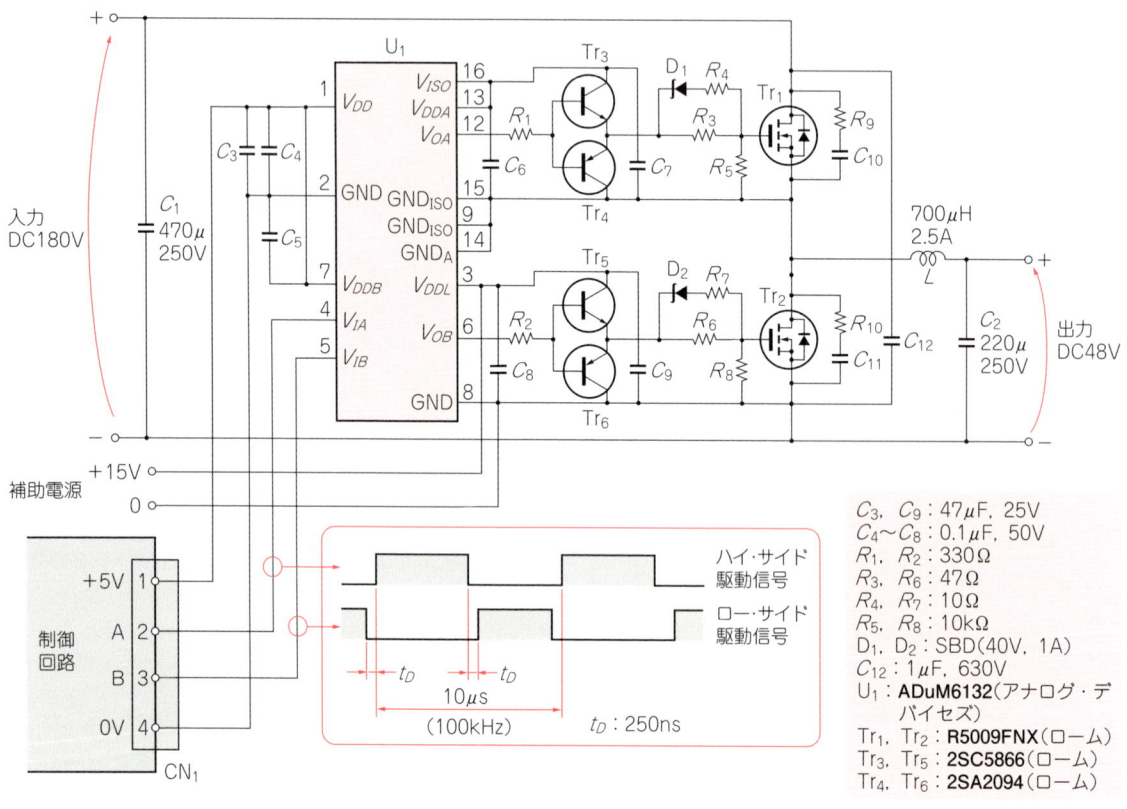

C_3, C_9：47μF, 25V
C_4〜C_8：0.1μF, 50V
R_1, R_2：330Ω
R_3, R_6：47Ω
R_4, R_7：10Ω
R_5, R_8：10kΩ
D_1, D_2：SBD(40V, 1A)
C_{12}：1μF, 630V
U_1：ADuM6132(アナログ・デバイセズ)
Tr_1, Tr_2：R5009FNX(ローム)
Tr_3, Tr_5：2SC5866(ローム)
Tr_4, Tr_6：2SA2094(ローム)

図23 R5009FNXを使用した同期整流型降圧コンバータの回路

まとめ

　この章では，ゲート抵抗を調整してトランジスタのターン・オン時とターン・オフ時の特性を整えました．次に，スナバとして電源回路にコンデンサを実装してサージ電圧を抑制し，CRスナバを実装してトランジスタの振動現象を抑制しました．最後に，デッド・タイムを調整して，無負荷から全負荷まで負荷電流が変動してもスイッチングがオーバーラップしないようにしました．

　本書で取り上げたロームのR5009FNXを使用した最終回路を図23に示します．デッド・タイムとして250 nsを設定します．

付属デバイス活用企画

DC200Vを50Hz/60HzのAC100Vに変換する
PWM01とR5009FNXによるインバータ回路の設計

荒木　邦彌
Araki Kuniya

　本誌付属のD級アンプ用制御IC "PWM01" と，逆回復時間（t_{rr}）が速いMOSFET "R5009FNX" を採用したインバータを紹介します．

　本稿で紹介するのは，図1に示すように，バッテリをエネルギー源にして，AC 100 V，50 Hz/60 Hzの商用電源を供給するシステムのDC-ACインバータ部分です．12～48 Vのバッテリの電圧は，絶縁型のDC-DCコンバータでDC 200 Vに変換され，インバータに供給されます．インバータでは，そのDC 200 Vを50 Hz/60 Hz，AC 100 Vに変換します．

　本インバータの主要定格と特長を以下に記します．

- 定格出力：200 VA
- 出力波形：正弦波
- 定格出力電圧電流：AC 100 V，2 A
- 出力周波数：50 Hzまたは60 Hz
- 負荷力率許容範囲：0～±1
- 過電流保護：定格出力電流の1.3倍で定電流に移行．自動復帰
- 電力変換方式：三角波比較3値PWM型フル・ブリッジ方式
- スイッチング周波数：約100 kHz

回路構成と使用部品

● D級パワー・アンプとOSCを組み合わせたインバータ

　D級アンプ用制御IC PWM01は，工業用スイッチング・パワー・アンプ用に開発されたパルス幅変調（Pulse Width Modulation；PWM）フル・ブリッジ方式の制御用アナログICです（詳細は本稿のAppendixを参照）．

　図2がインバータのブロック図です．OSCは50 Hz/60 Hzの発振器です．その出力をPWM01とMOSFETで構成したフル・ブリッジの電力変換器からなるD級パワー・アンプで200 VAまで増幅します．

　D級パワー・アンプには3個のフィードバック・ループがあります．内側から，電流状態フィードバック（以下：ISFB），電圧状態フィードバック（VSFB）とPI（比例・積分）制御ループ（PICL）です．

　ISFBは，L_1，L_2，Cから構成するローパス・フィルタのインダクタ電流をCTで検出してフィードバックします．VSFBとPICLは，出力端子を差動アンプ（Diff Amp）でセンシングしてフィードバックします．

　これらの3ループの働きで，広範囲の負荷変動に対する安定な出力状態と安定な過電流保護を実現してい

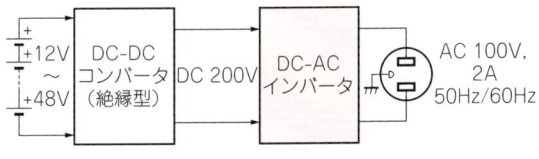

図1　バッテリから商用電源を供給するDC-ACインバータ

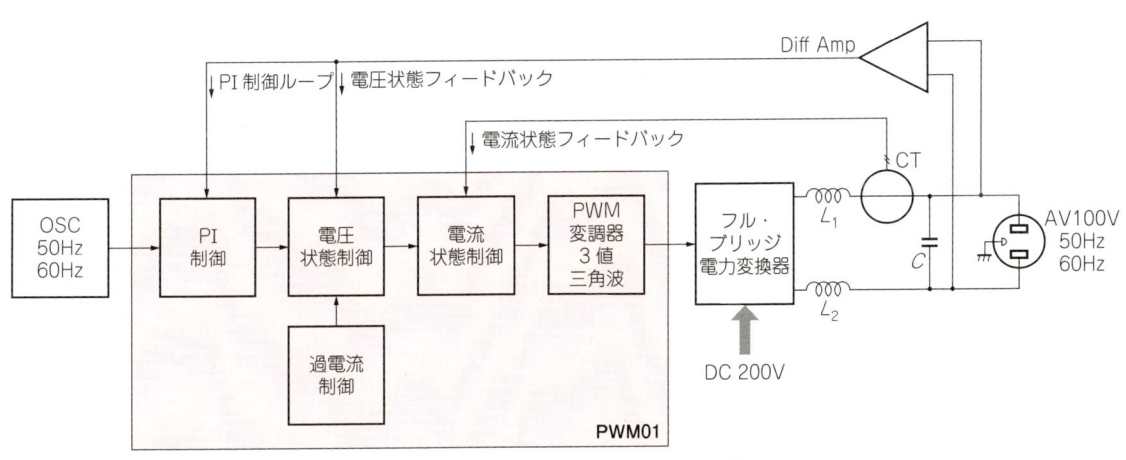

図2　PWMフル・ブリッジのD級パワー・アンプとOSCを組み合わせたインバータ

ます．力率0～1.0の範囲のLCR負荷に対して100 %（200 VA）のパワーを出力できます．

過電流保護は定格電流出力の約1.3倍から定電流出力に移行し，出力短絡状態でも定電流状態を維持します．負荷電流が定格値内に戻れば，スムーズに定電圧出力状態に復帰します．定電圧→定電流→定電圧への移行はスムーズで，過電圧，過電流の発生はほとんどありません．

● MOSFETの逆回復時間が変換効率を左右する

電力変換器の主回路は，MOSFET R5009FNXを4個使ったフル・ブリッジ構成です．MOSFETのD級パワー・アンプでの課題の一つにMOSFET内部（寄生）ダイオードの逆回復時間（t_{rr}；reverse recovery time）があります．

フル・ブリッジ，ハーフ・ブリッジを問わず，DCをACに変換するインバータには，ローパス・フィルタのインダクタンス電流と負荷からの回生電流を電源に環流するための逆導通ダイオード（フライホイール・ダイオードとも言う）が必要です．MOSFETに寄生する内部ダイオードは，この用途に最適なのです．外部にダイオードを付加する必要がないためです．

しかし，この逆導通ダイオードのt_{rr}の長さが問題なのです．高速スイッチングのインバータ/コンバータでは，このt_{rr}がスイッチング損失[*1]を決定する最大の要因だからです．

一般の高圧MOSFETのt_{rr}は500 ns以上です．付属デバイスR5009FNXのt_{rr}は，typ：78 ns，max：108 ns（I_S = 9 A，di/dt = 100 A/μs）と高速で，それを特長

[*1]：スイッチング回路の変換効率を決める損失には，MOSFETのON抵抗（R_{ON}）によるオーミック損失と，ON→OFF，OFF→ONに遷移するタイミングで発生するスイッチング損失がある．

の第一に挙げています（R5009FNXの詳細は特集第1章を参照）．

ここで，R5009FNXのt_{rr}特性をSPICEでシミュレーションしてみましょう．R5009FNXのSPICEモデルは，ベンダのウェブ・サイトからダウンロードしたものです．実は，ダイオードのt_{rr}のモデル化はSPICEでは不得意なものの一つと言われています．正確なt_{rr}モデルは少ないのです．それを考慮しながら見てください．

シミュレーション回路は図3です．図4，図5がシミュレーション結果です．

図3はハーフ・ブリッジのPWM電力変換器です．変調波形（Vcar）は三角波で100 kHz，±10 Vです．U_1はコンパレータです．U_2，U_3，U_4はデッド・タイム（t_D，Q_1，Q_2ともOFFとなる時間）の発生回路で，U_2の遅延時間がt_Dになります．t_D = 500 nsに設定してあります．U_5，U_6はMOSFET Q_1，Q_2のゲート・ドライバです．出力は0～12 Vです．

入力信号（Vin）はDCの－8.65 Vです．R_1の両端に－75 Vを出力しています．したがって，L_1には上側と下側の矢印の電流が流れています．

下側矢印の電流はQ_2がON，Q_1がOFFのタイミング，上矢印の電流はデッド・タイム時とQ_1がON，Q_2がOFFのタイミングに流れます．

図4のシミュレーション結果にその状態が示されています．Q_2がON→OFF→ONまでの波形です．VgsQ$_1$，Q$_2$/VはQ_1Q_2のゲート・ドライブ波形，Vsw/Vはスイッチング波形（Q_1ソース，Q_2ドレイン），Id_Q$_2$/AはQ_2のドレイン電流，Id_Q$_1$/AはQ_1のドレイン電流，Power(Q$_2$)/kWはQ_2の損失の瞬時波形です．図5は，図4の191 μs付近の拡大図です．

図4，図5の191 μs付近に注目してください．Q_2が189.75 μs付近からOFFしており，再びONになる瞬

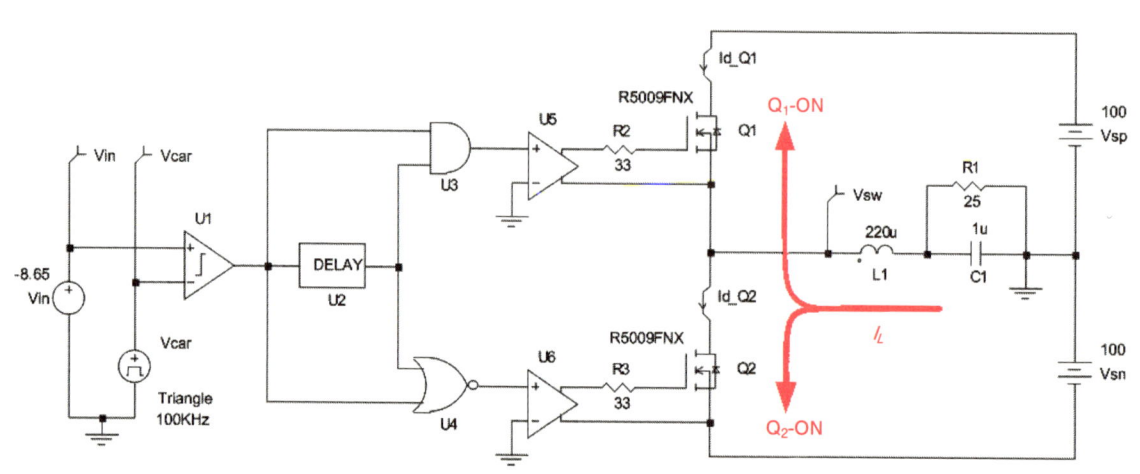

図3 MOSFET（R5009FNX）の内部（寄生）ダイオードの逆回復特性をシミュレーションする
インダクタ電流I_Lは，Q_2がOFFになるとQ_1の内部ダイオードの順方向に流れる．その電流はQ_1のチャネルがOFFになっても流れ続ける

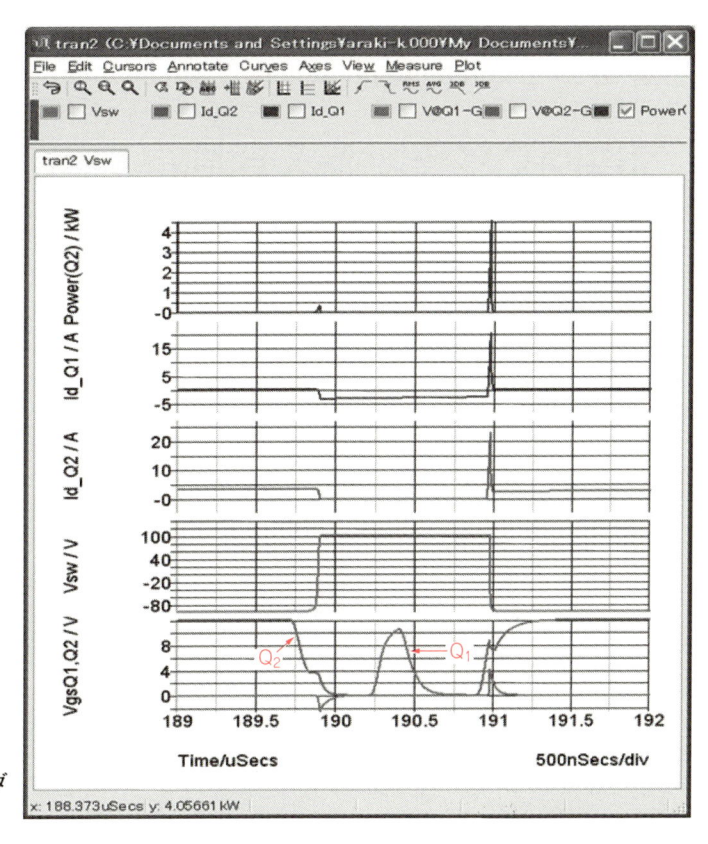

図4 図3によるMOSFET(R5009FNX)の内部ダイオードの逆回復特性のシミュレーション結果

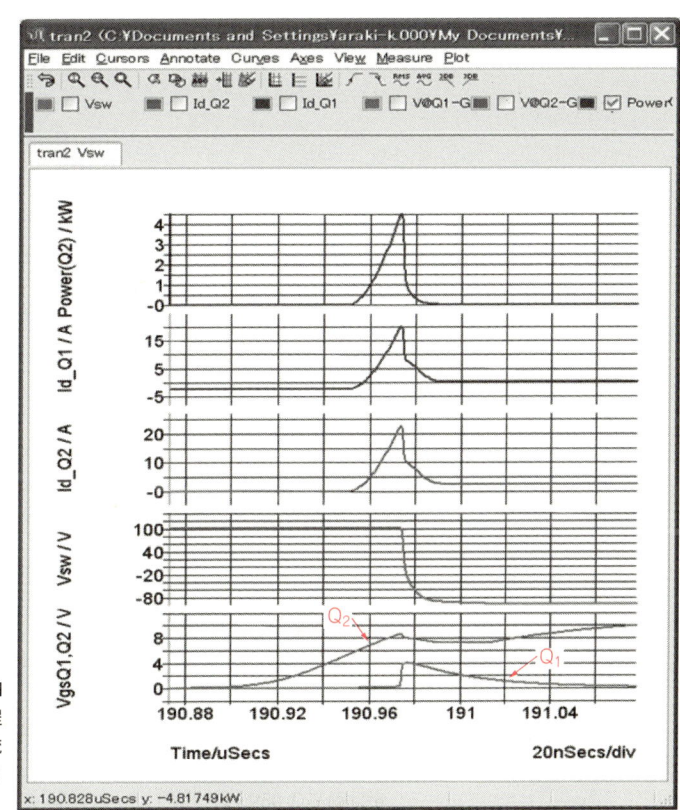

図5 図4の190μs近傍の拡大
Q_1のV_{GS}が0Vでチャネルが OFF の状態でQ_2が ON になるとQ_1, Q_2に共通にI_Dが流れる瞬間が20 ns程度発生する．この期間がt_{rr}である．そのピーク電流は20 Aに達し，その電流によるQ_2の損失(Power(Q_2)/W)は5 kWpeakに達する

間です．$VgsQ_1$の波形からわかるように，このタイミングではすでにQ_1はOFFしており，再びONしています．Q_1がOFFの状態にもかかわらず，Q_1，Q_2には20A近いIdが流れています．

この電流がQ_1の寄生ダイオードのt_{rr}電流（逆回復電流I_{rr}）です．同図最上段のPower(Q_2)/kWは，その電流によって生じた損失波形です．ピーク値は4.5kWにも達しています．この電流は，スイッチング損失とスイッチング・ノイズ増大の原因となります．

また，I_{rr}のピーク値と幅は，I_{rr}のdi/dtによって変化します．di/dtが大きいとピーク値は高く，幅は狭くなります．

MOSFETの損失をシミュレーションで予測する

ハーフ・ブリッジを使ってMOSFETの損失をシミュレーションしてみましょう．このシミュレーションもMOSFETのSPICEモデルによって誤差の大きさが左右されます．

シミュレーション回路は図6，シミュレーション結果は図7です．図8の200VAフル・ブリッジ・インバータのハーフ・ブリッジぶんです．負荷抵抗（図6のR_1）を25Ωにし，50V×2A＝100W出力としています．

出力周波数はシミュレーション時間を短縮するために1000Hzにしました．実装時に発生する寄生インダクタンス（L_2～L_7），抵抗成分（R_4～R_7）を付加しています．

図7のシミュレーション結果によれば，100W出力時に発生するQ_1，Q_2の損失の平均値は約3.25Wです．この値はオーミック損失とスイッチング損失の合計値です．ちなみに，R5009FNXのR_{ON}は0.65Ω_{typ}です．それから計算すると，オーミック損失は1.5Wです．したがってスイッチング損失は，1.75Wとなります．

MOSFETの1個当たりで3.25Wとすると，フル・ブリッジ合計では13W，出力電力200Wの6.5%に相当します．

スイッチ損失は，ゲート抵抗（図6のR_2，R_3）の値によって変化します．このシミュレーションでは，27Ωで2.9W，82Ωでは4Wでした．しかし，ゲート抵抗は損失からのみで決定すべきではありません．ゲート抵抗が小さいとスイッチング動作の不安定，放射ノイズの増大の原因になることがあります．

回路設計とシミュレーション

● D級パワー・アンプの構成

図8にインバータの全体回路を示します．網掛けのU_{11}が"PWM01"です．PWM01のPWM波形出力G1とG3がU_{12}，U_{13}のMOSFETゲート・ドライバ（IRS1094）の入力になります．IRS1094は，耐圧600Vのモータ・インバータ用のゲート・ドライバなので，

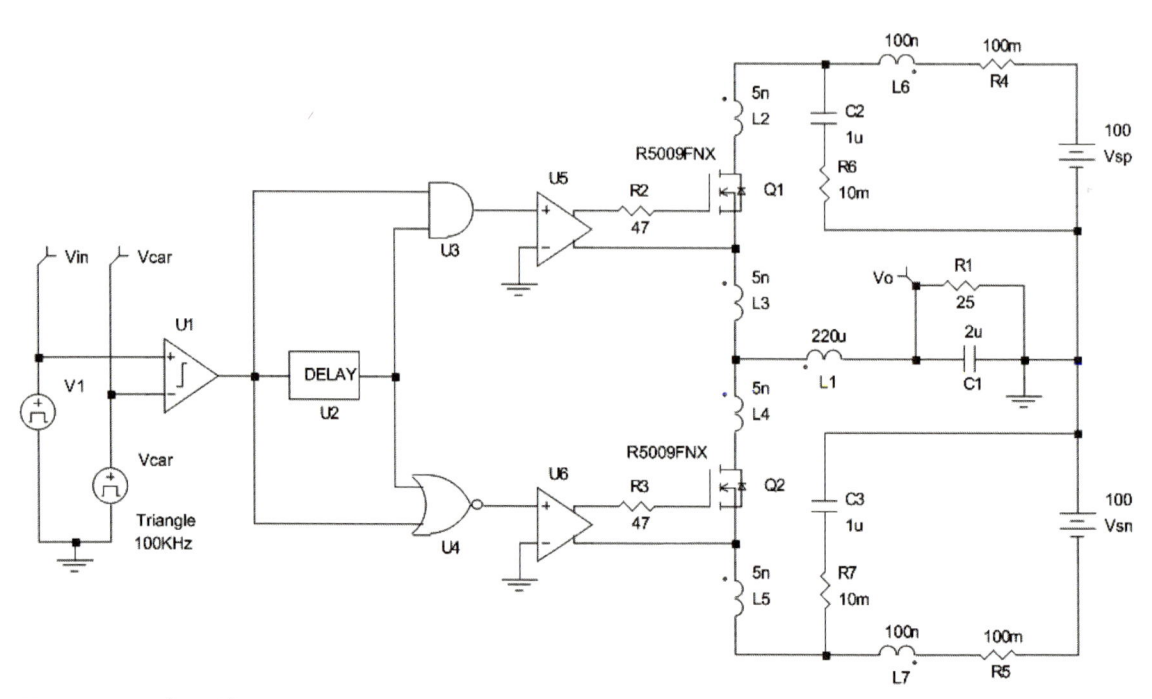

図6 ハーフ・ブリッジでMOSFET R5009FNXの損失をシミュレーションで求める
L_2～L_7，R_4～R_7は実装時に寄生するインダクタと抵抗である

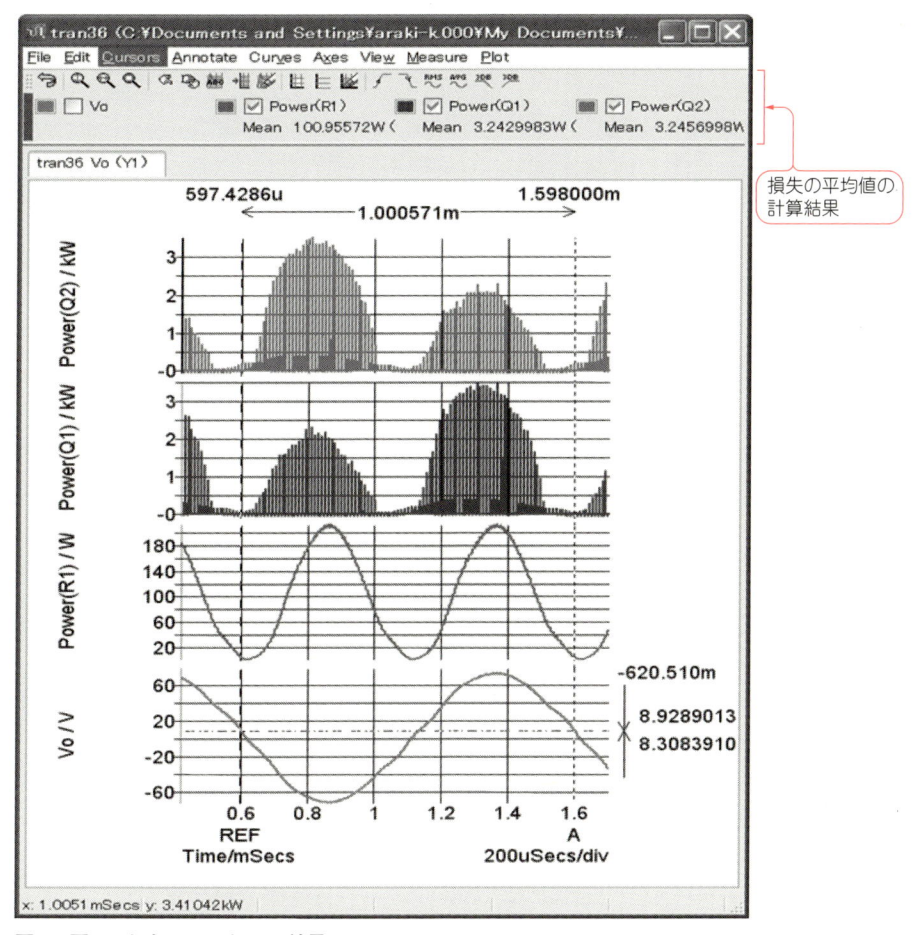

図7 図6のシミュレーション結果
Vo/Vは出力波形(1 kHz, 50 V_RMS). 歪んでいるのはデッド・タイム(500 ns)が原因. Power(R_1)/Wは負荷抵抗R_1の消費電力. Power(Q_1)/WはQ_1の損失の瞬時波形. Power(Q_2)/WはQ_2の損失の瞬時波形. 上部のディジタル表示はREFカーソルとAカーソル間1 msを平均した平均損失の値

デッド・タイムは500 nsと長めです. デッド・タイムが長いと波形ひずみの原因になります. しかし,本器の出力周波数は50 Hz, 60 Hzと低めであり,商用電源代行用のインバータなので問題にはなりません.

Q_1, Q_2, Q_3, Q_4はフル・ブリッジのMOSFET "R5009FNX"です. R5009FNXのV_{DSS}は500 Vなので,電源電圧200 V(図8のDC_In_P-DC_In_N間)の本器では過剰仕様です. 電源電圧を400 VにしてAC出力を200 V_RMS仕様にすることもできます.

L_1, L_2, C_{19}, C_{20}, C_{21}はPWMキャリア周波数成分を濾波するLPFのインダクタとコンデンサです. C_{19}はノーマルモード・フィルタ,C_{20},C_{21}はコモンモード・フィルタとして機能します. ノーマルモードのポール周波数は約3.5 kHzです. 容量性負荷に強くするため,C_{19}は大きめにしてあります.

U_{14}(LTSR6-NP, REM社製)はホール素子クローズド・ループ型の電流センサ(DC-CT)です. DC～200 kHzの帯域があります. 6 Atの入力に対して,出力は625 mVです. L_1の電流とL_2の電流をおのおの1ターン入力します. ノーマルモード電流は加算,コモンモード電流は相殺されるように接続します. コモンモード電流の相殺によりスイッチング周波数成分の検出量を最少にしています.

U_{15}のOPアンプは出力電圧センシング用差動アンプです. 電圧ゲインは8/1000です. R_{29}, R_{30}とR_{31},R_{31}の相対誤差は±0.5 %以下が必要です.

L_3(4.7 μH)は,容量性負荷(コンデンサ)に流れるスイッチング成分を低減するためのインダクタです. R_{33}はL_3のダンピング抵抗です.

補助電源は,主電源のDC_In_PとDC_In_N間のDC 200 Vから絶縁型オンボード・コンバータ(U_{17},ECU05US12,XP Power社製)でV_{CC}(12 V)用に変換します. ECU05US12コンバータは,AC 85 V～264 V,DC 120 V～370 V入力,12 V, 5 W出力です. V_{DD}(+5 V)

図8 インバータの全回路

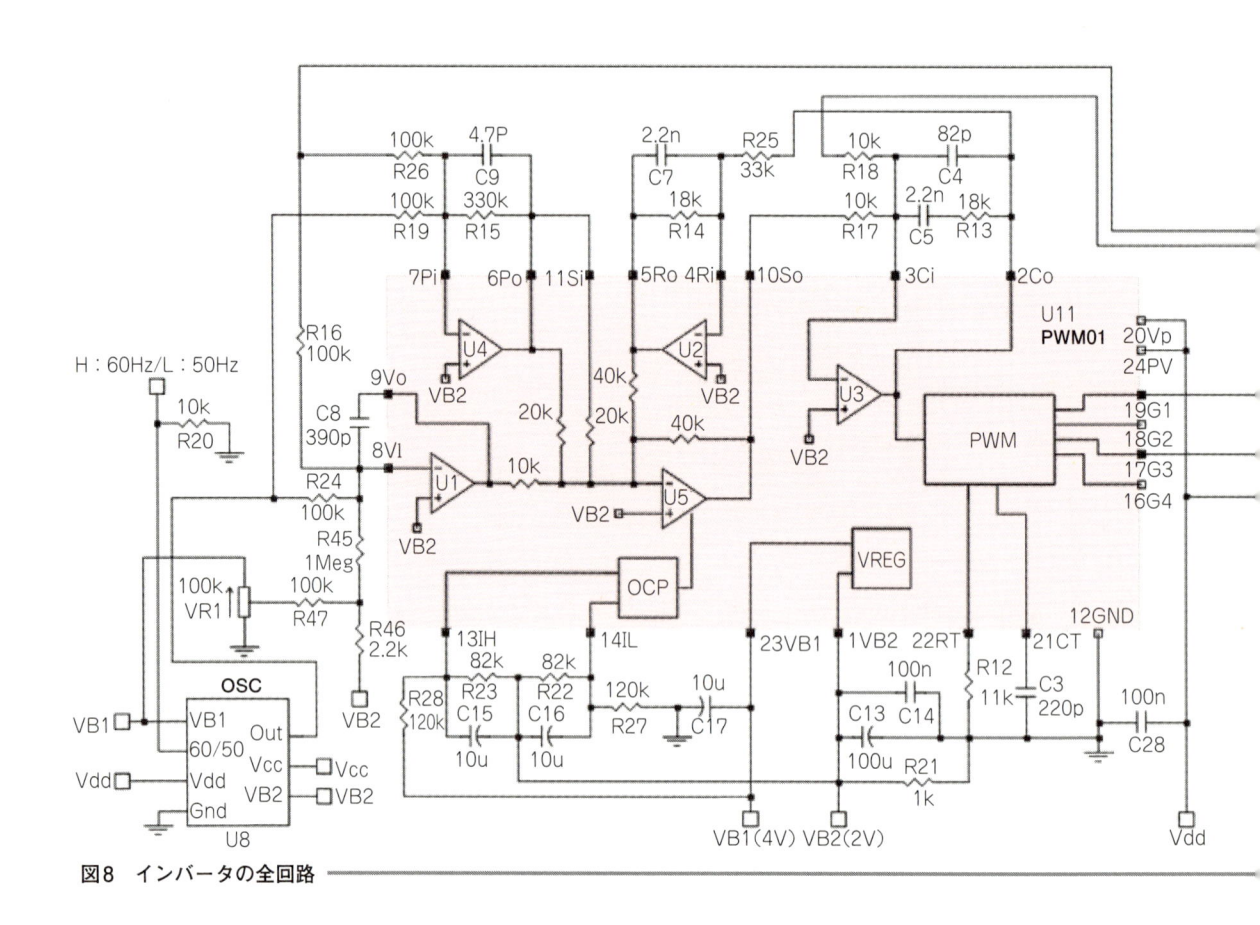

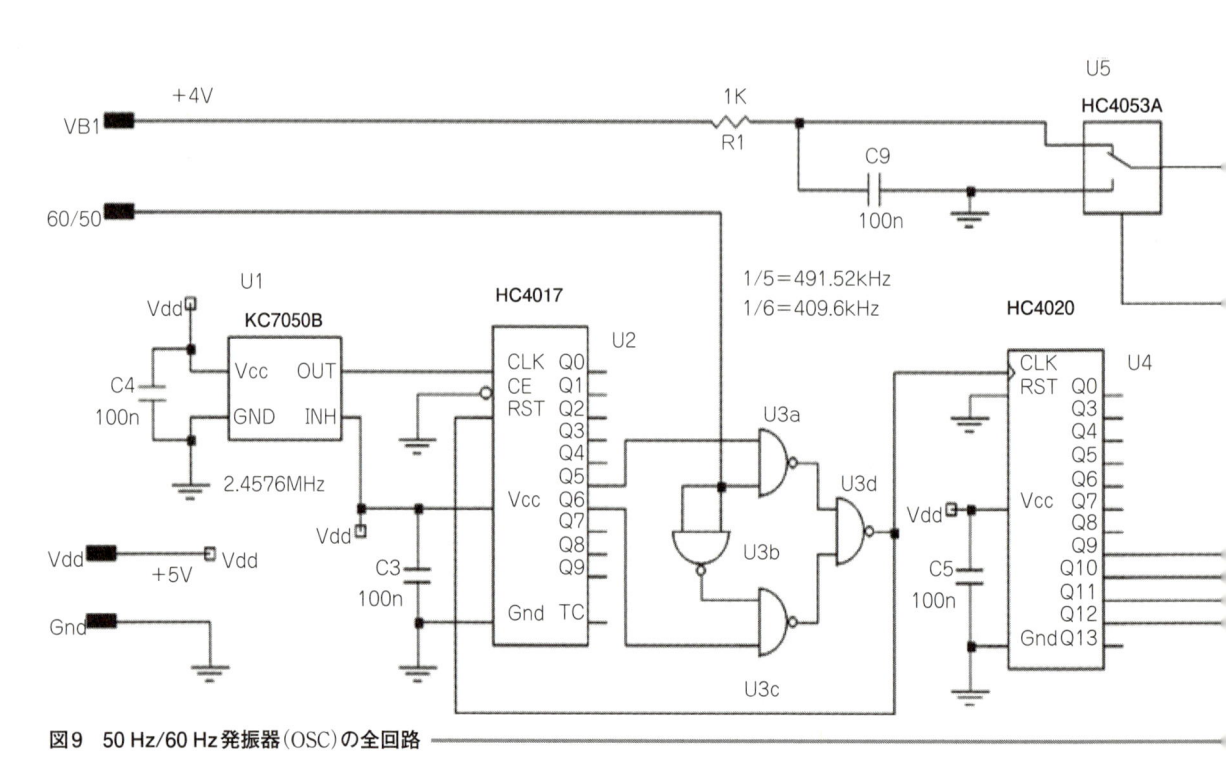

図9 50 Hz/60 Hz発振器(OSC)の全回路

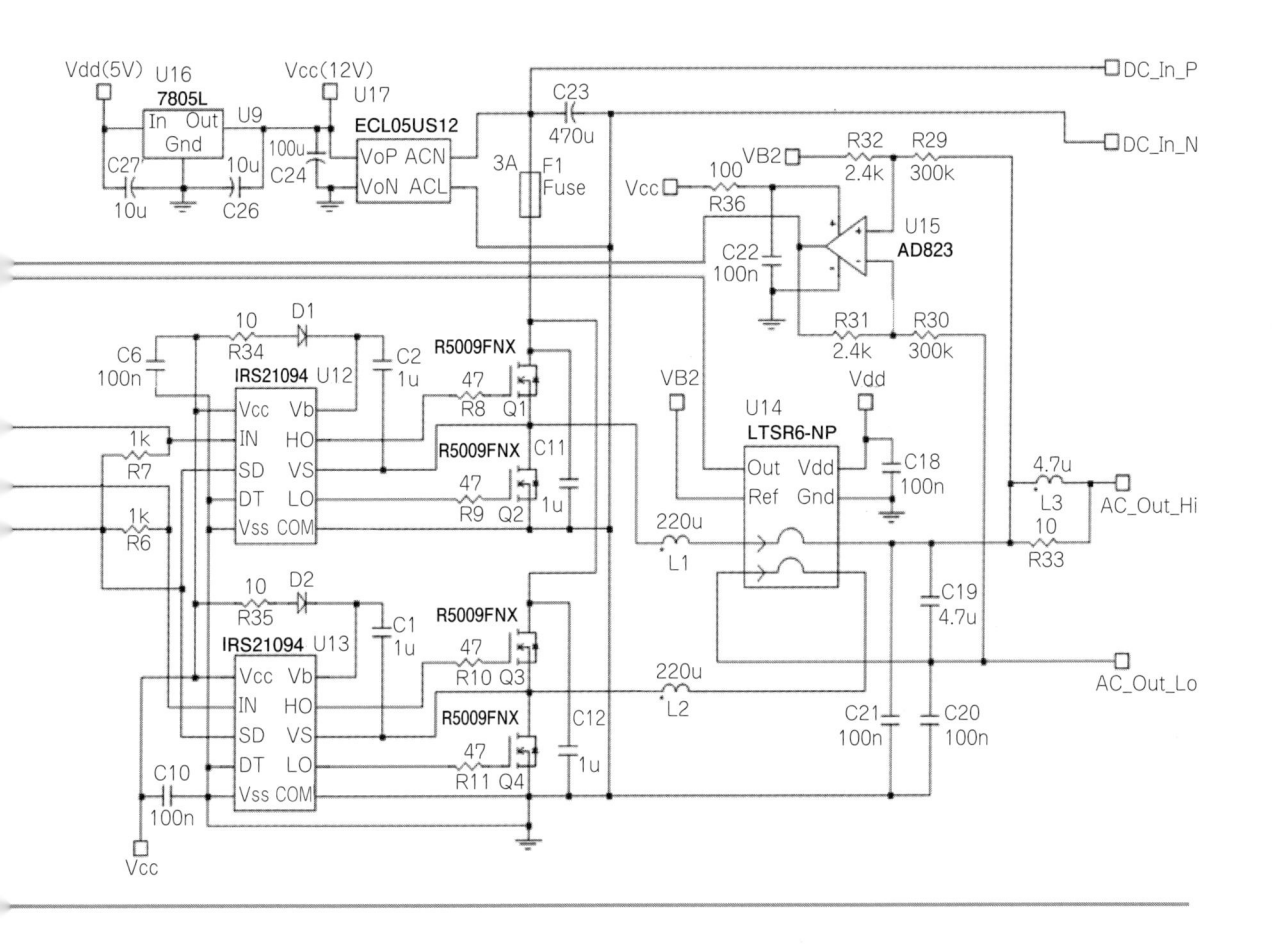

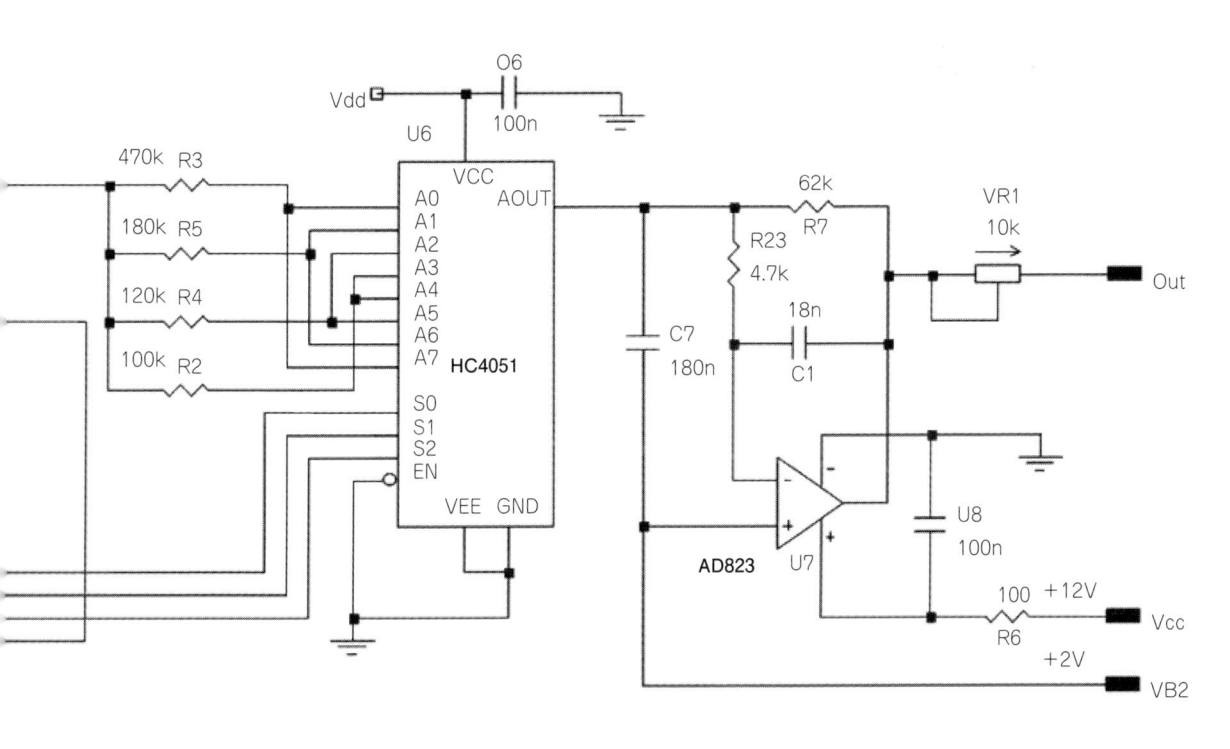

回路設計とシミュレーション 81

はV_{CC}から3端子リニア・レギュレータ7805L(U_{16})で降圧します．

● **電圧・電流状態フィードバックとPI制御のマルチループ制御**

U_{11}内のU_3は，電流状態フィードバックのPI(比例・積分)制御用OPアンプです．同U_5は電圧状態フィードバック用のI制御用OPアンプです．U_5の出力電圧は，OCP(Over Current Protection)回路によって制限されます．その制限電圧は，13IHと14IL端子電圧に比例します．

R_{22}, R_{23}(82kΩ)とR_{27}, R_{28}(120kΩ)の定数では，U_5の出力電圧はV_{B2}(2V)±0.8Vです．本器の過電流保護電流は，このU_5の出力電圧に比例します．

同U_4は位相反転用です．R_{19}(100kΩ)は入力信号(OSC出力)を使って，U_4出力電圧の飽和を防止する働きをします．$I_{R26} - I_{R19} \fallingdotseq 0$だからです．

$U_2 \to U_5 \to U_3 \to U_2$のループは，過電流保護が非動作の定常状態では，$U_3$のPI制御のI制御を禁止してP制御のみの機能とします．過電流保護が働いてU_5の出力が制限されると，U_3のI制御が復活し，PI制御として機能します．過電流保護が働くと，U_5のゲインがゼロになり，$U_2 \to U_5 \to U_3 \to U_2$のループが遮断されるためです．過電流保護時に$U_3$をP制御からPI制御に切り替えるのは，過電流時に理想的な定電流特性を実現するためです．

U_1は本器のD級アンプとしての仕上がりゲイン，ロード・レギュレーション，ライン・レギュレーションなどの性能を決定するPI制御用OPアンプです．本回路ではI制御のみです．C_3(390pF)は積分コンデンサ，R_{16}(100kΩ)はフィードバック抵抗，R_{24}(100kΩ)は入力抵抗です．

D級アンプとしての仕上がりゲインは，

$(R_{16}/R_{24}) \div (U_{15}$による差動アンプ・ゲイン$)$

です．$R_{16} = R_{24}$，U_{15}の差動アンプ・ゲインは8/1000ですから，仕上がりゲインのノミナル値は125倍です．

VR_1(100kΩ)はDCオフセット電圧の調整用です．出力端のDC成分がゼロになるようにセットします．

C_3(220pF)とR_{12}(11kΩ)は，PWM変調用三角波の周波数設定用CRです．この値で約100kHzです．C_3両端に2V±1Vの三角波が発生します．

PWM01の信号の基準電位は，V_{B1}(+2V)です．したがって，すべての信号は，V_{B1}を基準にしなければなりません．

状態フィードバック，PI制御の設計法の詳細については，『グリーン・エレクトロニクス』No.4, pp.83〜104を参照してください．

● **発振器は水晶発振器が源振のディジタル方式**

図9は50Hz, 60Hzの発振器(OSC)の内部回路です．水晶発振器(U_1, KC7050B), 1/5, 1/6分周器(U_2, HC1017), 1/8192分周器(U_4, HC4020), マルチプライングDAC用アナログ・スイッチ(U_5, HC4053A, U_6, HC4051)とLPF用OPアンプ(U_7, AD823)から構成しています．

U_1の発振周波数は2.4576MHzです．U_2とU_4で分周し，U_4のQ_{12}出力から50Hz, 60Hzの基本波の方形波を得ます．その基本波方形波(0-5V)をU_5のアナログ・スイッチで，V_{B2}(+2V)±1Vの方形波に変換します．V_{B2}±1Vの方形波を，$R_2 \sim R_5$とU_6からなるマルチプライングDACで正弦波に近似した電流に変換します．図10に示すように，正弦波の0°〜180°を1/8, 振幅軸を4段階の階段波で近似します．振幅軸の電流は，$R_2 \sim R_5$を正弦波に近似した値に重み付けをします．

その電流を，ローパス・フィルタ特性をもたせたOPアンプ(U_7)で正弦波電圧に変換します．ローパス・フィルタは，$R_3 \sim R_5$, R_7, R_{23}とC_1, C_7から構成する，2次の多重帰還型[2]です．出力波形の高調波成分は，図11に示すように0.5%以下です．

● **理想的な過電流保護特性**

図12に過電流保護特性のシミュレーション結果を示します．50Ω(定格負荷)，25Ωと10Ωの抵抗負荷時の出力電圧波形(Vo/V)と電流波形(Io/A)です．Ioは，定格負荷時(2.83Apeak)の1.34倍程度で奇麗にクリップしており，その値は25Ωと10Ωで同じです．定電流特性であることがわかります．保護動作からの復帰も瞬時でスムーズです．

図13は，L, CとR負荷時の出力波形のシミュレーション結果です．Lは159mH, Cは63.6μF, Rは50Ωです．C負荷時の電流波形には，0A近傍に傷が見えます．フル・ブリッジのデッド・タイムで発生する不感帯の影響です．

● **実装設計の課題はノイズ対策**

PWM制御IC "PWM01"と逆回復時間が速いMOSFET "R5009FNX"を応用したPWMD級パワー・アンプ方式のDC-ACインバータ回路と，そのシミュレーション結果を紹介しました．

実機に展開するに当たっては，パワー・スイッチング部分からPWM01部へのスイッチング・ノイズ混入に細心の注意をはらった実装設計が重要です．スイッチング・ノイズは，共通インピーダンスと磁界と電界による結合によって混入します．特に磁界結合対策が最重要課題になります．

シミュレーションには，回路シミュレータSIMetrix/SIMPLISを使用しました．

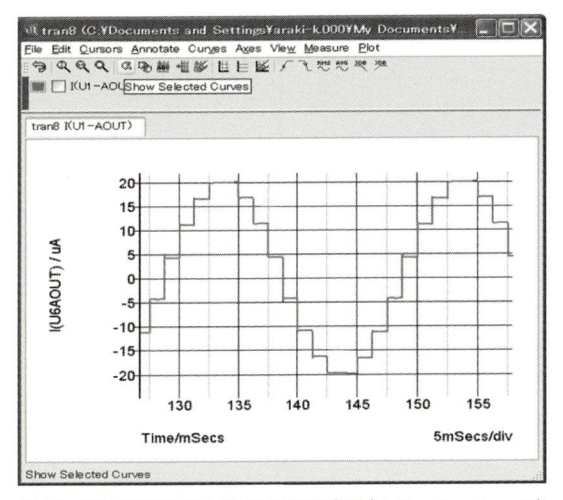

図10 図9のU6AOUT端子の電流波形（シミュレーション）
正弦波を階段で近似した様子がわかる．この波形の高調波をU₇のLPFで除去して滑らかに正弦波を得る

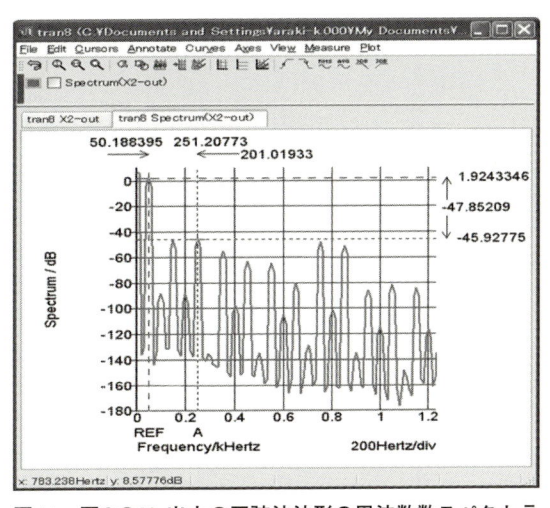

図11 図9のU₇出力の正弦波波形の周波数数スペクトラム（シミュレーション）
高調波成分は基本波（50 Hz）成分の0.5％以下である

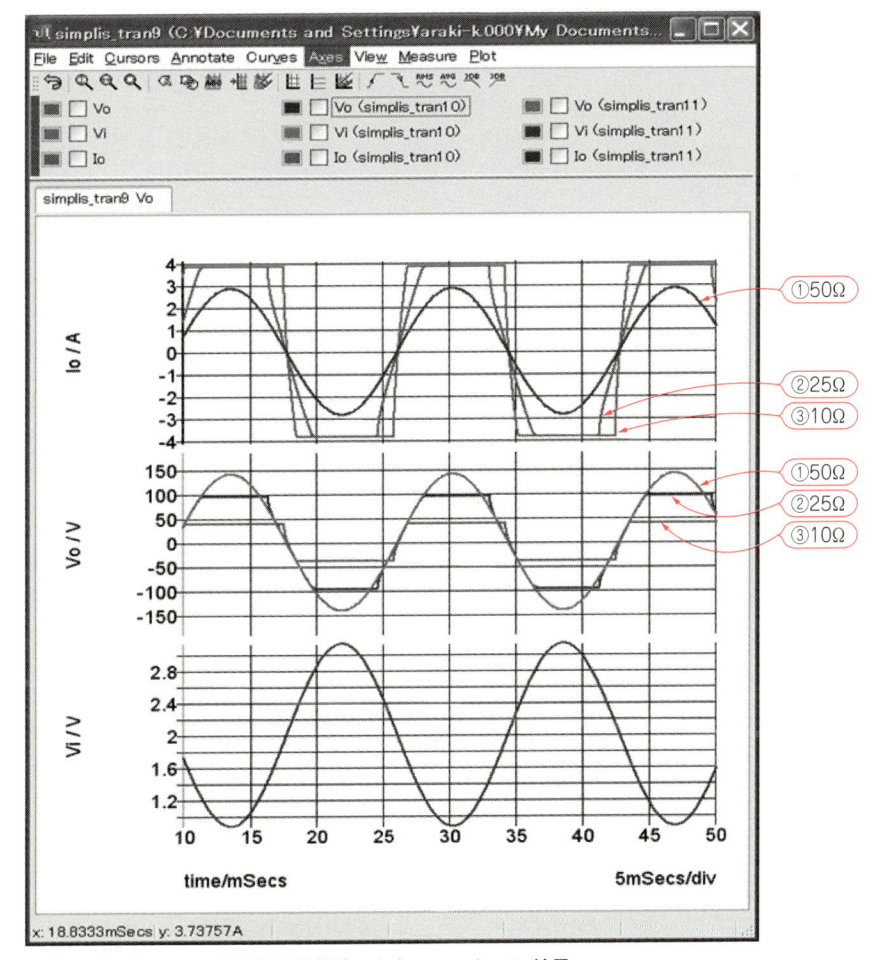

図12 インバータの過電流保護特性のシミュレーション結果
Vi/Vは入力信号（OSC出力）波形．Vo/Vはインバータ出力電圧波形．Io/Aはインバータ出力電流波形．
負荷は①50Ω，②25Ω，③10Ω抵抗器，周波数は60 Hz

回路設計とシミュレーション

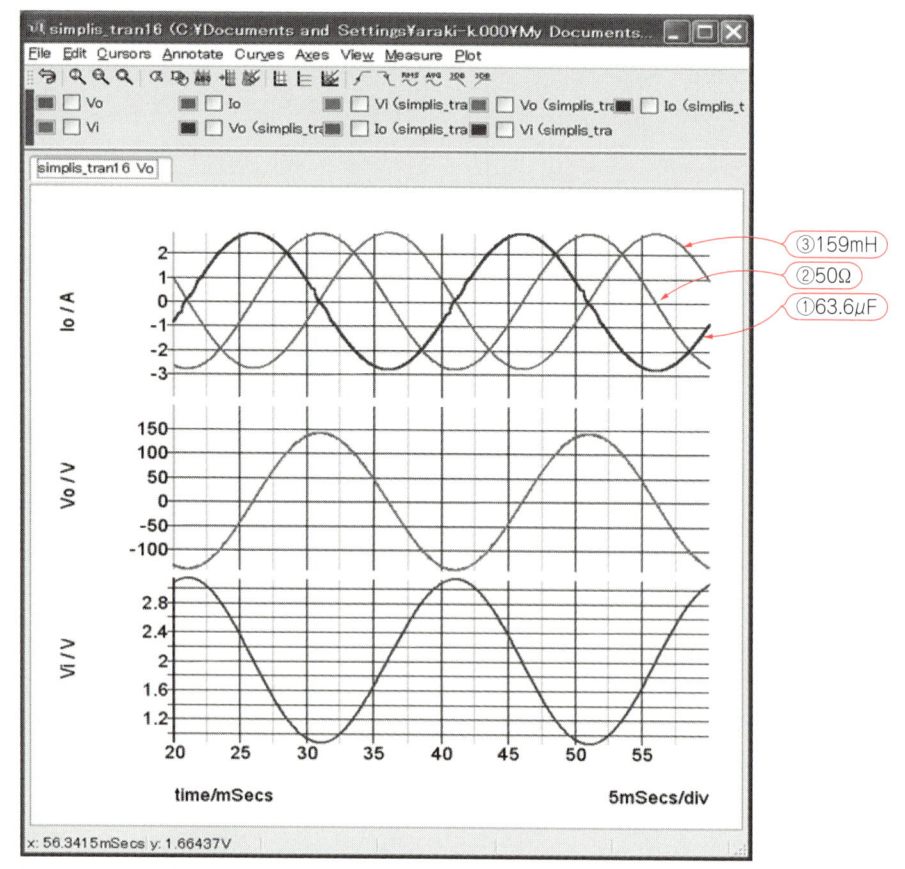

図13 C，R，L負荷時のインバータ出力波形（シミュレーション）
Vi/Vは入力信号（OSC出力）波形．Vo/Vはインバータ出力の電圧波形．Io/Aはインバータ出力の電流波形．
①C負荷：63.6μF，②R負荷：50Ω，③L負荷：159mH，f_o＝50Hz，出力電力は200VA．㊀の電流波形の0A近傍に傷が見えるのは，フル・ブリッジのデッド・タイムによる不感帯の影響である

◆参考・引用＊文献◆

(1)＊ 吉田晴彦：CMOSアナログICの実務設計，2010年12月15日，CQ出版社．
(2) 遠坂俊昭：計測のためのフィルタ回路設計，1998年9月1日，CQ出版社．
(3) グリーン・エレクトロニクスNo4，CQ出版社．
(4) グリーン・エレクトロニクスNo7，CQ出版社．

グリーン・エレクトロニクス No.7　　　　**好評発売中**

特集 フリーの回路シミュレータで動かしながら検証する
D級パワー・アンプの回路設計

B5判 128ページ
CD-ROM付き
定価2,730円
JAN4910167120120

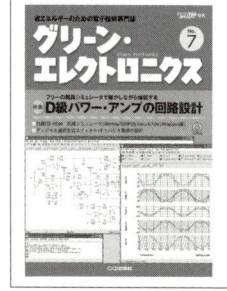

　一般に電力増幅回路は，その動作級(operating class)によってA級，B級，C級に大別されてきました．A級動作は低ひずみですが効率が低く，C級動作は高効率ですがひずみが多いというようなトレードオフがあり，これらは用途によって使い分けられてきました．低ひずみ特性が重要な高級オーディオ・アンプにはA級，効率を考慮するならB級，位相特性などを重要視しない高周波パワー・アンプなどではC級…といった具合です．ところが近年，「D級アンプ」という新しい動作級による電力増幅方式が普及してきています．D級アンプの設計に際しては，従来の「電力増幅回路」という考えかたではなく，出力部を「電力変換回路」としてとらえる必要があります．
　特集では，このD級パワー・アンプの各種回路方式を取り上げて解説し，それぞれの動作をシミュレーションで検証しながら比較していきます．シミュレーションには，付属CD-ROMに収録している回路シミュレータ"SIMetrix/SIMPLIS Intro"を使用します．

Appendix
PWM01の仕様(1)

　PWM01は，PWM方式フル・ブリッジ・インバータ/コンバータ用のコントローラICです．代表的なアプリケーションには，D級パワー・アンプがあります．

　表AにPWM01の絶対最大定格，電気的特性を示します．また，図Aに内部等価回路，図BにPWMスイッチング・パワー・アンプへの適用例を示します．端子配置は図C，端子機能は表Bのとおりです．

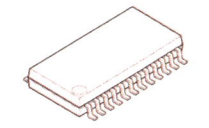

表A　PWM01の絶対最大定格と電気的特性（つづく）

項　目	定格値	略号［単位］
電源電圧	＋10	V^+ [V]
出力シンク電流	100	I_O [mA]
消費電力	700	P_D [mW]
動作温度範囲	−40〜＋85	T_{opr} [℃]
保存温度範囲	−40〜＋125	T_{stg} [℃]

(a) 絶対最大定格（T_a = 25 ℃）

項　目	記号	最小	標準	最大	単位
電源電圧	V^+	4.7	−	9	V
発振器タイミング抵抗	R_T	10	100	200	kΩ
発振器タイミング・コンデンサ	C_T	33	120	−	pF
発振周波数	f_{osc}	10	20	400	kHz

(b) 推奨動作条件

項　目	記号	条　件	最小	標準	最大	単位
電圧レギュレータ部						
出力電圧1	V_{REG1}	I_{REG1} = 0 mA	−2 %	4.0	＋2 %	V
ロード・レギュレーション1	$\Delta V_{REG1}/\Delta I_{REG1}$	I_{REG1} = 0 mA〜1 mA	−	−	20	mV
出力電圧2	V_{REG2}	I_{REG2} = 0 mA	−2 %	2.0	＋2 %	V
ロード・レギュレーション2	$\Delta V_{REG2}/\Delta I_{REG2}$	I_{REG2} = 0〜5 mA	−	−	20	mV
OPアンプ：U1, U2						
入力オフセット電圧	V_{IO}	−	−	−	5	mV
入力バイアス電流	I_B	−	−	0.1	−	nA
電圧利得	A_V	−	−	75	−	dB
利得帯域幅積	G_B	f = 100 kHz	−	1	−	MHz
最大出力電圧	V_{OM}	R_L = 10 kΩ	3.5	−	−	V
入力電圧範囲	V_{ICM}	−	0.5〜0.35	−	−	V
出力ソース電流	I_{OM+}	V_O = 2 V, V_{IN} = 1.8 V	1	−	−	mA
出力シンク電流	I_{OM-}	V_O = 2 V, V_{IN} = 2.2 V	0.2	0.4	−	mA
OPアンプ：U3, U4						
入力オフセット電圧	V_{IO}	−	−	−	5	mV
入力バイアス電流	I_B	−	−	0.1	−	nA
電圧利得	A_V	−	−	75	−	dB
利得帯域幅積	GB	f = 100 kHz	−	5	−	MHz
最大出力電圧	V_{OM}	R_L = 10 kΩ	3.5	−	−	V
入力電圧範囲	V_{ICM}	−	0.5〜0.35	−	−	V
出力ソース電流	I_{OM+}	V_O = 2 V, V_{IN} = 1.8 V	1	−	−	mA
出力シンク電流	I_{OM-}	V_O = 2 V, V_{IN} = 2.2 V	0.4	0.7	−	mA

(c) 電気的特性（V^+ = 5 V, R_T = 100 kΩ, C_T = 120 pF, V_I = V_O, R_I = R_O, C_I = C_O, P_I = P_O, V_{IH} = VB1, V_{IL} = GND, T_a = 25 ℃）（つづく）

DMP-24

(d) 外形

表A　PWM01の絶対最大定格と電気的特性(つづき)

項　目	記号	条　件	最小	標準	最大	単位
加算＋リミッタアンプ：U_5						
入力オフセット電圧	V_{IO}	－	－	－	5	mV
利得帯域幅積	GB	－	－	5	－	MHz
最大出力電圧	V_{OM}	$R_L = 10\ k\Omega$	3.5	－	－	V
出力ソース電流	I_{OM+}	$V_O = 2\ V,\ V_{IN} = 1.8\ V$	1	－	－	mA
出力シンク電流	I_{OM-}	$V_O = 2\ V,\ V_{IN} = 2.2\ V$	0.4	0.7	－	mA
クランプ入力電圧範囲	V_{I-IH}	IH端子	1.5～3.5	－	－	V
	V_{I-IL}	IL端子	0.5～3.5	－	－	V
クランプ電圧	V_{LIM+}	$V_{IH} = 3\ V$	2.95	3.00	3.05	V
	V_{LIM-}	$V_{IL} = 1\ V$	0.95	1.00	1.05	V
低電圧誤作動防止回路部						
ONスレッショルド電圧	$V_{T\text{-}ON}$	$V^+ = L \to H$	4.2	4.4	4.6	V
OFFスレッショルド電圧	$V_{T\text{-}OFF}$	$V^+ = H \to L$	4.0	4.2	4.4	V
ヒステリシス幅	V_{HYS}	－	100	200	－	mV
発振器部						
RT端子電圧	V_{RT}	－	－5 %	1.0	＋5 %	V
発振周波数	f_{OSC}	－	－10 %	20	＋10 %	kHz
三角波H側電圧	V_{TH}	H側スレッショルド電圧(DC測定)	2.94	3.00	3.06	V
三角波L側電圧	V_{TL}	L側スレッショルド電圧(DC測定)	0.97	1.00	1.03	V
周波数電源電圧変動	f_{DV}	$V^+ = 4.7 \sim 9\ V$	－	1	－	%
周波数温度変動	f_{DT}	$T_a = -40 \sim +85\ ℃$	－	3	－	%
PWM比較器部						
最大デューティ・サイクル	$\text{Max}_{DUTY\text{-}G1}$ G1	$V_{CI} = 2.2\ V,\ V_{CO} = 3.5\ V$	96	98	99.5	%
	$\text{Max}_{DUTY\text{-}G3}$ G3	$V_{CI} = 2.2\ V,\ V_{CO} = 0.5\ V$	96	98	99.5	%
最小デューティ・サイクル	$\text{Min}_{DUTY\text{-}G2}$ G2	$V_{CI} = 2.2\ V,\ V_{CO} = 3.5\ V$	0.5	2	4	%
	$\text{Min}_{DUTY\text{-}G4}$ G4	$V_{CI} = 2.2\ V,\ V_{CO} = 0.5\ V$	0.5	2	4	%
出力部						
出力電流	I_O	$V_{DS} = 0.5\ V$	20	50	－	mA
出力リーク電流	I_{LEAK}	$V_{OUT} = 5\ V$	－	－	0.1	μA
ディレイ・マッチング	t_{DM1}	$R_{PULL\text{-}UP} = 330\ \Omega$	－	25	－	ns
	t_{DM2}	$R_{PULL\text{-}UP} = 330\ \Omega,\ C_L = 47\ pF$	－	45	－	ns
総合特性						
消費電流	I_{DD}	$P_L =$ 無負荷	－	6.5	10	mA

(c) 電気的特性($V^+ = 5\ V$, $R_T = 100\ k\Omega$, $C_T = 120\ pF$, $V_I = V_O$, $R_I = R_O$, $C_I = C_O$, $P_I = P_O$, $V_{IH} = VB1$, $V_{IL} = $ GND, $T_a = 25\ ℃$)(つづき)

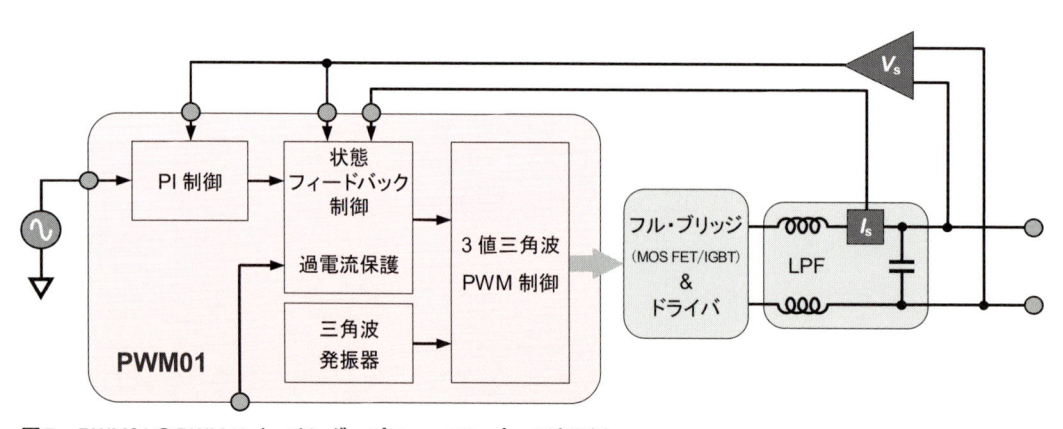

図B　PWM01のPWMスイッチング・パワー・アンプへの適用例

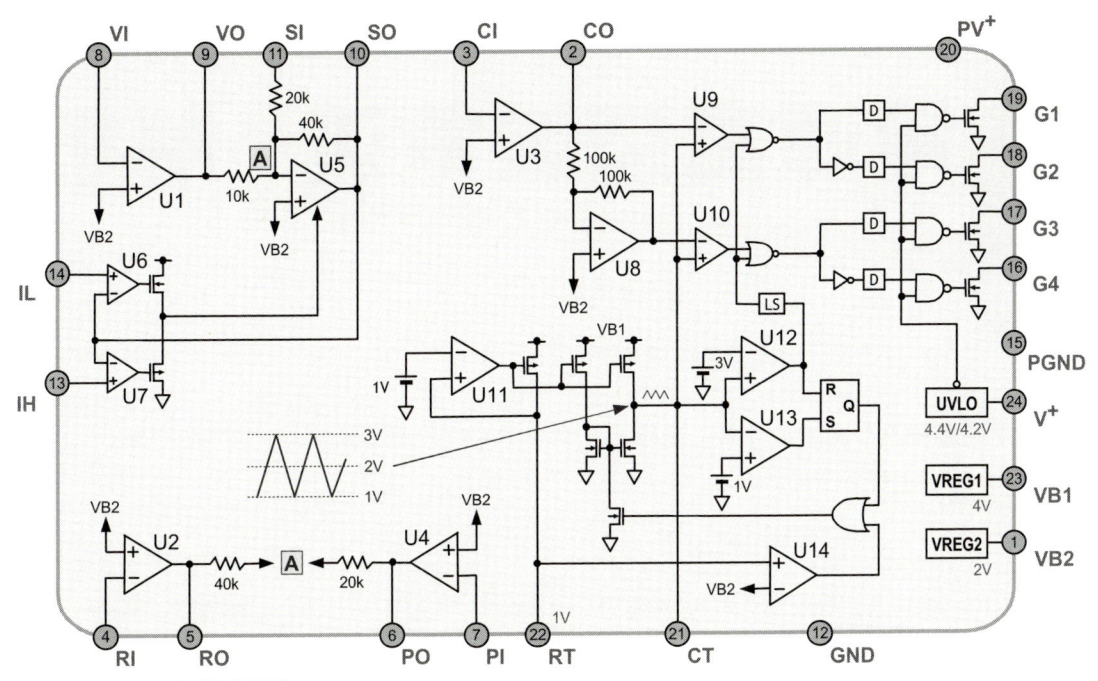

図A　PWM01の内部等価回路

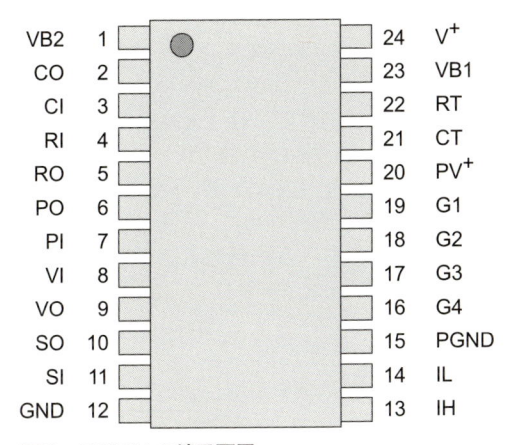

図C　PWM01の端子配置

表B　PWM01の端子機能

端子番号	端子名	I/O	機　能
1	VB2	I/O	電圧レギュレータ2(V_{REG2}：2 V)出力端子
2	CO	I/O	OPアンプU3出力端子
3	CI	I	OPアンプU3反転入力端子
4	RI	I	OPアンプU2反転入力端子
5	RO	I/O	OPアンプU2出力端子
6	PO	I/O	OPアンプU4出力端子
7	PI	I	OPアンプU4反転入力端子
8	VI	I	OPアンプU1反転入力端子
9	VO	I/O	OPアンプU1出力端子
10	SO	I/O	加算+リミッタ・アンプU5出力端子
11	SI	I	加算+リミッタ・アンプU5反転入力端子
12	GND	−	GND端子：GND = 0 V
13	IH	I	H側クランプ電圧設定端子
14	IL	I	L側クランプ電圧設定端子
15	PGND	−	GND端子：PGND = 0 V
16	G4	O	出力端子(オープン・ドレイン出力)
17	G3	O	出力端子(オープン・ドレイン出力)
18	G2	O	出力端子(オープン・ドレイン出力)
19	G1	O	出力端子(オープン・ドレイン出力)
20	PV$^+$	−	電源端子
21	CT	I/O	発振回路用キャパシタ接続端子
22	RT	I/O	発振回路用抵抗接続端子
23	VB1	I/O	電圧レギュレータ1(V_{REG1}：4 V)出力端子
24	V$^+$	−	電源端子

Appendix　PWM01の仕様

研究

発生のメカニズムと家庭用電気/電子機器の実態

電源高調波電流の解析

落合 政司
Ochiai Masashi

1 高調波電流と発生のメカニズム

1-1 高調波電流とは何か

　交流送配電における低周波EMI(Electro-Magnetic Interference；電磁妨害)で最も大きな問題は，交流電流波形がひずむことによって発生する高調波電流の問題です．

　抵抗以外の負荷，例えばキャパシタ・インプット形ブリッジ整流回路や全波位相制御整流回路などが交流電源に接続されると，基本波電流とは異なる交流電流が流れ，基本波周波数の整数倍の周波数をもつ高調波電流が発生します(図1，表1)．実際には，整数倍以外の周波数をもつ高調波電流も存在します．

　基本波周波数を50 Hzとすると，第2次の高調波周波数は100 Hz，第3次の高調波周波数は150 Hzですが，これらの周波数の中間にも高調波電流が存在します．これを次数間高調波電流といいますが，負荷の大きさが変動した場合などに発生するものです．

　この高調波電流が送配電系統に流れ込み，ここに接続された電気/電子機器に異常が発生したり，交流電圧がひずんだりする障害が発生しています(図2)．障害を受けた機器で最も多いのは，負荷端に接続された調相設備である電力コンデンサと，その付属品の直列リアクトルです．

　一般に，送配電系統に接続された電気/電子機器の負荷電流の位相は交流電圧に対して遅れており，電力コンデンサを負荷端に接続して位相の遅れを少なくしています．この電力コンデンサに高調波電流が流れ込み，電力コンデンサおよび直列リアクトルが加熱したり，異音を発生したり，焼損したりする障害が発生しています．

　送配電系統に存在する高調波電流で最も多いのは第5次高調波電流ですが，負荷の遅れ力率を改善するために電力コンデンサをそのまま送配電系統に接続すると第5次高調波電流が増加してしまいます．

　直列リアクトルはそれを防ぐためのものであり，電力コンデンサに直列に接続し，電力コンデンサと直列リアクトルからなる直列回路のインピーダンスを誘導性にすることにより，電力コンデンサを接続しても第5次高調波電流が増加しないようにしています．

　図3は，1990年度から2008年度までの高調波電流による電気/電子機器の障害発生件数と台数の推移を示したものですが，2008年度における障害発生件数は46件，障害を発生した機器は80台あります．そのうち，直列リアクトルが35台，電力コンデンサが16台であり，この二つで全体の63.8 %を占めています(図4)．

　また，2009年度における総合電圧ひずみ率は以下のようであり，6 kV配電系統で1.57～2.06 %(平均値)，特別高圧系統で1.36 %(平均値)，超高圧系統で1.14 %(平均値)となっています．

▶6 kV系統，住宅地域(測定箇所10箇所)
　平均値：2.06 %，平均値+2σ：3.38 %
▶6 kV系統，商工業地域(測定箇所10箇所)
　平均値：1.57 %，平均値+2σ：2.85 %
▶特別高圧系統(22～154 kV系統，測定箇所24箇所)
　平均値：1.36 %，平均値+2σ：2.40 %
▶超高圧系統(187～500 kV系統，測定箇所19箇所)
　平均値：1.14 %，平均値+2σ：1.96 %

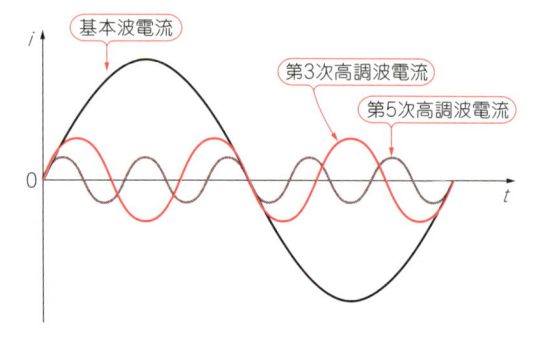

図1　基本波電流と奇数次の高調波電流

表1　基本波と高調波の周波数 ［単位：Hz］

基本波	2次	3次	4次	5次	6次	7次	…	n次
50	100	150	200	250	300	350	…	$50 \times n$
60	120	180	240	300	360	420	…	$60 \times n$

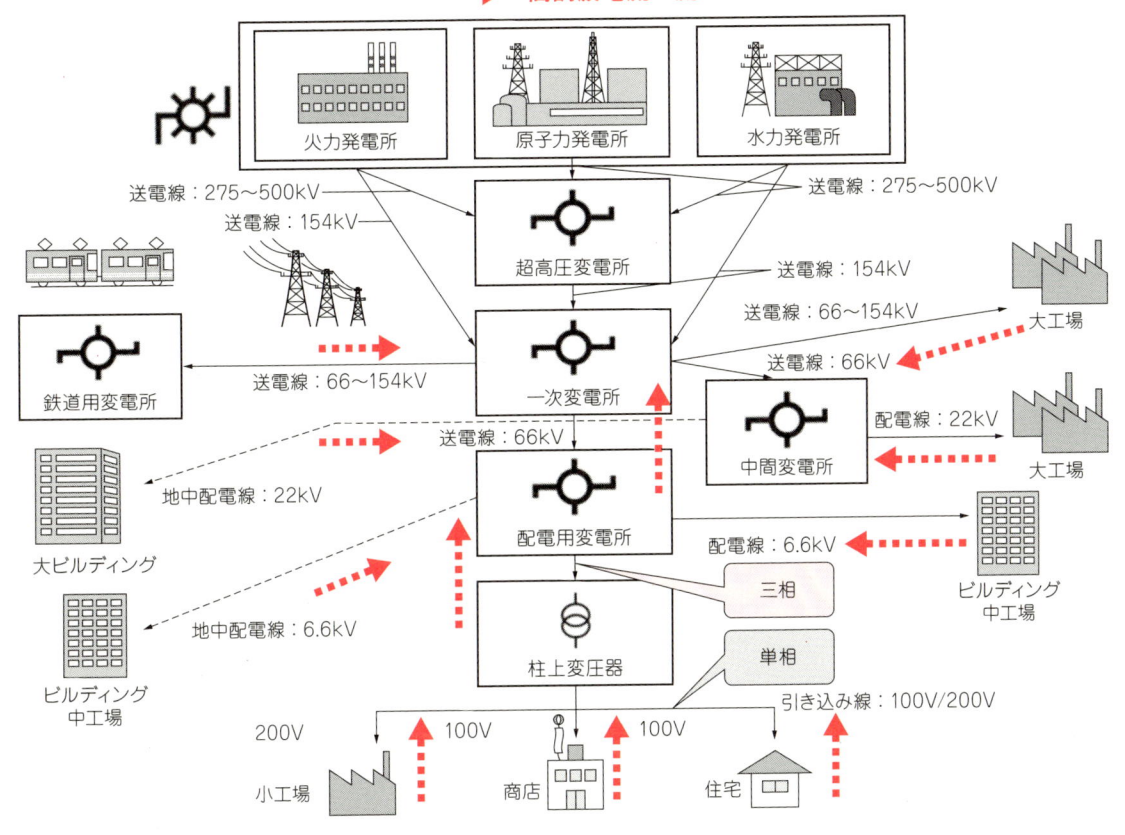

図2 送配電系統図と高調波電流の流れ

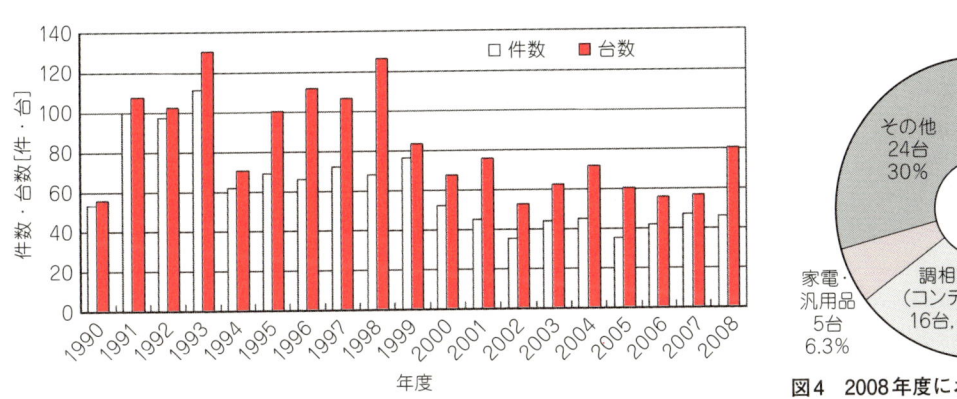

図3 高調波電流による電気/電子機器の障害発生件数と台数の推移

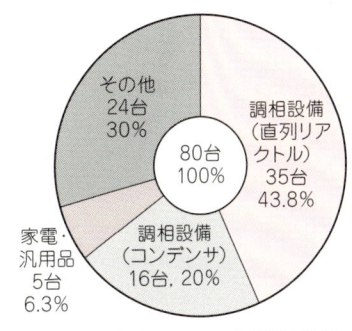

図4 2008年度における高調波電流による機器別障害発生台数と内訳比率

1-2 発生のメカニズム

高調波電流が流れると電流波形がひずみます．つまり，ひずんだ波形には高調波電流が含まれていることになります．**図5**はこの様子を表した一例で，基本波電流に基本波電流の振幅の0.3倍の振幅をもった第3次高調波電流を加えると，合成された電流は同図のようにひずんでしまいます．

電気/電子機器に幅広く使用されているキャパシタ・インプット形ブリッジ整流回路では，整流出力端とアース間に接続されている平滑キャパシタに式(1)で示される直流電圧が生じています．このために，交流入力電流は，交流電圧がこの直流電圧より高くなるピーク値付近の短い期間しか流れず，その結果，正弦波ではなくなって高調波電流が発生することになるの

[1] 高調波電流と発生のメカニズム 89

(a) 基本波電流　$i = \sin\omega t$

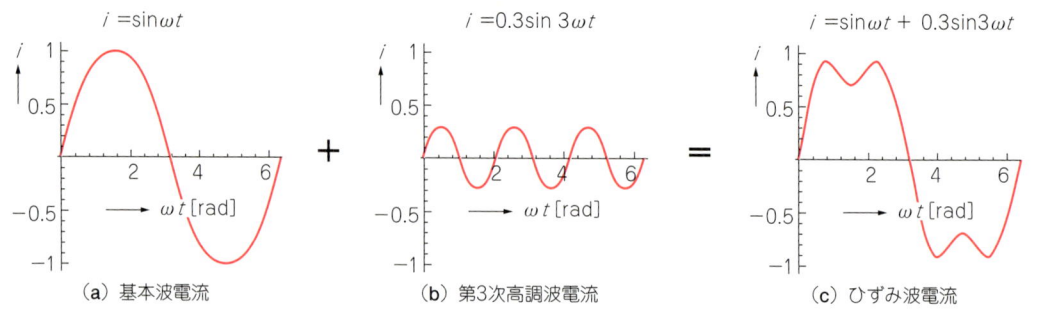

(b) 第3次高調波電流　$i = 0.3\sin 3\omega t$

(c) ひずみ波電流　$i = \sin\omega t + 0.3\sin 3\omega t$

図5　ひずみ波電流の一例

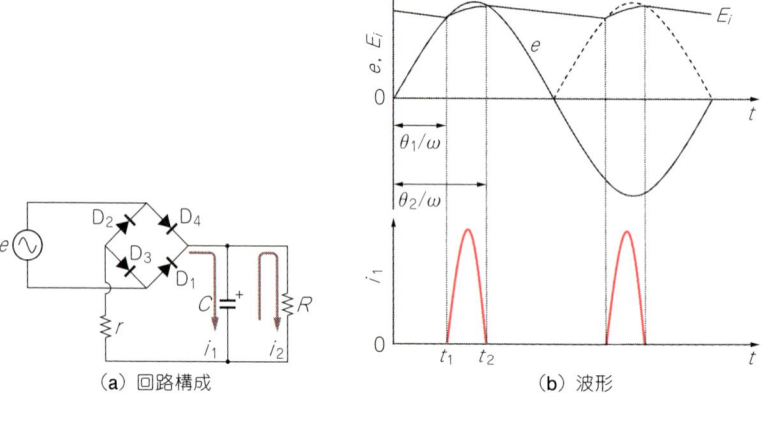

図6　キャパシタ・インプット形ブリッジ整流回路の交流入力電流
(a) 回路構成
(b) 波形

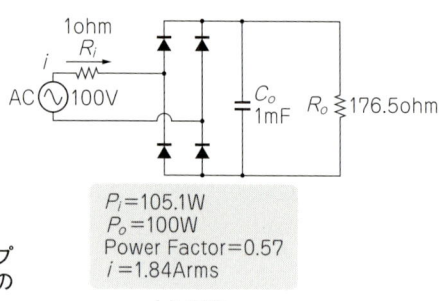

図7　キャパシタ・インプット形ブリッジ整流回路の基本波電流と高調波電流
(a) 回路
$P_i = 105.1W$
$P_o = 100W$
Power Factor = 0.57
$i = 1.84$ Arms
(b) シミュレーション結果

です（図6）．

ラッシュ電流防止抵抗 r は1Ω程度の低抵抗であり，これを無視しショートとして考えると，平滑キャパシタに発生する直流電圧は式(1)のようになります．なお，式中の θ_1 と消弧角 θ_2 については次節で説明します．

$$\overline{E_i} = \frac{2}{T}\left\{\int_{t_1}^{t_2} E_m \sin\omega t\, dt + \int_{t_2}^{\frac{T}{2}+t_1} E_m \sin\omega t_2\, \varepsilon^{-\frac{t-t_2}{CR}} dt\right\}$$

$$= \frac{2}{T}\left\{\frac{E_m}{\omega}[-\cos\omega t]_{t_1}^{t_2} + CRE_m \sin\omega t_2 \left[-\varepsilon^{-\frac{t-t_2}{CR}}\right]_{t_2}^{\frac{T}{2}+t_1}\right\}$$

$$= \frac{E_m}{\pi}\{\cos\theta_1 - \cos\theta_2 + \omega CR(\sin\theta_2 - \sin\theta_1)\} \cdots (1)$$

図7はキャパシタ・インプット形ブリッジ整流回路の高調波電流の発生量をシミュレーションしたものですが，交流入力電流が対称波であるために奇数次の高調波電流だけが発生しています．

一般に，ひずみ波電流は以下のようにフーリエ展開することができます．

$$i(t) = b_0 + \sum_{n=1}^{\infty}(a_n \sin n\omega t + b_n \cos n\omega t) \cdots (2)$$

ここで，

$$i(t) = -i\left(t + \frac{T}{2}\right)$$

が成り立つときの電流波形を対称波といいますが，キャパシタ・インプット形整流回路の交流入力電流も対称波であり，この場合の高調波電流は奇数次だけとなります．

$$-i\left(t + \frac{T}{2}\right) = -b_0 - \sum_{n=1}^{\infty} a_n \sin n\omega\left(t + \frac{T}{2}\right)$$

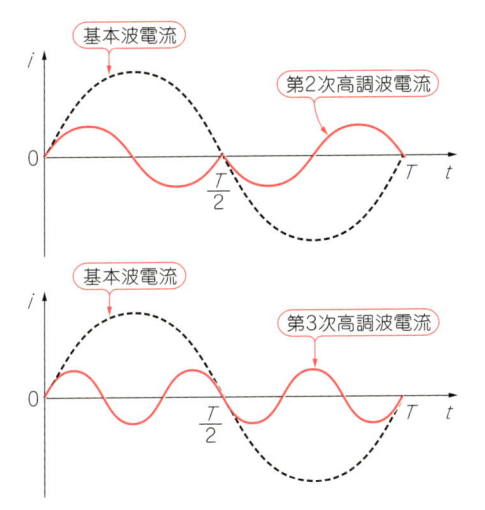

図8 対称波の場合の第2次高調波電流と第3次高調波電流

$$-\sum_{n=1}^{\infty} b_n \cos n\omega\left(t+\frac{T}{2}\right)$$

$$= -b_0 - \sum_{n=1}^{\infty} a_n(\sin n\omega t \cos n\pi + \cos n\omega t \sin n\pi)$$

$$\quad - \sum_{n=1}^{\infty} b_n(\cos n\omega t \cos n\pi - \sin n\omega t \sin n\pi)$$

$$= -b_0 - \sum_{n=1}^{\infty} a_n \sin n\omega t \cos n\pi - \sum_{n=1}^{\infty} b_n \cos n\omega t \cos n\pi$$

$$\cdots\cdots\cdots\cdots\cdots\cdots\cdots\cdots\cdots\cdots (3)$$

ここで,nが偶数のときは$\cos n\pi = 1$で,

$$-i\left(t+\frac{T}{2}\right)$$
$$= -b_0 - \sum_{n=1}^{\infty}(a_n \sin n\omega t + b_n \cos n\omega t)$$

となります.また,nが奇数のときは,

$$-i\left(t+\frac{T}{2}\right)$$
$$= -b_0 + \sum_{n=1}^{\infty}(a_n \sin n\omega t + b_n \cos n\omega t)$$

となります.

つまり,

$$i(t) = -i\left(t+\frac{T}{2}\right)$$

であるためには,$b_0 = 0$でnは奇数だけとなり,奇数次の高調波電流だけが発生することになります.

今,基本波電流に対して位相差がない第2次高調波電流と第3次高調波電流が発生したときのことを考えてみましょう.

図8に示すように,第2次高調波電流は前半の周期に発生する電流と後半に発生する電流の位相がπ[rad]ずれて極性が逆になるために,1周期間を積分するとゼロになります.第3次高調波電流は前半の周期に発生する電流と後半に発生する電流の位相と極性が同一であるために,1周期間を積分してもゼロにはなりません.このために交流入力電流が対称波であるときは奇数次の高調波電流が発生します.

ただし,対称波であっても交流入力電流が電源周波数周期の前半と後半で変動したときは,偶数次の高調波電流が発生することになります.

なお,交流入力電流が対称波でない場合,例えばサイリスタを用いた半波整流回路のような場合は,交流電圧の正の半サイクルのある期間だけ交流入力電流が流れることになり,偶数次と奇数次の高調波電流がともに発生します.

② 高調波電流の大きさ

2-1 高調波電流の大きさ

電気および電子機器に広く使用されているキャパシタ・インプット形ブリッジ整流回路の交流入力電流は,図6に示したような脈動電流です.このとき,平滑キャパシタの初期電圧をゼロとすると以下の等式が成り立ち,これより交流入力電流i_1が求められます.ただし,整流ダイオードの順方向電圧降下は無視しています.

$$\left.\begin{array}{l}ri_1 + \dfrac{1}{C}\int(i_1-i_2)dt = E_m \sin\omega t \\ \dfrac{1}{C}\int(i_1-i_2)dt = i_2 R\end{array}\right\} \cdots\cdots (4)$$

$$i_1 = \frac{\omega E_m}{\omega^2+\left(\dfrac{r+R}{CrR}\right)^2}\left\{\frac{1}{Cr^2}\cos\omega t\right.$$

$$\left.+\frac{1}{\omega}\cdot\frac{\omega^2 C^2 rR^2+r+R}{(CrR)^2}\sin\omega t - \frac{1}{Cr^2}\varepsilon^{-\frac{t}{\tau}}\right\}$$

$$=\frac{\sqrt{(\omega^2 C^2 rR^2+r+R)^2+(\omega CR^2)^2}}{(r+R)^2+(\omega CrR)^2}$$

$$\left.E_m\left\{\sin(\omega t+\alpha)-\sin\alpha\,\varepsilon^{-\frac{t}{\tau}}\right\}\right\}\cdots\cdots (5)$$

$$\left.\begin{array}{l}\tau = C\left(\dfrac{rR}{r+R}\right) \\ \alpha = \tan^{-1}\left(\dfrac{\omega CR^2}{\omega^2 C^2 rR^2+r+R}\right)\end{array}\right\}\cdots\cdots(6)$$

ここで,$C = 1000\,\mu\text{F}$,$r = 1\,\Omega$,$R = 150\,\Omega$とすると,

$$\tau = 1000 \times 10^{-6} \times \frac{1\times 150}{151} = 0.99\text{ ms}$$

となります.

一方,消弧角θ_2は第2象限の角度であり,t_2は5 msを越えます.したがって,θ_2における式(5)の括弧内の第2項はほぼゼロになり,θ_2におけるi_1は近似

的に次式となります．

$$i_1 = \frac{\sqrt{(\omega^2 C^2 rR^2 + r + R)^2 + (\omega CR^2)^2}}{(r+R)^2 + (\omega CrR)^2}$$
$$E_m \sin(\omega t + \alpha) \cdots\cdots\cdots\cdots\cdots (7)$$

これより，$i_1 = 0$，$\sin(\theta + \alpha) = 0$とおくと，$\theta_2 + \alpha = 0$，$\pi$，$2\pi$になりますが，$\theta_2$は第2象限の角度であるために$\theta_2 + \alpha = \pi$が正しく，これより$\theta_2$は次式となります．

$$\theta_2 = \pi - \alpha \cdots\cdots\cdots\cdots\cdots\cdots\cdots (8)$$

また，図6から式(9)が成り立ち，これからθ_1を図解によって求めることができます．

$$E_m \sin\theta_2 \varepsilon^{-\frac{T/2-(t_2-t_1)}{CR}} = E_m \sin\theta_2 \varepsilon^{-\frac{\pi-(\theta_2-\theta_1)}{\omega CR}}$$
$$= -E_m \sin(\pi + \theta_1) = E_m \sin\theta_1$$

$$\sin\theta_1 = \sin\theta_2 \varepsilon^{-\frac{\pi-(\theta_2-\theta_1)}{\omega CR}} \cdots\cdots\cdots (9)$$

つまり，θ_1を変化させたときの上式の右辺と左辺の値を求めて図に描いたときに，右辺と左辺と変化曲線の交点がθ_1の求める解となります．

ここで，θ_1とθ_2を求めてみましょう．

$$\frac{\omega CR^2}{\omega^2 C^2 rR^2 + r + R} = \frac{314 \times 1 \times 10^{-3} \times 150^2}{(314 \times 1 \times 10^{-3})^2 \times 1 \times 150^2 + 1 + 150}$$
$$= \frac{7065}{2218.41 + 151} = \frac{7065}{2369.41} = 2.9817$$

$$\alpha = \tan^{-1}\left(\frac{\omega CR^2}{\omega^2 C^2 rR^2 + r + R}\right)$$
$$= \tan^{-1} 2.9817 = 71.5° (1.247\text{rad})$$
$$\theta_2 = 180 - \alpha = 180 - 71.5 = 108.5° (1.893\text{rad})$$
$$\omega CR = 314 \times 1 \times 10^{-3} \times 150 = 47.1$$
$$\sin\theta_2 = \sin 108.5° = 0.948$$
$$\sin\theta_1 = 0.948\varepsilon^{-\frac{\pi-(1.893-\theta_1)}{47.1}} \cdots\cdots\cdots (10)$$

式(10)の位相角に対する左辺と右辺の値を図9に示しますが，これよりθ_1は次のように求められます．

$$\theta_1 = 64.2° (1.12 \text{ rad})$$

さて，式(5)の交流入力電流はゼロ時刻で流れ始める電流ですが，実際には整流ダイオードがOFFしているために時刻t_1までは電流は流れません．ここで，時刻t_1をゼロ時刻，このときのキャパシタ電圧の初期値を$E_m \sin\theta_1$として，交流入力電流を求めます．

$$\left.\begin{array}{l} ri_1 + \dfrac{1}{C}\int (i_1 - i_2) dt = E_m \sin(\omega t + \theta_1) \\[6pt] \dfrac{1}{C}\int (i_1 - i_2) dt = i_2 R \\[6pt] \dfrac{q(0)}{C} = V_C(0) = E_m \sin\theta_1 \end{array}\right\} \cdots (11)$$

上式から，交流入力電流は次のようになります．

$$i_1 = \frac{\sqrt{(\omega^2 C^2 rR^2 + r + R)^2 + (\omega CR^2)^2}}{(r+R)^2 + (\omega CrR)^2}$$
$$E_m\left\{\sin(\omega t + \theta_1 + \alpha) + \sin\alpha\left(\frac{r+R}{\omega CrR}\sin\theta_1 - \cos\theta_1\right)\varepsilon^{-\frac{t}{\tau}}\right\}$$
$$-\frac{E_m \sin\theta_1}{r}\varepsilon^{-\frac{t}{\tau}}$$
$$= \frac{\sqrt{(\omega^2 C^2 rR^2 + r + R)^2 + (\omega CR^2)^2}}{(r+R)^2 + (\omega CrR)^2}$$
$$E_m\left\{\sin(\omega t + \theta_1 + \alpha) + \sin\alpha\left(\frac{\sin\theta_1}{\omega\tau} - \cos\theta_1\right)\varepsilon^{-\frac{t}{\tau}}\right\}$$
$$-\frac{E_m \sin\theta_1}{r}\varepsilon^{-\frac{t}{\tau}} \cdots\cdots\cdots\cdots\cdots (12)$$

負荷電流i_2，平滑キャパシタの直流電圧も同様に求めることができます．

$$i_2 = \frac{E_m}{(r+R)^2 + (\omega CrR)^2}\left\{\cos(\theta_1 + \beta)\varepsilon^{-\frac{t}{\tau}} - \cos(\omega t + \theta_1 + \beta)\right\}$$
$$+\frac{E_m \sin\theta_1}{R}\varepsilon^{-\frac{t}{\tau}} \cdots\cdots\cdots\cdots\cdots (13)$$

ただし，$\beta = \tan^{-1}\dfrac{1}{\omega C\left(\dfrac{rR}{r+R}\right)^2} = \tan^{-1}\left(\dfrac{1}{\omega\tau}\right)$

$$\overline{E_i} = \frac{2}{T}\left\{\int_0^{t_2-t_1} V_C(t)dt + \int_{t_2}^{\frac{T}{2}+t_1} E_m \sin\omega t_2 \varepsilon^{-\frac{t-t_2}{cR}} dt\right\}$$
$$= \frac{2}{T}\left\{\int_0^{t_2-t_1} i_2 R dt + \int_{t_2}^{\frac{T}{2}+t_1} E_m \sin\omega t_2 \varepsilon^{-\frac{t-t_2}{cR}} dt\right\}$$
$$= \frac{E_m}{\pi}\left\{\frac{R}{(r+R)^2 + (\omega CrR)^2}\left[\omega\tau\cos(\theta_1 + \beta)\left(1 - \varepsilon^{-\frac{\theta_2-\theta_1}{\omega\tau}}\right)\right.\right.$$
$$\left.\left. - \sin(\theta_2 + \beta)\right] + \omega\tau \sin\theta_1\left(1 - \varepsilon^{-\frac{\theta_2-\theta_1}{\omega\tau}}\right)\right\}$$
$$+ \frac{E_m}{\pi}\left\{\omega cR(\sin\theta_2 - \sin\theta_1)\right\} \cdots\cdots\cdots\cdots (14)$$

式(12)の交流入力電流i_1を$t = 0$から$t = t_2 - t_1$までフーリエ級数に展開することにより，基本波電流と高調波電流を求めることができます．

等式が複雑になるために，ここでは交流入力電流を図10のように振幅がAの対称波の矩形波電流と仮定し，高調波電流を求めてみましょう．まず，b_0を求めると0になります．

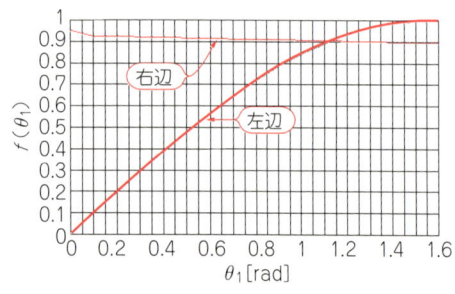

$$b_0 = \frac{1}{T}\int_0^T i dt = 0 \cdots\cdots\cdots\cdots\cdots (15)$$

図9 式(10)の右辺と左辺の変化

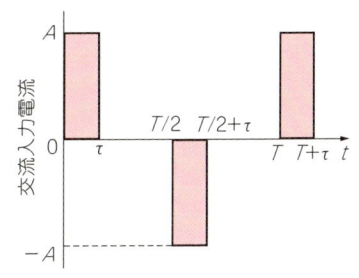

図10 矩形波電流（対称波電流）と仮定したときの交流入力電流

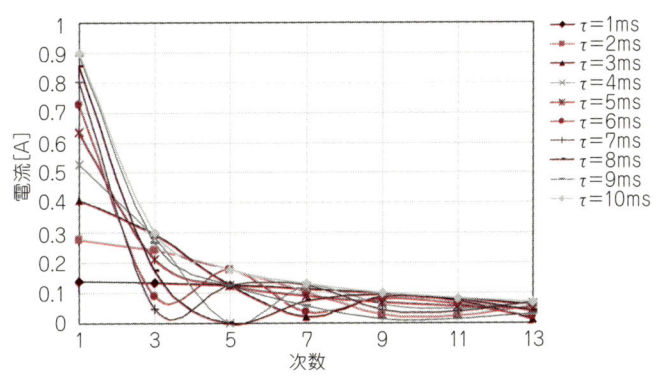

図11 矩形波電流の次数と基本波電流および高調波電流
（振幅 $A = 1$，周期 $T = 20$ ms）

次に a_n について求めます．

$$a_n = \frac{2}{T}\int_0^T i\sin n\omega t\,dt$$

$$= \frac{2A}{T}\left\{\int_0^\tau \sin n\omega t\,dt - \int_{\frac{T}{2}}^{\frac{T}{2}+\tau}\sin n\omega t\,dt\right\}$$

$$= \frac{2A}{T}\left\{\left[\frac{-\cos n\omega t}{n\omega}\right]_0^\tau - \left[\frac{-\cos n\omega t}{n\omega}\right]_{\frac{T}{2}}^{\frac{T}{2}+\tau}\right\}$$

$$= \frac{2A}{T}\left\{\frac{1-\cos n\omega\tau}{n\omega} - \frac{\cos n\pi(1-\cos n\omega\tau)}{n\omega}\right\}\cdots(16)$$

式(16)の a_n は，n が偶数のときはゼロになり存在しませんが，n が奇数のときは式(17)となります．

$$a_n = \frac{2A}{T}\left\{\frac{1-\cos n\omega\tau}{n\omega} + \frac{1-\cos n\omega\tau}{n\omega}\right\}$$

$$= \frac{4A}{n\omega T}(1-\cos n\omega\tau)\cdots\cdots\cdots(17)$$

また，b_n についても求めます．

$$b_n = \frac{2}{T}\int_0^T i\cos n\omega t\,dt$$

$$= \frac{2A}{T}\left\{\int_0^\tau \cos n\omega t\,dt - \int_{\frac{T}{2}}^{\frac{T}{2}+\tau}\cos n\omega t\,dt\right\}$$

$$= \frac{2A}{T}\left\{\left[\frac{\sin n\omega t}{n\omega}\right]_0^\tau - \left[\frac{\sin n\omega t}{n\omega}\right]_{\frac{T}{2}}^{\frac{T}{2}+\tau}\right\}$$

$$= \frac{2A}{T}\left\{\frac{\sin n\omega\tau}{n\omega} - \frac{\cos n\pi\sin n\omega\tau}{n\omega}\right\}\cdots\cdots(18)$$

式(18)の b_n は a_n と同様であり，n が奇数のときだけ存在し，式(19)となります．

$$b_n = \frac{2A}{T}\left\{\frac{\sin n\omega\tau}{n\omega} + \frac{\sin n\omega\tau}{n\omega}\right\}$$

$$= \frac{4A}{n\omega T}\sin n\omega\tau \cdots\cdots\cdots\cdots(19)$$

以上より，第 n 次の高調波電流とその実効値は次のようになります．

$$i_n = a_n\sin n\omega t + b_n\cos n\omega t$$

$$= \sqrt{a_n^2 + b_n^2}\sin(n\omega t + \phi_n)$$

$$= \frac{4A}{n\omega T}\sqrt{2(1-\cos n\omega\tau)}\sin(n\omega t + \phi_n)$$

$$= \frac{2A}{n\pi}\sqrt{2(1-\cos n\omega\tau)}\sin(n\omega t + \phi_n)\cdots(20)$$

ただし，$\phi_n = \tan^{-1}\left(\dfrac{\sin n\omega\tau}{1-\cos n\omega\tau}\right)$

$$i_{n(\text{rms})} = \sqrt{\frac{a_n^2+b_n^2}{2}} = \frac{2A}{n\pi}\sqrt{1-\cos n\omega\tau}\cdots\cdots(21)$$

式(21)で振幅を $A = 1$ として，矩形波電流が流れている期間 τ を変化させたときの高調波電流の大きさは**図11**となります．一般的に，次数が高くなると高調波電流は少なくなります．また，矩形波電流の流れている期間 τ が伸びると基本波電流が大きくなり，高調波電流の発生比率は減少します．これらの関係を**図12**に示します．

図12において，各次数の高調波電流は周期的にある期間 τ でゼロになります．T を商用電源の1周期間とすると，$n\omega\tau = 2\pi$，つまり $\tau = T/n$ となるときに式(21)で与えられる高調波電流はゼロになります．例えば，$T = 20$ ms とすると，第5次高調波電流は $\tau = 20$ ms/5 = 4 ms となり $\tau = 4$ ms，8 ms でゼロになります．

逆に $n\omega\tau = \pi$，つまり $\tau = 0.5T/n$ となるときに高調波電流は最大になります．例えば，第5次高調波電流は，$\tau = 10$ ms/5 = 2 ms となり，$\tau = 2$ ms，6 ms，10 ms で最大になります．

2-2 総合高調波ひずみ率および力率と高調波電流の関係

P を有効電力，S を皮相電力，V_1 を基本波電圧，V_0 を直流電圧成分，V_n を n 次高調波電圧，I_1 を基本波電流，I_0 を直流電流成分，I_n を n 次高調波電流とすると，総合高調波ひずみ（*THD*；Total Harmonic Distortion）

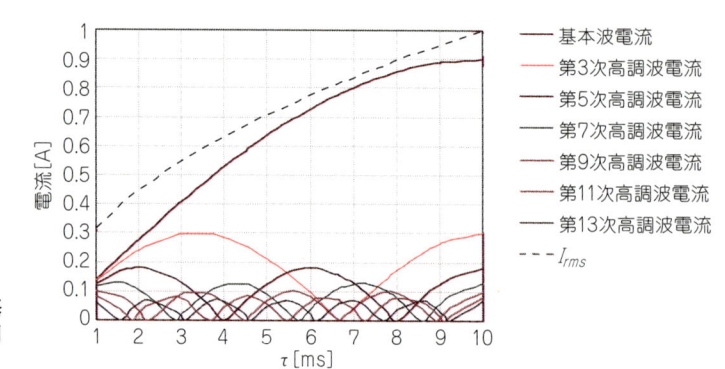

図12 矩形波電流の流れている期間 τ と基本波電流および高調波電流（振幅 $A=1$，周期 $T=20$ ms）

と力率（PF；Power Factor）は下記のようになります。なお，V_1，V_0，V_n，I_1，I_0，I_n は実効電圧，実効電流です。

$$
\text{電流 } THD = \frac{\sqrt{\sum_{n=2}^{\infty} I_n^2}}{I_1} = \frac{\sqrt{I_{RMS}^2 - I_1^2}}{I_1}
$$

$$
= \frac{\text{高調波電流の総和}}{\text{基本波電流}} \quad \cdots\cdots\cdots (22)
$$

ちなみに，JIS C 61000-3-2（「電磁両立性 第3-2部：限度値-高調波電流発生限度値（1相当たりの入力電流が20 A以下の機器）」）や，IEC61000-3-2（"Electromagnetic compatibility（EMC）Part3: Limits-Limits for Harmonic Current Emissions（Equipment Input Current ≤ 16A per Phase"）で規定している電流 THD は，n は40次までとしています。

$$
\text{電流 } THD = \frac{\sqrt{\sum_{n=2}^{40} I_n^2}}{I_1}
$$

$$
= \frac{\text{40次までの高調波電流の総和}}{\text{基本波電流}} \cdots (23)
$$

このときの基本波電流に対する第 n 次高調波電流の比率を n 次高調波電流ひずみといいます。

$$
n \text{ 次高調波電流ひずみ} = \frac{I_n}{I_1} \cdots\cdots\cdots\cdots (24)
$$

また，力率は次式で与えられます。

$$
PF = \frac{P}{S} = \frac{V_0 I_0 + \sum_{n=1}^{\infty} V_n I_n \cos\varphi_n}{V_{rms} I_{rms}}
$$

$$
= \frac{V_0 I_0 + \sum_{n=1}^{\infty} V_n I_n \cos\varphi_n}{\sqrt{V_0^2 + V_1^2 + V_2^2 + V_3^2 + \cdots}\sqrt{I_0^2 + I_1^2 + I_2^2 + I_3^2 + \cdots}}
$$

$$
= \frac{V_0 I_0 + \sum_{n=1}^{\infty} V_n I_n \cos\varphi_n}{\sqrt{V_0^2 + \sum_{n=1}^{\infty} V_n^2}\sqrt{I_0^2 + \sum_{n=1}^{\infty} I_n^2}} \cdots\cdots (25)
$$

特に電源電圧が基本波だけからなり，一方，電流は高調波電流を含むとすると力率は次のようになります。

$$
PF = \frac{V_1 I_1 \cos\varphi_1}{V_1 \sqrt{\sum_{n=1}^{\infty} I_n^2}}
$$

$$
= \frac{V_1 I_1 \cos\varphi_1}{V_1 \sqrt{I_1^2 + I_2^2 + I_3^2 + \cdots}}
$$

$$
= \frac{I_1 \cos\varphi_1}{\sqrt{I_1^2 + I_2^2 + I_3^2 + \cdots}}
$$

$$
= \frac{\cos\varphi_1}{\sqrt{1 + (I_2/I_1)^2 + (I_3/I_1)^2 + (I_4/I_1)^2 \cdots}}
$$

$$
= \frac{\cos\varphi_1}{\sqrt{1 + (THD)^2}}
$$

$$
\cdots\cdots\cdots\cdots\cdots\cdots\cdots\cdots\cdots\cdots\cdots (26)
$$

式(26)の中で φ_1 は基本波電圧と基本波電流の位相角を示すものであり，$\cos\varphi_1$ を位相率といいます。

式(26)の力率は，高調波電流が減少し総合高調波ひずみが小さくなると大きくなります（図13）。

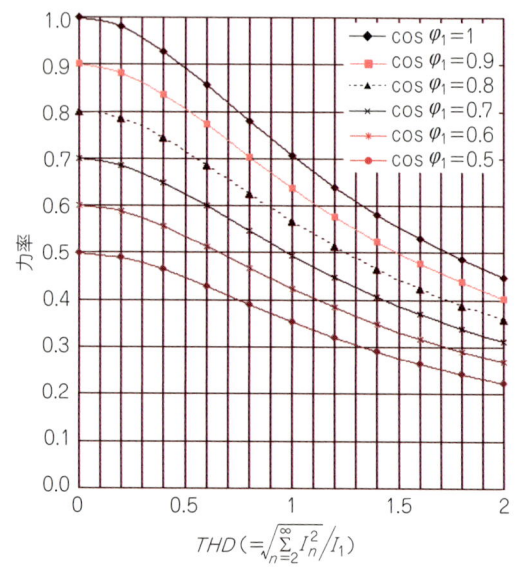

図13 総合高調波ひずみと力率の関係

表2 測定に使用した家庭用電気および電子機器の定格と台数

	定格	台数
テレビジョン受像機	32型ワイド・テレビ 定格消費電力：168 W，年間消費電力量：203 kWh/年	1
冷蔵庫	定格消費電力　電動機：110 W，電熱装置：112 W 消費電力量：38 kWh/月	1
照明用インバータ	消費電力：77 W，入力電流：0.79 A 2次電圧：260 V，全光束：6520 lm エネルギー消費効率：84.7 lm/W 円形蛍光灯：FCL32/30×1，FCL40/38×1	1
電球型蛍光ランプ	定格消費電力：13 W，全光束：690 lm/W	5
冷暖房兼用エア・コンディショナ	暖房　能力：4.2 kW，消費電力：1015(105〜1685) W 　　　運転電流：11.28(最大19.7) A 冷房　能力：2.8 kW，消費電力：725(95〜995) W 　　　運転電流：8.06(最大11.0) A	1

表3 測定に使用した家庭用電気および電子機器の等価回路とJIS C 61000-3-2での機器のクラス分けと高調波抑制対策

	等価回路	クラス分け	高調波抑制対策
テレビジョン受像機	キャパシタ・インプット形ブリッジ整流回路 R_1：0.47 Ω，R：124 Ω，C：1500 μF，L_C：6.5 mH	D	○ 交流リアクトル方式 L_C = 6.5 mH
冷蔵庫	圧縮機：カゴ型誘導電動機，主巻き線抵抗：3.5 Ω，補助巻き線抵抗：7.1 Ω	A	× 特に設けていない
照明用インバータ	1石複合型インバータ 蛍光灯：FCL32/30，FCL40/38 整流出力以降のインバータの等価抵抗：120 Ω 蛍光灯：FCL32/30，FCL40/38	C	○ 従来のインバータにPFC機能をもたせた
電球型蛍光ランプ	キャパシタ・インプット形ブリッジ整流回路 R_1：4.7 Ω，R：1200 Ω，C：22 μF	C	○ R_1とCの定数を変更し，対策した
冷暖房兼用エア・コンディショナ	キャパシタ・インプット形全波倍電圧整流回路 C_{d1}，C_{d2}：360 μF，C：1600 μF，L_C：6 mH	A	○ 交流リアクトル方式 L_C = 6 mH

2-3 家庭用電気/電子機器の高調波電流の発生量

　テレビジョン受像機，冷蔵庫，照明器具(照明用インバータ)，電球形蛍光ランプ，冷暖房兼用エア・コンディショナを使用し，高調波電流の測定を行いました．測定に使用した家庭用電気/電子機器の定格と台数を表2に，その等価回路とJIS C 61000-3-2での機器

表4 JIS C 61000-3-2で規定されている機器のクラス分け

	JIS C 61000-3-2で規定されている電気および電子機器
クラスA	平衡三相機器 家庭用機器（クラスDに分類されるものを除く） 電動工具（手持ち型を除く） 白熱電球用調光器 音響機器 他のクラスに属さない機器はクラスAに分類する
クラスB	手持ちの電動工具 専門家用でないアーク溶接機
クラスC	照明機器
クラスD	次に示す有効入力電力が600 W以下の機器 パーソナル・コンピュータおよび同モニタ テレビジョン受信機 インバータで制御する圧縮機を搭載する冷蔵庫

表5 高調波電流測定時の家庭用電気および電子機器の動作状態

		消費電力 [W]	力率	電流THD [%]	高調波電流の含有率 [%]	
					3次高調波	5次高調波
テレビジョン受像機		154.6	0.757	76.0	73.5	33.4
冷蔵庫		128.6	0.625	18.7	5.2	2.8
照明用インバータ		81.6	0.978	17.2	16.5	7.97
電球型蛍光ランプ(5本)		81.3	0.618	113.0	89.4	60.0
冷暖房兼用エア・コンディショナ	暖房	1110.0	0.898	44.1	43.3	3.78
	冷房	640.0	0.864	53.3	53.9	7.97

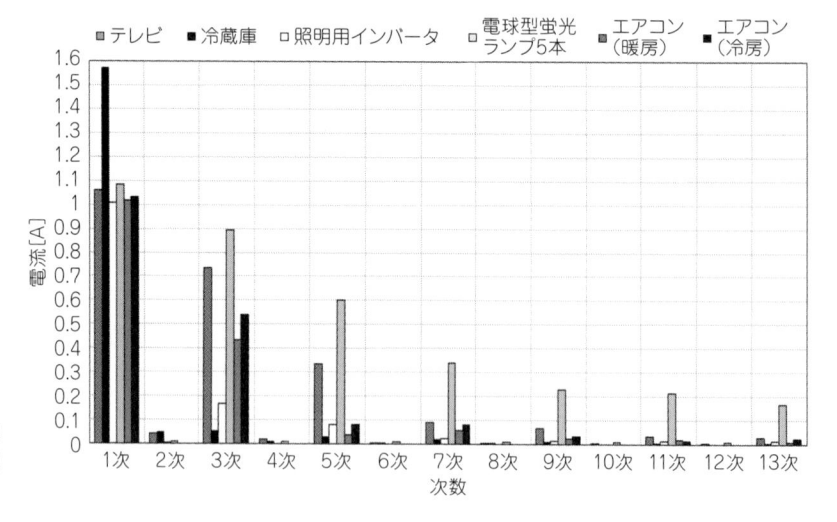

図14 家庭用電気および電子機器の100 W当たりの基本波電流と高調波電流の発生量

のクラス分け並びに高調波抑制対策を表3に示します．

JIS C 61000-3-2では電気/電子機器をクラスA，クラスB，クラスC，クラスDの四つのクラスに分類し，それぞれについて高調波電流の限度値を規定しています．表3の機器のクラス分けとはこれを意味しており，それらの分類を表4に示します．また，表5は高調波電流測定時の各家庭用電気/電子機器の動作状態を示したものです．

測定した結果，高調波電流はすべての機器でJIS C 61000-3-2で規定されている限度値に入っていました．同一電力に換算したときの高調波電流の発生量は，図14に示すように，冷蔵庫，照明用インバータ，エア・コンディショナ，テレビジョン受像機，電球型蛍光ランプの順で少なくなっています．特に冷蔵庫は主回路がモータであるために，電流の位相が遅れており力率は0.625と低いのですが，波形はほとんどひずんでいないため高調波電流の発生量は極めて少ないです．

図15は家庭用電気/電子機器の動作状態における交流入力電流の波形を示したものですが，図15(c)が冷蔵庫の交流入力電流の波形です．次いで少なかったのが，限度値の厳しい照明用インバータです．交流入力電流は正弦波ではありませんが，1周期間に渡って流れており，力率が0.978と高く，高調波電流の発生量が少ないのです．

基本波電流に対する高調波電流の位相も機器によって異なっています．これらを表6に示します．このた

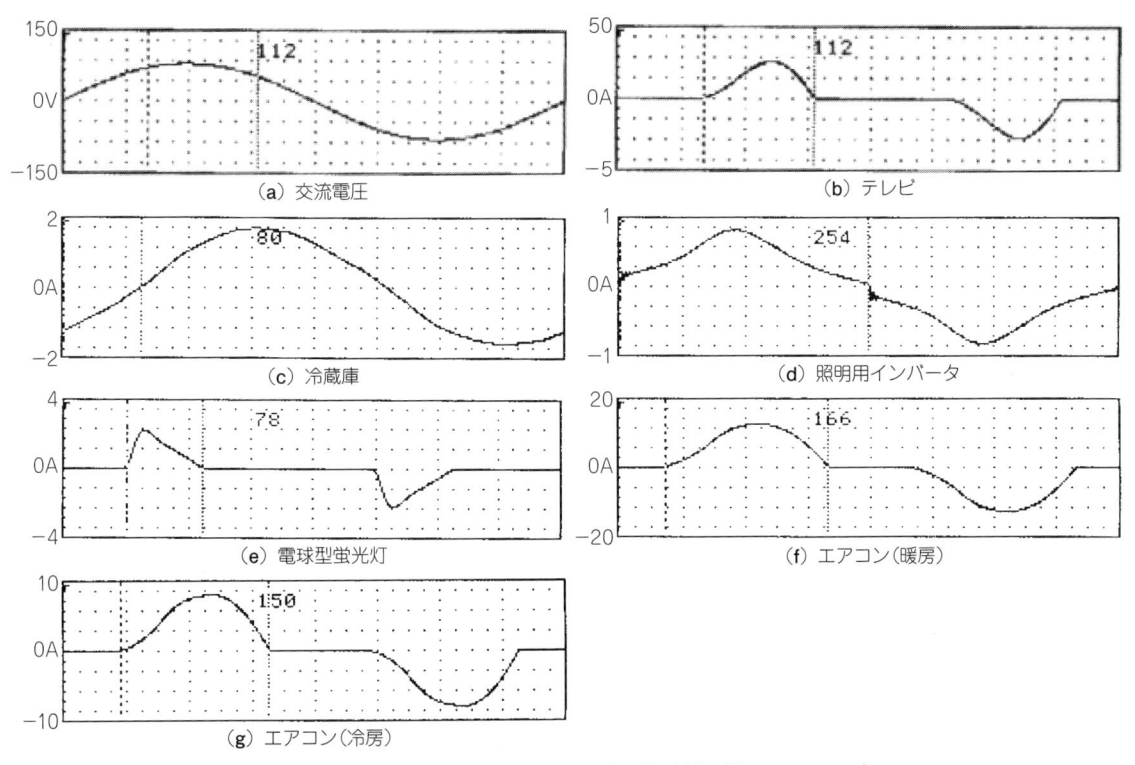

図15 家庭用電気および電子機器の動作状態における交流入力電流の波形（水平軸：2.5 ms/div）

(a) 交流電圧
(b) テレビ
(c) 冷蔵庫
(d) 照明用インバータ
(e) 電球型蛍光灯
(f) エアコン（暖房）
(g) エアコン（冷房）

表6 家庭用電気および電子機器の高調波電流の基本波電流に対する位相（単位：度）

	基本波	3次	5次	7次	9次	11次	13次	15次
テレビジョン受像機	−15.9	129.7	−92.4	5.3	72.8	165.9	−141.8	−47.7
冷蔵庫	−53.0	118.0	13.5	−117.5	106.6	51.8	−68.0	−122.3
照明用インバータ	5.6	−161.2	18.7	−30.8	0.5	−12.3	−9.6	−14.6
電球型蛍光ランプ(5本)	22.6	−112.0	118.9	4.4	−88.5	168	53.0	−52.7
エア・コンディショナ 暖房	−7.3	154.9	−135.9	−66.4	6.2	34.2	135.5	162.7
エア・コンディショナ 冷房	−11.5	142.6	−96.3	−72.5	29.8	64.0	128.3	−145.6

表7 家庭用電気および電子機器が単独で動作したときの電流の合計値(A)と同時に動作したときの合成電流(B)の比較

No.	電気/電子機器の組み合わせ (a)	(b)	(c)	(d)	(e)	各次数における比率：{(B)/(A)}×100 [%] 3次	5次	7次	9次	11次	13次	力率
1	●	●				51.0	35.8	100	44.7	49.3	55.8	0.898
2	●		●			91.2	84.2	100	94.8	67.8	75.5	0.868
3	●			●		97.2	88.6	87.5	84.7	90.9	98.0	0.756
4	●				●	95.7	80.0	89.6	82.4	96.8	69.4	0.894
5		●	●			85.6	92.2	91.2	99.5	98.9	97.2	0.820
6			●	●		79.2	89.1	71.4	76.9	55.6	100	0.808
7				●	●	97.8	85.5	96.5	74.2	91.8	94.2	0.900
8	●	●	●			50.2	29.8	99.1	42.6	100	64.2	0.869
9		●	●	●		88.9	76.1	88.9	84.6	60.6	65.6	0.830
10	●		●	●	●	92.5	70.9	88.3	79.4	90.2	71.8	0.897
11	●	●			●	49.9	26.2	94.7	53.6	91.3	60.9	0.909
12		●	●	●	●	90.7	63.6	87.3	76.9	90.2	62.8	0.907
13	●	●	●	●	●	79.1	53.1	56.4	86.7	18.1	76.5	0.920

めに，機器を併用したときの合成電流は，各機器が単独で動作したときの高調波電流の合計値（単純和）よりも減少します．比較結果を表7に示します．

3 電力用コンデンサと第5次高調波電圧

3-1 送配電系統に存在する高調波電流の大きさ

電気/電子機器から発生する高調波電流は，一般に次数が低いほど大きくなります．しかし，一番低い第3次と3の倍数次の高調波電流は系統に存在する変圧器のΔ巻線によって短絡されるために，系統に存在する高調波電流は次に次数の低い第5次高調波電流が最大となります．

図16は休日の20時に家電/汎用品によって特別高圧系統に流出する高調波電流を示したものですが，第5次高調波電流が最大になっています．

3-2 三相変圧器のΔ結線と第3次高調波電流

図17は三相変圧器の1次側をΔ結線，2次側をY結線したときの線電流と相電流を表したものです．ここで，u相，v相，w相の相電流は式(27)のように表すことができ，これより線電流を求めると式(28)のようになります．

$$\left. \begin{array}{l} I_u = \sum_{n=1}^{\infty} I_n \sin n(\omega t) \\ I_v = \sum_{n=1}^{\infty} I_n \sin n(\omega t + 2\pi/3) \\ I_w = \sum_{n=1}^{\infty} I_n \sin n(\omega t - 2\pi/3) \end{array} \right\} \quad \cdots\cdots (27)$$

$$\left. \begin{array}{l} I_{uw} = I_w - I_u \\ \quad = \sum_{n=1}^{\infty} I_n \{\sin n(\omega t - 2\pi/3) - \sin n(\omega t)\} \\ I_{wv} = I_v - I_w \\ \quad = \sum_{n=1}^{\infty} I_n \{\sin n(\omega t + 2\pi/3) - \sin n(\omega t - 2\pi/3)\} \\ I_{vu} = I_u - I_v \\ \quad = \sum_{n=1}^{\infty} I_n \{\sin n(\omega t) - \sin n(\omega t + 2\pi/3)\} \end{array} \right\} \cdots (28)$$

ここで，$n=3$ を代入し I_{uw} の3次高調波電流 I_{uw3} を求めるとゼロになります．

$$I_{uw3} = I_3 \{\sin(3\omega t - 2\pi) - \sin 3\omega t\} = 0$$

同様に，I_{wv3} も I_{vu3} もゼロになります．

$$\begin{aligned} I_{wv3} &= I_{v3} - I_{w3} \\ &= I_3 \{\sin(3\omega t + 2\pi) - \sin(3\omega t - 2\pi)\} \\ &= I_3 (\sin 3\omega t - \sin 3\omega t) = 0 \\ I_{vu3} &= I_{u3} - I_{v3} \\ &= I_3 \{\sin 3\omega t - \sin(3\omega t + 2\pi)\} \\ &= I_3 (\sin 3\omega t - \sin 3\omega t) = 0 \end{aligned}$$

つまり，変圧器の1次巻線をΔ結線にすると第3次高調波電流は1次巻線を循環し短絡されることになり，第3次高調波電流は線電流としては流れ出ないことになります．

図18は，図17のΔ-Y結線における相電流 I_w および I_u と線電流 I_{uw} の関係を図示したものです．相電流 I_w および I_u に存在する第3次高調波電流は大きさと位相が同じであるために，I_w から I_u を減じた線電流 I_{uw} には第3次高調波電流は現れずゼロになります．n が3の倍数の場合も同様であり，3の倍数次の高調波電流は線電流には現れません．例として，$n=9$ のときの線電流を求めると第9次高調波電流はゼロとなります．

$$I_{uw9} = I_9 \{\sin(9\omega t - 6\pi) - \sin 9\omega t\} = 0$$

同様に，I_{wv9} も I_{vu9} もゼロになります．

$$\begin{aligned} I_{wv9} &= I_{v9} - I_{w9} \\ &= I_9 \{\sin(9\omega t + 6\pi) - \sin(9\omega t - 6\pi)\} \end{aligned}$$

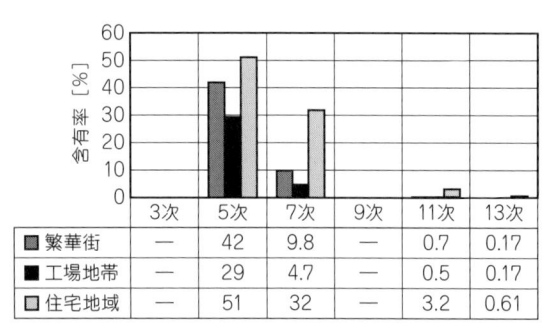

	3次	5次	7次	9次	11次	13次
■ 繁華街	—	42	9.8	—	0.7	0.17
■ 工場地帯	—	29	4.7	—	0.5	0.17
□ 住宅地域	—	51	32	—	3.2	0.61

図16 家電・汎用品によって特別高圧系統に流出する高調波電流（休日，20時）

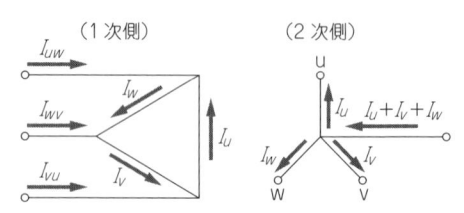

図17 Δ-Y結線の場合の線電流および相電流

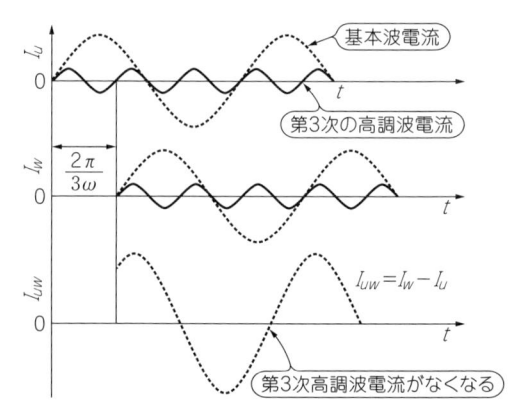

図18 Δ-Y結線の場合の相電流 I_u および I_w と線電流 I_{uw}

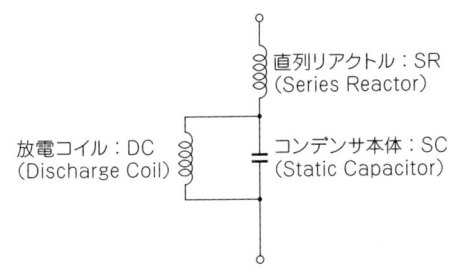

図19　電力用コンデンサの等価回路

$$\begin{aligned} &= I_9(\sin 9\omega t - \sin 9\omega t) = 0 \\ I_{vu9} &= I_{u9} - I_{v9} \\ &= I_9\{\sin 9\omega t - \sin(9\omega t + 6\pi)\} \\ &= I_9(\sin 9\omega t - \sin 9\omega t) = 0 \end{aligned}$$

3-3　電力用コンデンサの等価回路

電力用コンデンサの等価回路を図19に示します．コンデンサ本体(static capacitor)のほかに，直流電圧を放電させるための放電コイル(discharge coil)と，第5次高調波電流の増加を抑制するための直列リアクトル(series reactor)が付いています．

次節で説明するように，コンデンサ本体だけを送配電系統に接続すると第5次高調波電流が増加してしまいます．直列リアクトルはこれを抑制するためのものです．

3-4　直列リアクトルの役目

直列リアクトルがない場合に電力用コンデンサを送配電系統に接続すると，端子a-b間電圧は式(29)で与えられるように電源の内部インダクタンスに発生する電圧(V_{Li})分，第5次高調波電圧が増加してしまいます．図20はこの様子を示したものです．

$$V_{a-b} = E_5 + V_{Li} \quad \cdots\cdots\cdots\cdots\cdots (29)$$

直列リアクトルがあると，負荷が誘導性になるために図21に示すように第5次高調波電流が電圧に対して$\pi/2$遅れ，端子a-b間電圧は先ほどとは逆に電源の内部インダクタンスに発生する電圧分，第5次高調波電圧が減少します．このときの端子a-b間電圧は式(30)となります．

$$V_{a-b} = E_5 - V_{Li} \quad \cdots\cdots\cdots\cdots\cdots (30)$$

端子a-b間を誘導性にするためには，式(31)を満足すればよいのですが，万が一ωが低下すると左辺の$5\omega L$が減少してしまい，等式を満足しなくなる場合が生じます．そのために，実際にはωLは$(1/\omega C)$の5％から6％に選びますが［式(32)］，6％が一般的

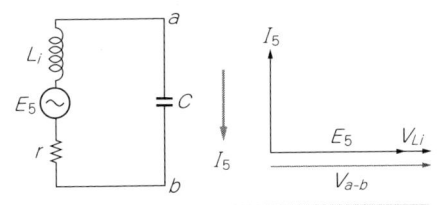

図20　直列リアクトルがない場合の第5次高調波電圧

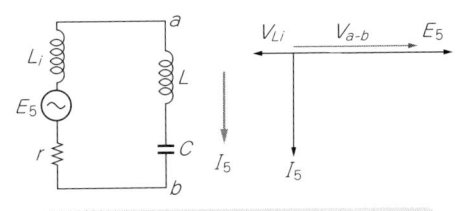

E_5：第5次高調波電圧
V_{Li}：電源の内部インダクタンスに発生する電圧

図21　直列リアクトルがある場合の第5次高調波電圧

E_5：第5次高調波電圧
V_{Li}：電源の内部インダクタンスに発生する電圧

です．なお，6％のものを6％直列リアクトルといいます．

$$5\omega L > \frac{1}{5\omega C} \text{より,}$$

$$\omega L > \frac{1}{25\omega C} = 0.04\left(\frac{1}{\omega C}\right) \cdots\cdots\cdots (31)$$

$$\omega L = 0.05\left(\frac{1}{\omega C}\right) \sim 0.06\left(\frac{1}{\omega C}\right) \cdots\cdots (32)$$

◆参考文献◆

(1) IEC61000-3-2 Edition 3.2, "Electromagnetic compatibility (EMC)Part3: Limits-Limits for Harmonic Current Emissions (Equipment Input Current ≦16A per Phase", Apr. 2009.
(2) JIS，電磁両立性−第3-2部：限度値−高調波電流発生限度値(JIS C 61000-3-2)，2011年2月21日．
(3) 電気事業連合会；2009年度電力系統における高調波の実態，2010年4月23日．
(4) 落合政司，松尾博文："異種の電気及び電子機器を併用したときの高調波電流について"，電子情報通信学会論文誌，Vol. J84-B, No. 4, pp. 818〜820(2001. 4).
(5) (社)電気共同研究会；電力系統における高調波とその対策，電気共同研究，第46巻，2号，pp.46〜47，1990年．
(6) 電研第2種合格テキスト，第4巻水力発電・変電の4週間，pp.183〜184，(株)電気書院，平成2年7月30日．
(7) JIS C 4908-1998，高圧及び特別高圧進相用コンデンサ及び付属機器，1998年3月20日．

デバイス Device

高効率電源モジュールMPM01/04＋部品3個で作れる

入力9～40V，出力1.8～24V/3Aの コンパクトDC-DCコンバータ

山岸 利幸
Yamagishi Toshiyuki

　定電圧回路には，効率の面より，ノイズが制限される一部の電気/電子機器を除いてDC-DCコンバータが一般的に採用されています．しかし最近，DC-DCコンバータが高周波数化されてきており，ここに使う部品の選定，設計，基板への実装に当たっては従来にないノウハウが必要となり，製作するのが困難になってきています．

　本稿では，簡単にDC-DCコンバータ回路を構成できるモジュールを紹介し，その使用例について述べます．

電源回路の種別

● ドロッパ電源の例

　代表的な例では3端子レギュレータICが該当します．"78M05"とか"7812"などの通称で呼ばれるものがそうです．

　これらはその特性上，「損失＝入出力間電圧差×出力電流」がそのまま発熱となり，変換効率としては，スイッチング電源と比較すると低くはなるものの，入力-GND間，出力-GND間にコンデンサを挿入するだけの簡単かつ部品点数が少ない安価な回路で，安定化電源を構成できます(図1)．

● DC-DCコンバータの構成例

　入力電圧よりも低い出力電圧を得る降圧チョッパ型の回路を例に取ると，図2のような回路構成になります．

　スイッチングを最適制御するための制御ICは，専用のコントローラICが市販されています．

　主回路部品としては，スイッチ素子であるパワーMOSFET，転流ダイオード，インダクタ，電解コンデンサC_{in}，C_{out}が必要です．

　そのほか，制御IC周辺部品として，出力電圧を分圧して制御ICに取り込むための検出抵抗～位相補償回路のコンデンサ，抵抗などの部品も必要です．

　近年では制御回路とパワーMOSFETを統合して，1チップ/1パッケージ化したICもあります．

　ただし，制御ICが多機能になると，外付け部品点数が多くなる傾向にはあります．そういった事情も踏まえて，制御ICを選定するところから…，多くの場合はどれを使ったら良いのか？ と，設計者自身が迷うことになります．標準部品化などで「これを使う」というのが決まっていないと，インターネットで検索して調べたりちょっと面倒です．制御ICのアプリケーション・ノートなどには，制御ICの周辺部品/定数などが記載され，それにしたがって開発を進めるという設計手法もあります．

　さて，使用する部品が決まると，次は実装する基板設計に進みます．

　ドロッパ電源と違い，効率が良い反面，高周波でパルス駆動するスイッチング電源の場合は，基本発振周波数の高調波成分がノイズとなって回路を走りまわります．プリント基板の上では，寄生インダクタンスや浮遊容量などの影響を受けます．

　発生するノイズの対処いかんでは，「自ら出すノイズで誤動作する」などの不都合が発生する場合があり

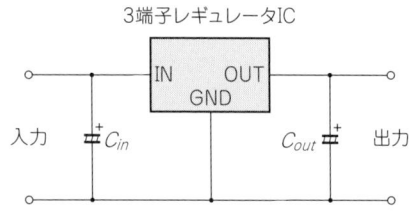

図1 3端子レギュレータを使った安定化電源

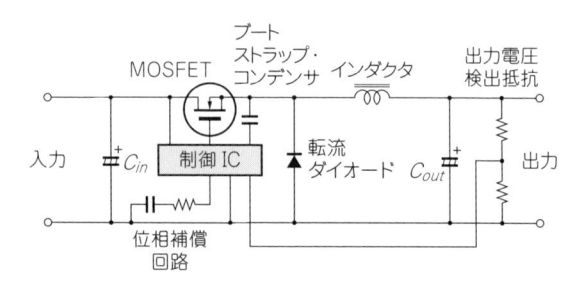

図2 降圧チョッパ型の安定化電源

ます．そのためプリント基板のパターンの引きまわしが難しかったりと…このあたりがとっつき難い点ではないでしょうか？

また，図2の構成のうち，熱源となる部品はMOSFET，転流ダイオード，インダクタであり，駆動周波数が高い場合は，制御IC内部のドライブ段が発熱する場合もあります．

実装設計では，これらの部品の放熱も考慮に入れた上での基板/構造の設計が必要です．

写真1はこうした検討のもとに生みだされた，言わば「結果」のDC-DCコンバータ製作例で，プリント基板タイプです．

多層基板採用でサーマル・ビアを打ち，HSOP8のMOSFETの発熱を，パッケージ裏面のヒート・スラグからさらに内層パターンへ放熱する構造です．

SOP8の制御ICを用いた同期整流方式の降圧チョッパ型で，スイッチ素子のMOSFETはハイ・サイドとロー・サイドで各1個使用しています．

インダクタ搭載で，外付けは入力および出力の電解コンデンサのみです．また，ライトアングル・ピン・ヘッダを介して，主基板へ挿入して使う構造で，動作周波数は250kHzです．入力は＋5Vバスで，出力は＋3.3V/6Aの20W版となっています．

構想検討からここまで辿り着くには，結構なノウハウや経験が必要なことは，もはや言うまでもないと思います．

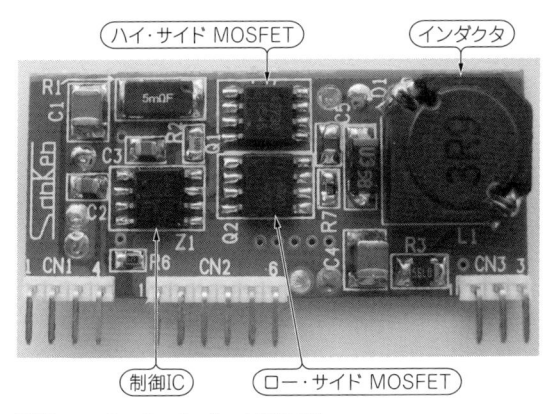

電源設計初心者の方も，こういった難しい設計評価の繰り返しをせずに，簡単にDC-DCコンバータ回路を構成できないものか…というところから，「モジュールICを使う」という電源の構成について紹介します．

降圧チョッパ型DC-DCコンバータ

● 降圧チョッパ型DC-DCコンバータのあらまし

降圧チョッパ型はBuck型とも言われ，歴史のあるスイッチング・レギュレータ回路です．

一般的には，発振周波数固定のPWM方式（Pulse Width Modulation：パルス幅制御）で動作し，そのスイッチング素子のON/OFFの比率（duty；デューティ）を制御して出力電圧を安定化制御します．

図3に示すとおり，SW素子で入力電圧V_{in}を直接スイッチングする回路構成になっています．直流の入力電圧V_{in}をSW素子（昔はバイポーラ・トランジスタ，現在はパワーMOSFETが主流）で高周波の電力に変換し，それを平滑用のインダクタLとコンデンサCで，再度直流に変換するものです．

図3の回路でシミュレーションすると，図4のような波形が得られます．条件として，SWが一定のデューティでON/OFFを繰り返しているものとします．

SWがONの場合，A点～GND間電圧の波形最大値$\fallingdotseq V_{in}$となり，電流が流れます．

入力電圧V_{in}はインダクタLとコンデンサC，および負荷に対して電力を供給します．この際インダクタLには，電流が流れることによりエネルギーが蓄えられます．このときダイオードDはOFFしています．

次にSWがOFFになると，インダクタLに蓄えられていたエネルギーが，ダイオードDを通って転流します（I_D）．

スイッチングの1周期では，

$I_L = I_1 + I_2$

I_L：インダクタLの電流[A]
I_1：SWのON電流[A]
I_2：ダイオードDの転流電流[A]

となり，インダクタLの電流波形の平均値が出力電流

写真1 DC-DCコンバータ製作例

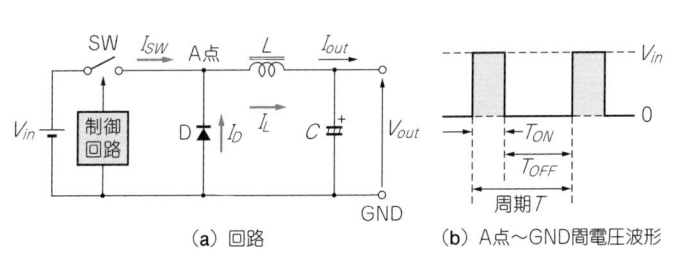

図3 降圧チョッパ型の基本構成/動作
(a) 回路
(b) A点～GND間電圧波形

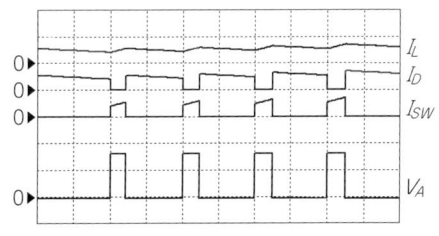

図4 降圧チョッパ型のシミュレーション波形
（f_{SW} = 250 kHz，V_{in} = 33 V，V_{out} = 5 V，I_{out} = 3 A，2 μs/div）
コイル電流I_L，ダイオード電流I_D，スイッチング電流I_{SW}（5 A/div），A-GND間電圧V_A（20 V/div）

I_{out}(直流)となります．

ここで，入力電圧V_{in}の変動に対して，出力電圧V_{out}が一定になるような制御をさせている場合，
① 入力電圧V_{in}が高くなる場合→SWのT_{ON}を狭める
② 入力電圧V_{in}が低くなる場合→SWのT_{ON}を広げる
といった動作変化がおきます．

つまりこの回路では，SWのON/OFFの比率を変えることで，出力電圧V_{out}を一定に制御することができ，次の関係が成り立ちます．

$$T = T_{ON} + T_{OFF} \cdots\cdots\cdots\cdots\cdots\cdots (1)$$

$$f_{SW} = \frac{1}{T}$$

$$D = \frac{T_{ON}}{T_{ON} + T_{OFF}} \cdots\cdots\cdots\cdots\cdots\cdots (2)$$

$$V_{out} = V_{in} D \cdots\cdots\cdots\cdots\cdots\cdots (3)$$

$$\therefore V_{out} = V_{in} \frac{T_{ON}}{T_{ON} + T_{OFF}} \cdots\cdots\cdots\cdots (4)$$

T：周期[sec]
T_{ON}：スイッチがONの時間[sec]
T_{OFF}：スイッチがOFFの時間[sec]
f_{SW}：スイッチング周波数[Hz]
V_{out}：出力電圧[V]
V_{in}：入力電圧[V]
D：デューティ比

正確には，誤差増幅器をもった制御回路が，SWのON期間（T_{ON}）の幅を最適に調節することで，出力電圧V_{out}は一定に制御されます．

● 同期整流方式降圧チョッパ型DC-DCコンバータ

図3の回路中，転流ダイオードDの部分をパワーMOSFETに置き換え，通常のダイオードがON時に発生させる転流電流×順方向電圧V_Fの損失を低減させるものです．パワーMOSFETは図5の向きに挿入すると，パワーMOSFETチップ上の寄生ダイオード（ボディ・ダイオード）が図3の転流ダイオードDの役割をもちます．

この寄生ダイオードに電流が流れている期間に，ゲート-ソース間にON信号を印加してパワーMOSFETのドレイン-ソース間にON状態を作ります．パワーMOSFETのON抵抗が十分に小さいものであれば，単体ダイオードで整流するよりも，整流効率が上がります．

転流電流の2乗×パワーMOSFETのR_{ON}
≪転流電流×ダイオードのV_F

の関係であれば，効率改善に大きく寄与します．あくまで一例ですが，例えばパワーMOSFETのR_{ON}が10mΩ（0.01Ω），かたや単体ダイオードのV_Fをショットキー・バリア・ダイオードとして0.45Vとします．

同一周波数かつ同一出力電圧設定（デューティ同じ）にて仮に6Aの電流を転流する場合，概略では図5のような差が出ることがあります．図5はハイ・サイドSWのOFF期間，インダクタに蓄積したエネルギーを，ショットキー・バリア・ダイオードで転流する場合と，MOSFETで同期整流する場合のロス比較です．

V_{in} = 33V，V_{out} = 5V，250kHz動作，ショットキー・バリア・ダイオードのV_Fは6A時で0.45Vとしています．

対するMOSFETはR_{ON} = 0.010Ω/25℃，ボディ・ダイオードのV_Fは6A時に0.8Vで，ボディ・ダイオードの導通期間はハイ・サイドSWのOFF後50ns，

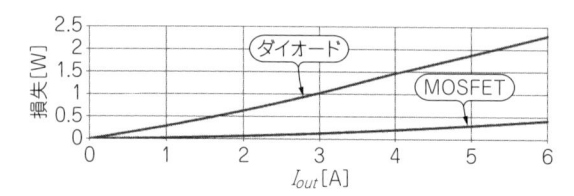

図5 ショットキー・バリア・ダイオード整流と同期整流MOSFETの損失比較（T_A = 25℃）

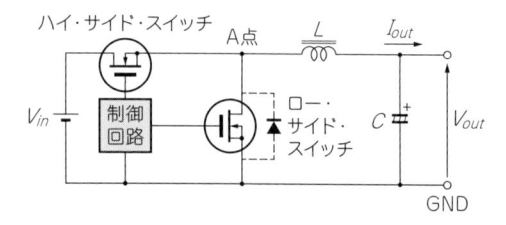

図6 同期整流方式降圧チョッパ型DC-DCコンバータ

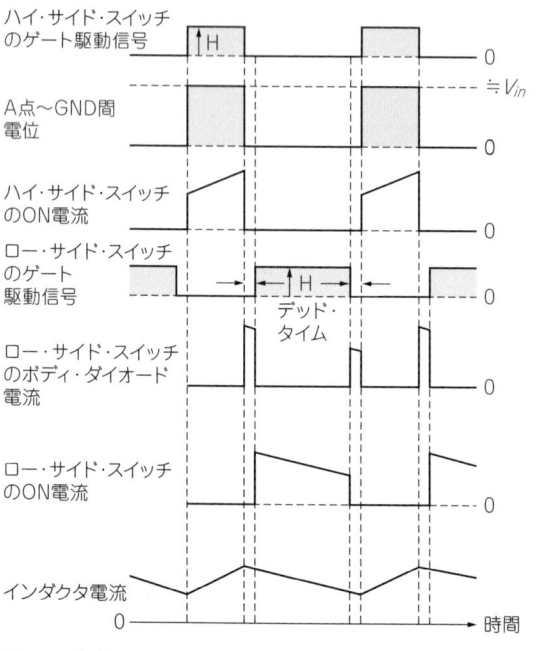

図7 同期整流方式降圧チョッパ型のタイミング・チャート

ON前50 nsの設定です．

図6に示すような同期整流方式では，ハイ・サイドSWとロー・サイドSWが，交互にON/OFFします．

スイッチングの境界点では，ハイ・サイドSWとロー・サイドSWが同時にONすることによる貫通電流が流れるのを防止するため，ロー・サイドSWのゲート信号はデッド・タイムを設けたうえで，出力されるように設定されています（図7）．

同期整流モードは，ロー・サイドSWの導通期間が長い／入力電圧に対して出力電圧が低い条件…例えば入力24 Vで出力5 V，周波数100 kHzなら周期 $T = 10$ μs，デューティ $D = 0.21$ ほどで約2.1 μsの T_{ON} 期間になります．

残り7.9 μsの T_{OFF} 期間が，ロー・サイドSWの導通期間になるため，ダイオード整流よりもパワーMOSFETを使った同期整流のほうが最適です．

入力電圧 V_{in} と出力電圧 V_{out} の条件によるデューティ比 D において，ほとんどの場合で同期整流方式の効率が勝ります．しかし，D が0.8を越えるようなハイ・サイドSWの導通期間がほとんどである場合は，ロー・サイドSWの導通期間がわずかであるため，あまり効果はありません．むしろこのような場合はハイ・サイドSWの性能を重視した部品選定をしたほうが賢明です．

DC-DCコンバータ・モジュール MPM01/04

図8は，MPM01/04（サンケン電気）という同期整流方式降圧チョッパのモジュールを使ったDC-DCコンバータの構成例です．

このモジュールICは前述の同期整流方式降圧チョッパ型DC-DCコンバータを，少ない外付け部品で簡単に構成できるよう，主要部分を一体化してモジュール化したものです．

図8のように，入出力のコンデンサと出力電圧設定用の抵抗器が外付けになる以外は，パッケージ（SIP9ピン）に内蔵しています（写真2）．内部の接続および外形寸法を図9と図10に示します．

● 周辺部品定数の設定

ということで，MPM01/04は入力と出力のコンデンサおよび，出力電圧設定用抵抗を付加するだけで動かすことが可能なモジュールですので，アプリケーションに沿って出力電圧設定抵抗 R_{FB}，入力平滑コンデンサ C_{in}，出力平滑コンデンサ C_{out} を設定したいと思

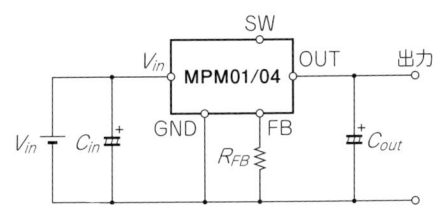

図8 MPM01/04型モジュールICを使ったDC-DCコンバータの構成例

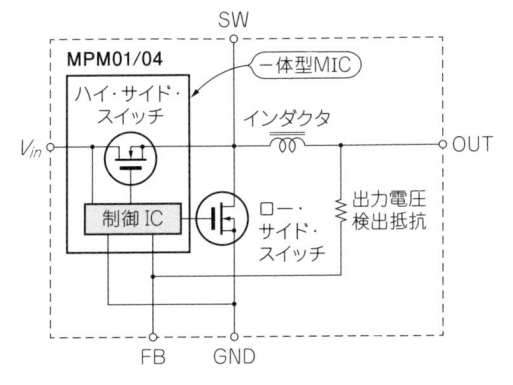

図9 MPM01/04の内部接続

写真2 MPM04の外観

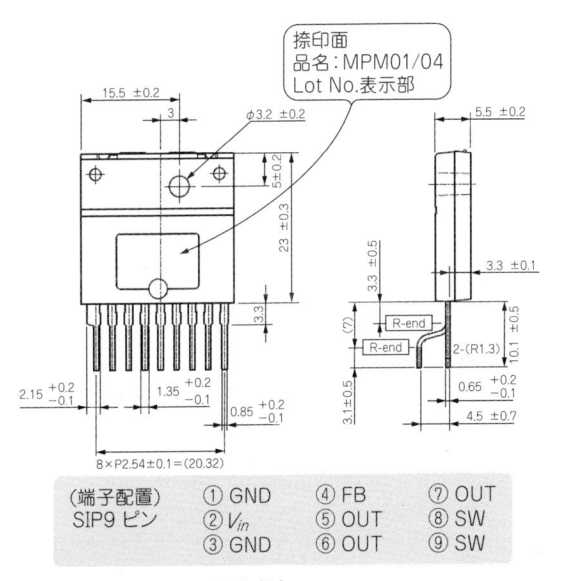

図10 MPM01/04の外形寸法

（端子配置）SIP9ピン
① GND ④ FB ⑦ OUT
② V_{in} ⑤ OUT ⑧ SW
③ GND ⑥ OUT ⑨ SW

います．

図11に設計情報を示します．

▶ R_{FB} の設定

① 内蔵されているインダクタは公称値9.1 μHです．
② 出力電圧検出用分圧抵抗器の上側は，パッケージ内部に実装されており，4.6 kΩ$_{(typ)}$です．
③ 出力電圧検出部のエラー・アンプは，基準電圧 $V_{FBref}=0.5$ V$_{(typ)}$です．V_{out} の設定は式(5)によります．

$$V_{out} = V_{FBref}\left(1 + \frac{46\,\text{k}\Omega}{R_{FB}}\right) \cdots\cdots (5)$$

④ 駆動周波数は250 kHz$_{(typ)}$です．

出力電圧 V_{out} の設定における R_{FB} の設定は図12，表1のようになります．

▶ 入力電解コンデンサ C_{in} の設定

入力電解コンデンサ C_{in} の算出には三つの条件があります．

① リプル電流条件

本モジュールへの供給電源が，理想的にインピーダンス＝0であれば，本モジュールの入力電流は100 %供給電源側から供給され，平滑コンデンサにはほとんどリプル電流が流れませんが，平滑コンデンサのリプル電流を規定するにあたり，「理想的な供給電源はあり得ない」として，ワースト条件でリプル電流を考えることにします．ワースト条件とは，最悪平滑コンデンサから100 %電流供給すると仮定しています．

入力電流波形のモデルを図13に示します．図中のパラメータは下記のように算出できます．

$$I_{cin(ave)} = I_{out}\,D \cdots\cdots (6)$$

D：デューティ比
I_{out}：負荷電流(DC)

$$\Delta I_L = \frac{(V_{in}-V_{out})T_{on}}{L} \cdots\cdots (7)$$

L：内蔵コイルのインダクタンス
T_{ON}：ON期間

$$I_{Lp} = I_{out} + \frac{\Delta I_L}{2} \cdots\cdots (8)$$

$$I_{Lb} = I_{out} - \frac{\Delta I_L}{2} \cdots\cdots (9)$$

入力平滑コンデンサのリプル電流波形のモデルを図14に示します．

$$I_{Lp}' = I_{Lp} - I_{cin(ave)} \cdots\cdots (10)$$
$$I_{Lb}' = I_{Lb} - I_{cin(ave)} \cdots\cdots (11)$$

コンデンサのリプル電流は交流波形であるので，放電側＋充電側の2乗平均で計算します．

● 放電側

$$I_{Cin(rip)D} = \sqrt{\frac{T_{ON}(I_{Lp}'^2 + I_{Lp}' \times I_{Lb}' + I_{Lb}'^2)}{3T}} \cdots (12)$$

T：周期

● 充電側

$$I_{Cin(rip)C} = \sqrt{(1-D)I_{cin(ave)}^2} \cdots\cdots (10)$$

● 入力平滑コンデンサ総合リプル電流

$$I_{Cin(rip)} = \sqrt{I_{Cin(rip)D}^2 + I_{Cin(rip)C}^2} \cdots\cdots (13)$$

【計算例】

● 条件

$V_{in} = 24$ V，$V_{out} = 12$ V，$I_{out} = 3$ A
周波数250 kHz（周期 $T = 4$ μs）

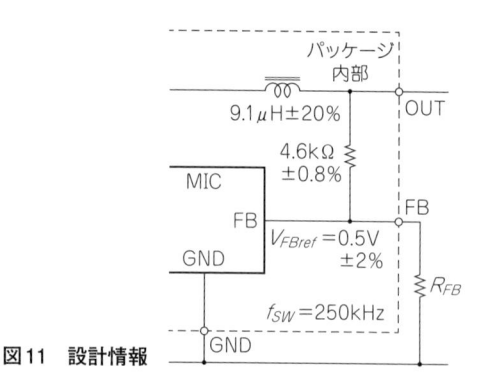

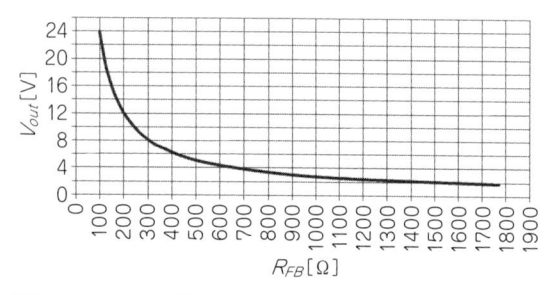

図11 設計情報

図12 R_{FB} と出力電圧 V_{out} の特性

表1 R_{FB} の設定例

V_{out} [V]	5	12	15	18	24
R_{FB} [Ω]	510	200	150 + 8.2	120 + 11	91 + 6.8

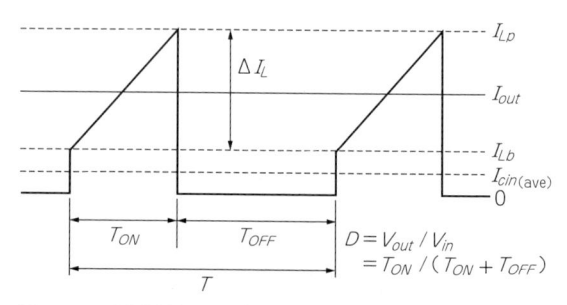

図13 入力電流波形モデル

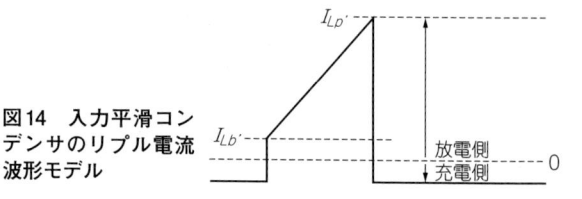

図14 入力平滑コンデンサのリプル電流波形モデル

$D = 12\,\text{V}/24\,\text{V} = 0.5\,(T_{ON} = 2\,\mu\text{s})$
内蔵インダクタ・インダクタンス値 = 9.1 μH
$I_{cin(\text{ave})} = 3\,\text{A} \times 0.5 = 1.5\,\text{A}$
$\Delta I_L = (24\,\text{V} - 12\,\text{V}) \times 2\,\mu\text{s}/9.1\,\mu\text{H} = 2.637\,\text{A}$
$I_{Lp} = 3\,\text{A} + (2.637\,\text{A}/2) = 4.3185\,\text{A}$
$I_{Lb} = 3\,\text{A} - (2.637\,\text{A}/2) = 1.6815\,\text{A}$
$I_{Lp}' = 4.3185\,\text{A} - 1.5\,\text{A} = 2.8185\,\text{A}$
$I_{Lb}' = 1.6815\,\text{A} - 1.5\,\text{A} = 0.1815\,\text{A}$
$I_{Cin(\text{rip})D}$
$= \sqrt{\dfrac{2\,\mu\text{s}\,[2.8185^2 + (2.8185 \times 0.1815) + 0.1815^2]}{3 \times 4\,\mu\text{s}}}$
$= 1.1894\,\text{A}$
$I_{Cin(\text{rip})C} = \sqrt{(1 - 0.5) \times 1.5^2}$
$= 1.0606\,\text{A}$
入力平滑コンデンサ総合リプル電流
$I_{Cin(\text{rip})} = \sqrt{1.1894^2 + 1.0606^2}$
$= 1.594\,\text{A}_{\text{RMS}}$

となります．入力平滑コンデンサは上記リプル電流を流せる仕様のものを選定する必要があります．

② アミューズメント機器などでV_{in}電圧の商用リプル電圧ΔV_{in}の設定

商用周波数を全波整流した周波数$f_r = 100\,\text{Hz}$，このリプル電圧ΔV_{in}を設定します．

AC 24 Vの$\sqrt{2}$倍≒33 Vをピークとして，平滑コンデンサから負荷へ供給する放電で生じる電圧降下の谷点を，ピークから−20 % = 6.6 Vのリプル電圧に設定するとした場合（**図15**）．（20 %は任意．これを大きくすると容量が小さく算出できるが，出力電圧のリプルにも大きな商用周波数成分が出てくるので注意が必要）

$$C_{in} \fallingdotseq \dfrac{I_{out}\,D(1 - D)}{f_r\,\Delta V_{in}} \quad\cdots\cdots\cdots\cdots (14)$$

より，$V_{in} = 33\,\text{V}$のときに$V_{out} = 12\,\text{V}$となるデューティDを$D = 12\,\text{V}/33\,\text{V} = 0.3636$とすると，

$$C_{in} \fallingdotseq \dfrac{3\,\text{A} \times 0.3636 \times (1 - 0.3636)}{100\,\text{Hz} \times 6.6\,\text{V}} \fallingdotseq 1051\,\mu\text{F}$$

となり，平滑コンデンサC_{in}は1051 μF以上の容量が必要です．

このように，AC 24 Vをブリッジ整流する場合，商用周波数のリプルの谷点を何Vにするかで，平滑コンデンサとしての容量はかなり変わってきます．

なお，供給電源があらかじめ安定化されたDC 24 Vなどの場合は，ここまでの容量は不要ですが，①で計算したリプル電流が流せるコンデンサをV_{in}-GND間に挿入して使用してください．また，この平滑コンデンサC_{in}は誤動作回避の点で，いわゆる「パスコン」の意味合いもありますので，まったく何もコンデンサを挿入しないという使いかたはお奨めできません．

③ 耐圧

AC 24 Vの全波整流平滑を想定する場合，35 V耐圧ではマージンがないため，50 V以上の耐圧を選定します．

このように入力平滑コンデンサC_{in}は，
（1）計算したリプル電流に対して余裕が十分に取れる「許容リプル電流」性能があること
（2）商用周波数リプル電圧の谷間電圧を何Vにするかで容量を計算する…アミューズメント機器など
（3）V_{in}電圧の最大値よりも余裕が十分に取れる高い耐圧であること

の条件で仕様決定してください．コンデンサ・メーカのカタログで，「スイッチング電源用」と謳っているシリーズのなかから選定してください．

▶出力平滑コンデンサC_{out}の設定

本モジュールでは，平滑コンデンサをパッケージ内部に内蔵しているわけではなく，外部にて基板上の実装条件ならびに使用平滑コンデンサをユーザが決めることになるので，仕様としての規定はしていません．

なお，出力リプル電圧を机上計算で求める場合，インダクタの臨界電流ΔI_Lと平滑コンデンサ性能であるところのESRぶんで決まり，

$$V_{ripple} = \Delta I_L\,ESR \quad\cdots\cdots\cdots\cdots\cdots\cdots (15)$$

となります．
また，式(7)より

$\Delta I_L = (V_{in} - V_{out})T_{ON}/L$

ですので，式(7)で求めた値と，平滑コンデンサのESR特性との掛け算で，出力リプル電圧が求められます．

【計算例】
● 条件
$V_{in} = 24\,\text{V}$，$V_{out} = 12\,\text{V}$，$I_{out} = 3\,\text{A}$
周波数250 kHz（周期$T = 4\,\mu\text{s}$）
$D = 12\,\text{V}/24\,\text{V} = 0.5\,(T_{ON} = 2\,\mu\text{s})$
内蔵インダクタ・インダクタンス値 = 9.1 μH

平滑コンデンサのESRを仮に20 mΩとした場合，式(4)より，

$\Delta I_L = (24 - 12) \times 2 \div 9.1 = 2.637\,\text{A}$

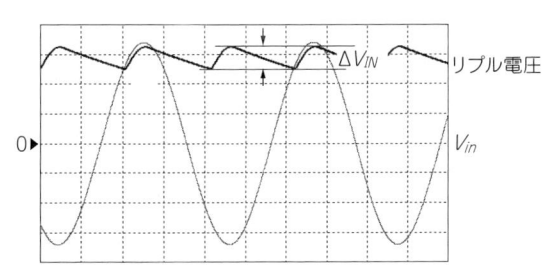

図15 商用周波数の2倍のリプル電圧の例（リプル：10 V/div，AC24 V 50 Hz：10 V/div，Time：4.8 ms/div）
$C_{in} = 1000\,\mu\text{F}$，ピーク≒33 V，谷点≒25 V，整流平滑後の負荷が33 W相当の場合の例

および，式(15)より，

$V_{ripple} = 2.637\,\text{A} \times 20\,\text{m}\Omega = 52.7\,\text{mV}_{\text{p-p}}$

となります．

ここで，式(15)を変形すると，

$$ESR = \frac{V_{ripple}}{\Delta I_L} \quad \cdots\cdots\cdots\cdots\cdots\cdots (16)$$

リプル電圧を100 mV$_{\text{p-p}}$にしたい場合は，式(16)より，

$ESR = 100\,\text{mV} \div 2.637\,\text{A} = 37.9\,\text{m}\Omega$

となり，つまり37.9 mΩ以下の低温ESR特性をもつ電解コンデンサを接続することが必要です．

次に，出力平滑コンデンサC_{out}に流れるリプル電流は式(17)で与えられます．このリプル電流$I_{Cout(rip)}$は，インダクタの臨界電流ΔI_Lの実効値となります．

$$I_{Cout(rip)} = \frac{\Delta I_L}{2\sqrt{3}} \quad \cdots\cdots\cdots\cdots\cdots\cdots (17)$$

【計算例】
● 条件

$V_{in} = 24\,\text{V}$，$V_{out} = 12\,\text{V}$，$I_{out} = 3\,\text{A}$

周波数250 kHz（周期$T = 4\,\mu\text{s}$）

$D = 12\,\text{V}/24\,\text{V} = 0.5\,(T_{ON} = 2\,\mu\text{s})$

内蔵インダクタ・インダクタンス値 = 9.1 μH

$\Delta I_L = (24 - 12) \times 2 \div 9.1 = 2.637\,\text{A}$とすると，式(17)より，

$I_{Cout(rip)} = 2.637\,\text{A} \div 2\sqrt{3} = 0.761\,\text{A}_{\text{RMS}}$

となります．

上記計算例では$V_{out} = 12\,\text{V}$時の条件ですが，平滑コンデンサの耐圧は16 V以上が必要です．

このように，出力平滑コンデンサC_{out}は，

(1) 出力リプル電圧を何mV$_{\text{p-p}}$にするかで低温ESR特性を決める…負荷回路の電源仕様との兼ねあい
(2) 計算したリプル電流に対して余裕が十分に取れる「許容リプル電流」性能があること
(3) 設定した出力電圧V_{out}よりも余裕が十分に取れる高い耐圧であること

の条件で仕様決定してください．コンデンサ・メーカのカタログで，「スイッチング電源用」と謳っているシリーズのなかから選定してください．

● セラミック・コンデンサは使えるか？

MPM01/04では，内蔵コイルのインダクタンスおよびアルミ電解コンデンサの容量による遅れとインピーダンスを前提にした位相補償を設定しています．

セラミック・コンデンサだけでリプル電圧を抑える場合，極端に容量が小さくなってしまう傾向にあります．このようなときは動作が不安定になる可能性があります．

セラミック・コンデンサはESRが非常に小さい特性をもっていますが，セラミック・コンデンサのみの平滑には対応していません．設計の際には注意が必要です（アルミ電解コンデンサとの並列使用は可）．

MPM01/04を使用した電源ボードの製作

● プリント基板の製作

写真3は評価用に製作した電源基板です．材質

写真3 製作したプリント基板の部品面(左)とはんだ面(右)

写真4 組み立て完了した電源基板

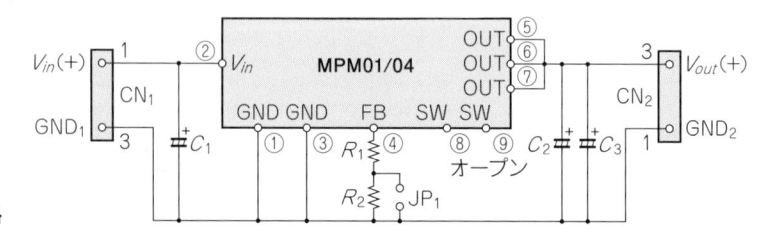

図16 電源基板の回路

CEM-3の片面パターン，$t = 1.6$ mm，サイズ74 mm × 47 mmで，回路図は**図16**，使用部品は**表2**の内容です．これを組み立てると，**写真4**のイメージになります．MPM01/04のリード・フォーミングは千鳥になっていますので，パターンやランドの配置が楽です．

表2は$V_{in} = 40$ V$_{max}$，$V_{out} = 5$ Vの場合の参考例です．出力電圧設定抵抗R_1とR_2，およびジャンパ線JP$_1$の組み合わせにより，出力電圧V_{out}を変更できるようにしてあります．

評価実験用基板のため，部品はあくまで参考例になります．ユーザによっては，標準部品で指定のメーカ製を使う必要があるかもしれません．その場合は，使いたい部品に置き換えての動作確認が必要です．

● **製作したMPM01/04電源ボードの概略特性**

実働におけるスイッチング波形，効率およびレギュレーションの測定例を示します（入力電圧用電源は直流安定化電源装置を使用）．

出力電圧別に効率を比較したグラフが**図17**です．
ロード・レギュレーションを**図18**に示します．
動作波形（$T_A = 25$ ℃）を**写真5〜写真8**に示します．
MPM01/04は，周波数と内蔵インダクタンスを固定条件としたうえで，広入力電圧および広出力電圧に対応しています．

入力電圧V_{in}を，例えば12 Vバス電圧専用，出力電圧5 V固定のような，狭い条件下で性能を追い込んだ回路と比べると，ワイド入力化しているために効率は若干及ばないところはあります．

しかし，出力電圧をこれだけ可変できるものとしては，レギュレーション特性も良好で使いやすいと思います．つまり，いくつか異なる電源電圧が必要で，その出力電流値が3 A以内の場合，MPM01/04を複数個使い，V_{out}設定抵抗を変えるだけで簡単に多出力電源回路を構成できることを意味します．

また，出力リプル電圧は，組み合わせたアルミ電解コンデンサのESRが先に計算例で書いた26 mΩ以上あるため，計算より若干大きく出ています．今回設定したコンデンサよりもESRの小さいコンデンサに交換すれば，リプル電圧は小さくすることが可能です．

このように，MPM01/04ではディスクリート構成で組む場合によく言われる，両面基板のベタ・グラウンドのパターンが必要だとか，多層基板でシールド・グラウンド層が必要だということもなく，片面パターンのプリント基板上に簡単に組んで，ここまでの性能が出ます．

MPM01/04は小さい面積にベアチップ・レベルでスイッチング素子が実装されているため，主回路電流が流れるスイッチング・ループを短くしていることも安定動作の一助となっています．

基本的に入出力の電解コンデンサがおもな調整項目であるため，まさに簡単電源モジュールと言えると思います．温度管理については，次項で述べます．

● **放熱板なしでどの程度の温度まで使えるか**

MPM01/04は，パッケージのサイズとしては

表2 電源基板部品表

部品	番号	部品名	メーカ
プリント基板	PCB	CEM3，片面	−
コネクタ	CN$_1$，CN$_2$	B2P3-VH	JST
DC-DCモジュール	IC$_1$	MPM01/04	サンケン
アルミ電解コンデンサ	C$_1$	VZ 63V/1000 μF	ニチコン
	C$_2$	VZ 25V/1000 μF	ニチコン
	C$_3$	VZ 25V/1000 μF	ニチコン
カーボン抵抗	R$_1$	1/4W，510Ω	−
	R$_2$	オープン	−
ジャンパ線	JP$_1$	φ0.6，Snめっき線	−

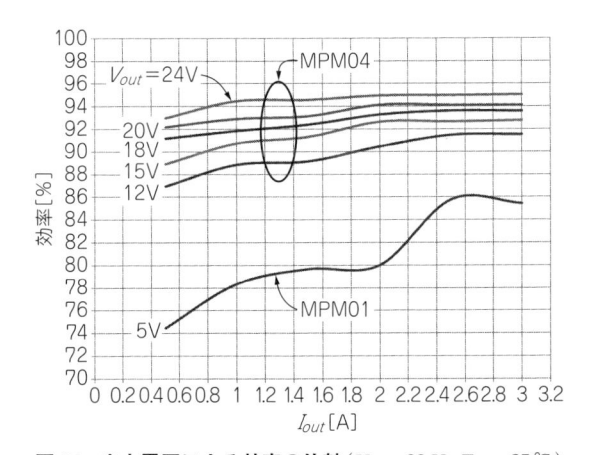

図17 出力電圧による効率の比較（$V_{in} = 33$ V，$T_A = 25$ ℃）

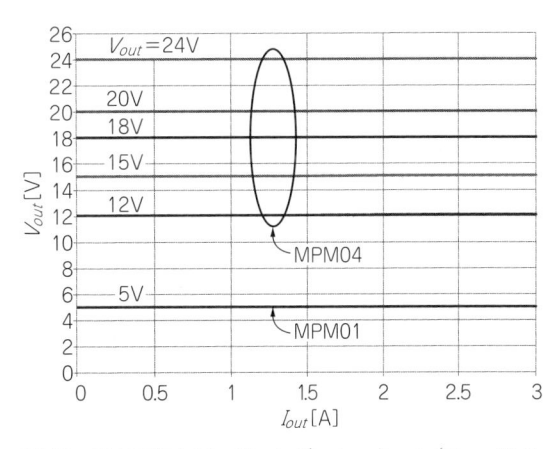

図18 出力電圧とロード・レギュレーション（$V_{in} = 33$ V，$T_A = 25$ ℃）

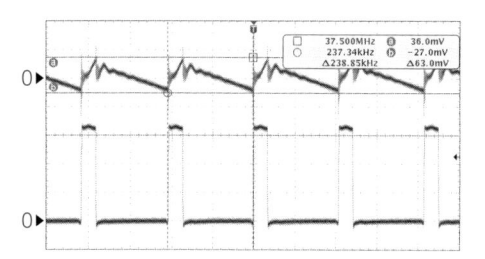

写真5　$V_{in}=33\,V$, $V_{out}=5\,V$の動作波形(スイッチング波形：10 V/div, 出力リプル電圧：50 mV/div, Time：2 μs/div, $I_{out}=3\,A$)

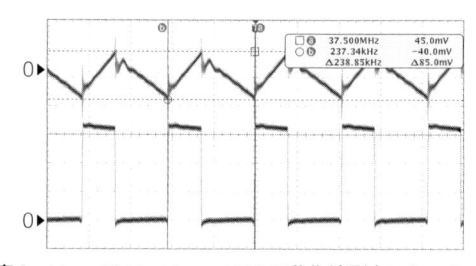

写真6　$V_{in}=33\,V$, $V_{out}=12\,V$の動作波形(スイッチング波形：10 V/div, 出力リプル電圧：50 mV/div, Time：2 μs/div, $I_{out}=3\,A$)

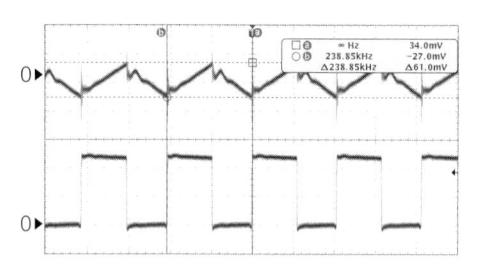

写真7　$V_{in}=24\,V$, $V_{out}=12\,V$の動作波形(スイッチング波形：10 V/div, 出力リプル電圧：50 mV/div, Time：2 μs/div, $I_{out}=3\,A$)

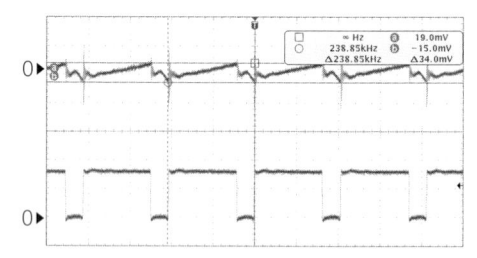

写真8　$V_{in}=16\,V$, $V_{out}=12\,V$の動作波形(スイッチング波形：10 V/div, 出力リプル電圧：50 mV/div, Time：2 μs/div, $I_{out}=3\,A$)

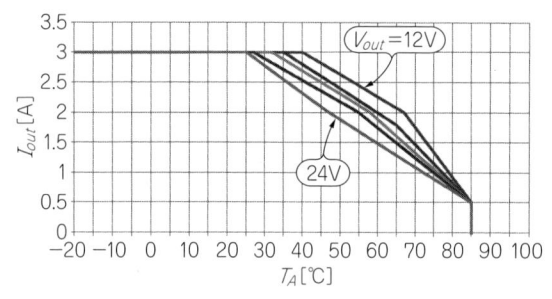

図19　$V_{in}=33\,V$の出力電流による温度ディレーティング曲線(MPM04)

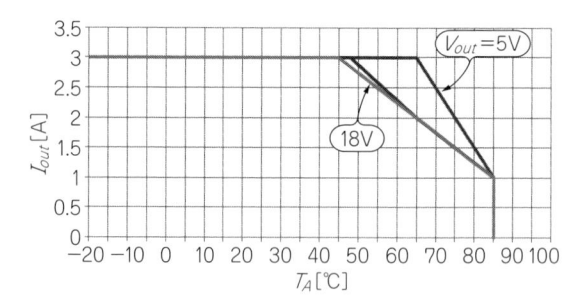

図20　$V_{in}=24\,V$の出力電流による温度ディレーティング曲線(12～18 VはMPM04, 5 VはMPM01)

TO-3Pよりも少し大きなものを採用しています．これはインダクタ内蔵化によるスペース確保のためです．

この大きさゆえに放熱板なしでも図19，図20のように$I_{out}=3\,A$連続が可能になっています．

MPM04では，M3のネジが通るネジ穴がパッケージに設けてあります．

図19と図20はあくまで放熱板なしの条件です．放熱板を装着すれば，$I_{out}=3\,A$の使用温度範囲が広がります．

例えば，$V_{out}=24\,V$, $V_{in}=35\,V$で$I_{out}=3\,A$(出力電力$P_{out}=72\,W$)の場合，裏面に放熱板(アルミ板，寸法97 mm×34 mm, $t=2$ mm)をネジ留めすると，内蔵MICのジャンクション温度を約20℃下げられることが確認されています．

放熱板は，放熱器メーカの既製品も使えますし，周囲温度条件に合わせて放熱を工夫すれば，用途は広がると思われます．

表3　仕様概要

- 同期整流方式降圧チョッパ型DC-DCコンバータ用モジュール
- インダクタ，パワーMOSFET，制御回路内蔵
- 位相補償内蔵
- ICパッケージ・タイプ(SIP9)
- 入力電圧V_{in}範囲
  - MPM01：DC 9 V～40 V
  - MPM04：DC 16 V～40 V
- 出力電圧V_{out}設定範囲
  - MPM01：DC 1.8 V～12 V
  - MPM04：DC 12 V～24 V
- $I_{out}=3\,A$タイプ
- 過電流，過電圧，入力不足電圧，過熱等保護機能内蔵
- 使用温度範囲：－20℃～＋85℃
- 製造元：サンケン電気㈱

＊　　　　　＊

MPM01/04は，冒頭で述べたように，出力電圧の設定抵抗を付ける以外は，入出力のアルミ電解コンデンサを装着するだけで簡単にDC-DCコンバータ回路が組めるモジュールICです(表3)．

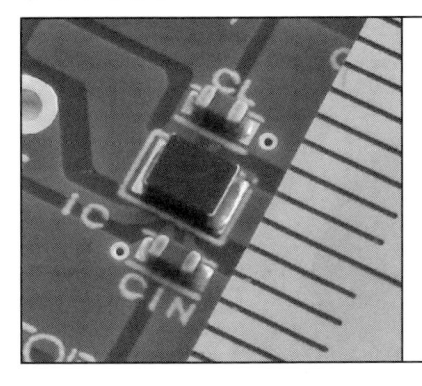

デバイス

コイル搭載で2.5×2.0×1.0 mm

DC-DCコンバータ XCLシリーズの評価

馬場 清太郎
Baba Seitaro

最近の携帯用電子機器は高機能で小型になっており，それに伴って電子部品の小型化への要求はますます強くなっています．さらに電池駆動の場合，電池の小型化と連続使用時間の長期化のために，電池の効率的な使用は重要な課題です．携帯用電子機器では，小型化と高効率化の両立が必須になります．その中でエネルギー変換を行う電源回路用部品には，ほかの回路よりも小型化と高効率化が求められています．

● 小型化のための工夫と構造

携帯機器用の電源にDC-DCコンバータを採用すれば，電力変換を高効率に行えるという点では有効です．しかし，低損失のコイルには太い銅線や磁気飽和しないコア・サイズが必要で，低背化が困難です．そのため携帯機器用電源は，実装基板上にIC，コイルおよびコンデンサを平面的に実装するのが一般的であり，小型化には不向きでした．

これらの課題を解決するための方法がいくつか考案されています．

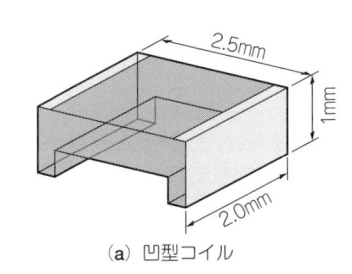

まずシリコン・チップ上にコイルを形成する方法があります．これは，DC-DCコンバータで使用するための十分なコイル値を確保するには半導体プロセスが複雑となるためコスト高になり，実際には高周波フィルタ程度に利用するにとどまっています．

コイルとDC-DCコンバータICを平面上に配置すると形状が大きくなるため，立体的にスタックして一つのプラスチック・モールド・パッケージに封止する方法があります．この構造のコイル一体型DC-DCコンバータはいくつかの製品が市販されていますが，製造工程が複雑で高コストになっています．

● コイル搭載DC-DC XCLシリーズの構造

今回紹介する"micro DC/DC" XCLシリーズ（トレックス・セミコンダクター）は，図1に示すように完成品のDC-DCコンバータICの上にコイルを載せることで，実装面積の縮小と低コスト化の両立を図ったコイル一体型降圧DC-DCコンバータです．コイル中央部分に凹部を形成し，その部分に既存の量産品ICであるXC923Xシリーズをはめ込みICとコイルを一体化するだけという構造になっています．

この構造にすることで，上部にあるコイルの電極とICの端子を共にPCBへ直接接続でき，DC-DCコンバータの配線をPCBのレイアウトで済ませることができます．これに対しコイル内蔵のモールド・パッケージ製品は，内部で配線を完結させていて複雑な製造工程となっています．

高さを1 mmに抑えるため，コイルだけでなくDC-DCコンバータIC用に高さ0.4 mmという超薄型パッケージ（USP-6EL）を新規で開発しています．この結果，実装面積は2.5×2.0×1.0 mmと小さくなっています．

● XCLシリーズの特徴

DC-DCコンバータにはICとコイル，コンデンサ，抵抗などが必要ですが，XCLシリーズに必要な外付け部品は図2の配線図に示す通り2個のコンデンサのみです．

表1に市販されているコイル内蔵で最大出力電流

図1 コイル一体型DC-DCコンバータ・モジュールXCLシリーズは完成品のICの上にコイルを載せるという単純な構造

(a) 凹型コイル
(b) 超薄型DC-DCコンバータIC
(c) コイルとICを一体化

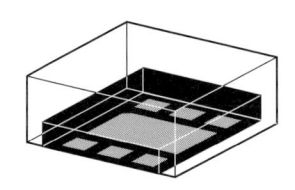

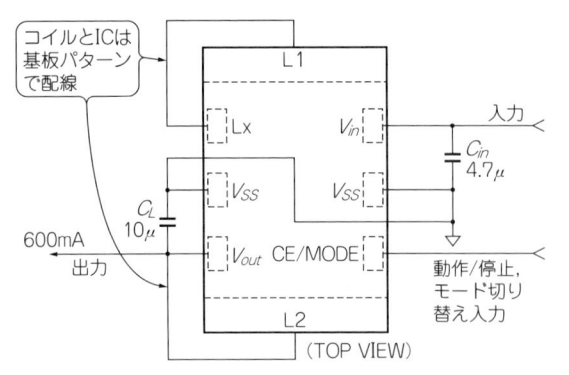

図2　実験に使ったXCLシリーズ評価ボードの配線

600 mAの降圧型コンバータ比較表を示します．モールド・パッケージの他社同等品と比較してスイッチング周波数が低いにもかかわらず小型化されていることがわかります．

▶内蔵DC-DCコンバータICの概要

内蔵されているDC-DCコンバータICはXC9235/36/37シリーズで，動作電圧2.0～6.0 V，出力電圧0.8～4.0 Vまで0.05 Vステップで設定可能です．スイッチング周波数3 MHz，0.42 Ω Pchドライバ・トランジスタ（以下Tr.）および0.52 Ω NchスイッチTr.を内蔵した同期整流方式です．

動作モードは，PWM制御（XCL205），PWM/PFM自動切り替え制御（XCL206），制御方式マニュアル切り替え（XCL207）の3タイプから選択できます．

● 特性を確認するための動作実験

実験は写真1に示すXCL206シリーズの3.3 V出力XCL206B333ARの評価基板で行いました．評価基板の内部回路は図2で，CE/MODEピンは入力（V_{in}端子）に接続して実験しました．

▶効率特性の実測値を発表値と比較

図3にメーカ発表の効率特性と，5 V入力時の実測効率特性を示します．出力電流が300 mA以上の効率がメーカ発表の特性よりも少し悪くなっています．

効率に大きく影響する内部損失は，コイルやTr.などの抵抗分による導通損失とスイッチング周波数に比例するスイッチング損失の二つです．

メーカの発表では，PWM固定制御の軽負荷時の効率がPWM/PFM切り替え制御時よりも悪くなっています．これは，スイッチング周波数一定のPWM（パルス幅変調）では電流が少ないときにもスイッチング周波数が変わらず，スイッチング損失が支配的になるためです．軽負荷時にスイッチング周波数が低下するPFM（パルス周波数変調）はスイッチング損失も低減

表1　コイル内蔵降圧型DC-DCコンバータの比較

品　名	XCL206	MIC33050	EP5368QI
出力電圧	0.8～4.0 V	0.72～3.3 V	0.8～3.3 V
最大出力電流	600 mA	600 mA	600 mA
入力電圧	2.0～6.0 V	2.7～5.5 V	2.4～5.5 V
スイッチング周波数	3 MHz	4 MHz	4 MHz
最大効率	>90%	>93%	>95%
出力電圧設定	固定	固定	プログラマブル
外形寸法	2.5×2×1 mm	3×3×1 mm	3×3×1.1 mm
形状	貼り合わせ	モールド	モールド
メーカ	トレックス・セミコンダクター	マイクレル・セミコンダクタ	Enpirion Inc.

写真1　動作実験に使ったXCL206B333ARの評価基板

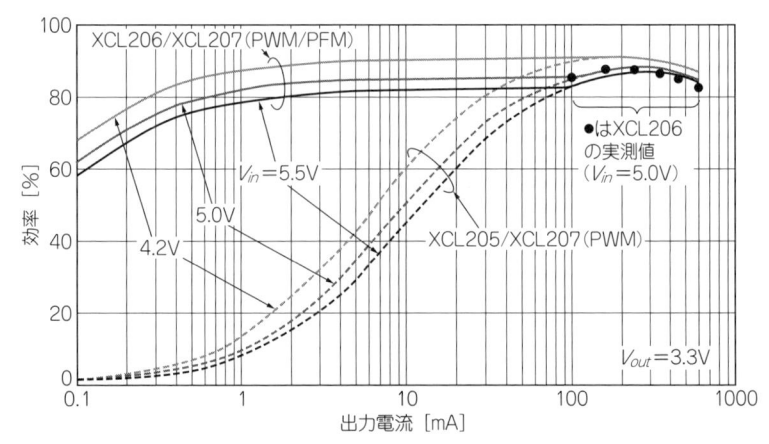

図3　メーカ発表の効率特性と5V入力時の実測効率特性

図4 プローブを2本使うとグラウンド・ループでリプルが大きく測定されてしまう(100 ns/div) 入力5 V, 出力3.3 V/600 mA時

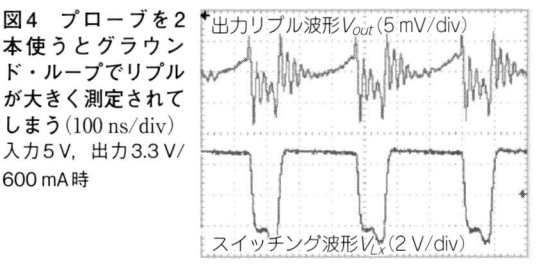

出力リプル波形 V_{out} (5 mV/div)
スイッチング波形 V_{Lx} (2 V/div)

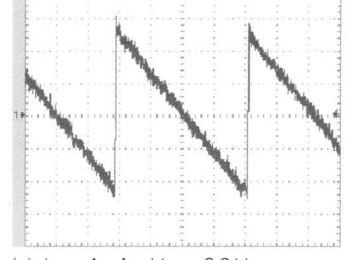

(a) I_{out} = 1 mA, V_{out} = 3.3 V, リプル:−5.04 m〜6.08 mV(約11.1 mV)

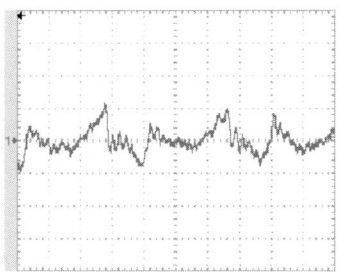

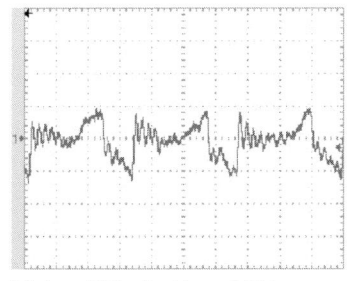

(b) I_{out} = 100 mA, V_{out} = 3.3 V, リプル:−1.76 m〜2.32 mV(約4.1 mV)

(c) I_{out} = 300 mA, V_{out} = 3.3 V, リプル:−2.48 m〜1.84 mV(約4.3 mV)

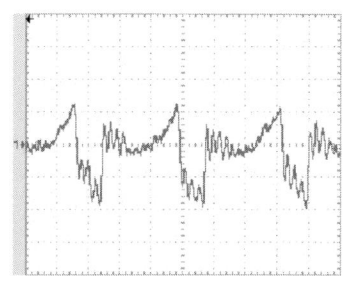

(d) I_{out} = 600 mA, V_{out} = 3.3 V, リプル:−3.36 m〜3.20 mV(約6.6 mV)

図5 XCL206B333ARのV_{in}=5 Vにおける出力リプル特性(2 mV/div, 100 ns/div)
リプルの表記はオシロスコープの測定機能による最小/最大値

されるため,高効率になっています.

▶出力リプル電圧を確認

図4に入力電圧5 V・出力電流600 mAのときの出力リプル電圧波形とLx端子のスイッチング波形を示します.スイッチング周波数は約3 MHzです.

出力リプル電圧は約15 mV_{P-P}と,同じ条件で測定した図5(d)の約6.5 mV_{P-P}に比べ大幅に増加しています.これはオシロスコープのプローブ2本を評価基板に接続したためで,プローブ2本を使ってできるグラウンド・ループの悪影響です.微少なリプル電圧波形を観測するときは,オシロスコープのプローブは1本だけにします.

図5に入力電圧5 Vのときの出力リプル電圧波形を示します.一般に出力リプル電圧は出力電圧の1%以下,この場合は33 mV_{P-P}以下が許容レベルですが,出力電流が1 mAのとき約11 mV_{P-P},100 m〜600 mAに変化させても,出力リプルは約4 m〜7 mV_{P-P}と小さい値です.

図6に出力電流を1 mA⇔300 mAに切り替えたときの出力電圧波形を示します.出力コンデンサC_Lの容量が小さいため,切り替え時のスパイク電圧は約±120 mV_{pk}となっています.スパイク電圧を小さくしたいときは負荷端(使用ICの電源端子)にパスコン(デカップリング・コンデンサ)を入れます.定常値に収束するときの波形は大きな振動(リンギング)もなく,定電圧制御のための負帰還ループは非常に安定なことがわかります.

(初出:「トランジスタ技術」2009年10月号)

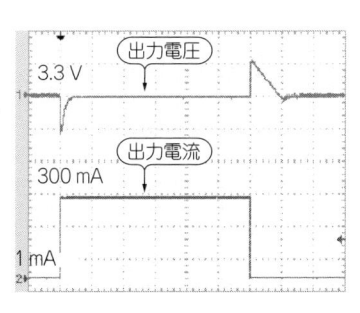

◆引用文献◆
(1) コイル一体型DC/DCコンバータ XCL205/XCL206/XCL207シリーズ, http://www.torex.co.jp/japanese/feature/0906_dcdc.html, トレックス・セミコンダクター㈱.
(2) XCL205/XCL206/XCL207シリーズ データシート,トレックス・セミコンダクター㈱.
(3) XC9235/XC9236/XC9237シリーズ データシート,トレックス・セミコンダクター㈱.

図6 出力電流を1 mA ⇔ 300 mAに切替えたときの出力電圧波形(100 mV/div, 100 mA/div, 500 μs/div)
オシロスコープの測定機能による出力電圧の最小/最大値は−144 mV/108 mV

出力電圧 3.3 V
出力電流 300 mA / 1 mA

トレックス・セミコンダクター社では,"micro DC/DC"の新製品として,XCL208/XCL209シリーズを発表しました.
　XCL208シリーズは出力リプルを抑える周波数固定タイプで,XCL209シリーズは軽負荷から重負荷まで全負荷領域で自在に高速応答,低リプル,高効率を実現しています. 〈編集部〉

- ●本書記載の社名，製品名について ── 本書に記載されている社名および製品名は，一般に開発メーカーの登録商標です．なお，本文中では ™, ®, © の各表示を明記していません．
- ●本書掲載記事の利用についてのご注意 ── 本書掲載記事は著作権法により保護され，また工業所有権が確立されている場合があります．したがって，記事として掲載された技術情報をもとに製品化をするには，著作権者および工業所有権者の許可が必要です．また，掲載された技術情報を利用することにより発生した損害などに関して，CQ出版社および著作権者ならびに工業所有権者は責任を負いかねますのでご了承ください．
- ●本書に関するご質問について ── 文章，数式などの記述上の不明点についてのご質問は，必ず往復はがきか返信用封筒を同封した封書でお願いいたします．勝手ながら，電話での質問にはお答えできません．ご質問は著者に回送し直接回答していただきますので，多少時間がかかります．また，本書の記載範囲を越えるご質問には応じられませんので，ご了承ください．
- ●本書の複製等について ── 本書のコピー，スキャン，デジタル化等の無断複製は著作権法上での例外を除き禁じられています．本書を代行業者等の第三者に依頼してスキャンやデジタル化することは，たとえ個人や家庭内の利用でも認められておりません．

R〈日本複製権センター委託出版物〉
本書の全部または一部を無断で複写複製（コピー）することは，著作権法上での例外を除き，禁じられています．本書からの複製を希望される場合は，日本複製権センター（TEL：03-3401-2382）にご連絡ください．

グリーン・エレクトロニクス No.8（トランジスタ技術 SPECIAL 増刊）

高速＆高耐圧！パワーMOSFETの活用法

2012年6月1日 発行　　　　　　　　　　　　　　　　　　　　　　　　　©CQ出版㈱ 2012
（無断転載を禁じます）

編　集　トランジスタ技術SPECIAL編集部
発行人　寺　前　裕　司
発行所　ＣＱ出版株式会社
　　　　（〒170-8461）東京都豊島区巣鴨1-14-2
　　　　電話　出版部　03-5395-2123
　　　　　　　販売部　03-5395-2141
　　　　振替　00100-7-10665

定価は表四に表示してあります
乱丁，落丁本はお取り替えします

編集担当　清水　当
DTP　三晃印刷株式会社／有限会社 新生社
印刷・製本　三晃印刷株式会社
Printed in Japan